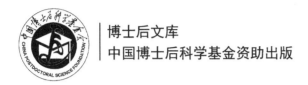

博士后文库

中国博士后科学基金资助出版

分布式智能传感器网络安全数据处理技术研究

王　娜　付俊松　著

U0220750

科学出版社

北　京

内 容 简 介

本书以作者在分布式智能传感器网络安全数据处理技术多年的研究工作为基础，总结并梳理了面向分布式智能传感器网络位置和数据隐私保护技术的最新进展，从网络位置隐私保护和网络数据隐私保护两个方面着重介绍分布式智能传感器网络安全数据处理技术研究的脉络和发展。从源节点位置隐私保护出发，扩展到三维无线网络溯源攻击防御，解决异构无线传感器网络中针对恶意节点的数据安全传输问题，研究分布式智能传感器网络数据的安全存储、层次加密技术，进而解决分布式智能传感器网络数据安全共享问题，最后通过将网络位置隐私保护技术和网络数据隐私保护技术应用于密文检索领域，分析并探讨了相关技术应用中的研究范式和应用模式，以促进分布式智能传感器网络安全数据处理技术的发展。

本书可供网络与信息安全、通信安全、计算机安全和保密相关专业的高年级本科生和研究生阅读，也可作为从事分布式智能传感器网络安全数据处理领域研究和算法研发人员的参考用书。

图书在版编目（CIP）数据

分布式智能传感器网络安全数据处理技术研究 / 王娜，付俊松著. —北京：科学出版社，2024.6
（博士后文库）
ISBN 978-7-03-078121-5

Ⅰ. ①分… Ⅱ. ①王… ②付… Ⅲ. ①智能传感器–网络安全–数据处理 Ⅳ. ①TP212.6

中国国家版本馆 CIP 数据核字（2024）第 047711 号

责任编辑：阚　瑞 / 责任校对：胡小洁
责任印制：师艳茹 / 封面设计：蓝正设计

科学出版社 出版
北京东黄城根北街 16 号
邮政编码：100717
http://www.sciencep.com
北京中石油彩色印刷有限责任公司印刷
科学出版社发行　各地新华书店经销
*
2024 年 6 月第 一 版　开本：720×1000　1/16
2024 年 6 月第一次印刷　印张：17 1/2
字数：350 000
定价：149.00 元
（如有印装质量问题，我社负责调换）

"博士后文库"编委会

"博士后文库" 序言

　　1985 年，在李政道先生的倡议和邓小平同志的亲自关怀下，我国建立了博士后制度，同时设立了博士后科学基金。30 多年来，在党和国家的高度重视下，在社会各方面的关心和支持下，博士后制度为我国培养了一大批青年高层次创新人才。在这一过程中，博士后科学基金发挥了不可替代的独特作用。

　　博士后科学基金是中国特色博士后制度的重要组成部分，专门用于资助博士后研究人员开展创新探索。博士后科学基金的资助，对正处于独立科研生涯起步阶段的博士后研究人员来说，适逢其时，有利于培养他们独立的科研人格、在选题方面的竞争意识以及负责的精神，是他们独立从事科研工作的"第一桶金"。尽管博士后科学基金资助金额不大，但对博士后青年创新人才的培养和激励作用不可估量。四两拨千斤，博士后科学基金有效地推动了博士后研究人员迅速成长为高水平的研究人才，"小基金发挥了大作用"。

　　在博士后科学基金的资助下，博士后研究人员的优秀学术成果不断涌现。2013 年，为提高博士后科学基金的资助效益，中国博士后科学基金会联合科学出版社开展了博士后优秀学术专著出版资助工作，通过专家评审遴选出优秀的博士后学术著作，收入"博士后文库"，由博士后科学基金资助、科学出版社出版。我们希望，借此打造专属于博士后学术创新的旗舰图书品牌，激励博士后研究人员潜心科研，扎实治学，提升博士后优秀学术成果的社会影响力。

　　2015 年，国务院办公厅印发了《关于改革完善博士后制度的意见》（国办发〔2015〕87 号），将"实施自然科学、人文社会科学优秀博士后论著出版支持计划"作为"十三五"期间博士后工作的重要内容和提升博士后研究人员培养质量的重要手段，这更加凸显了出版资助工作的意义。我相信，我们提供的这个出版资助平台将对博士后研究人员激发创新智慧、凝聚创新力量发挥独特的作用，促使博士后研究人员的创新成果更好地服务于创新驱动发展战略和创新型国家的建设。

　　祝愿广大博士后研究人员在博士后科学基金的资助下早日成长为栋梁之才，为实现中华民族伟大复兴的中国梦做出更大的贡献。

中国博士后科学基金会理事长

前　　言

在当今信息社会中，数据安全已经成为一项至关重要的任务，特别是在物联网时代，大量的传感器节点通过网络相互连接，形成了分布式智能传感器网络，为人们提供了海量的数据和信息。随着 5G/6G 通信技术和物联网技术的发展，分布式无线传感器网络因其容部署、开销低等优点迅速发展。分布式智能传感器网络由多个传感器节点组成，并通过互相连接和协作来实现对环境和物体的监测、控制和管理，并且可以应用于各种领域和行业，如智能家居、智能交通、工业自动化、健康医疗等。分布式智能传感器网络具有许多优点，如高效、精准、灵活、可扩展、低成本等。其中，智能算法的应用可以快速处理大量的数据，并实现自动化的决策和控制，从而提高网络的响应速度和准确性。此外，分布式架构也使得网络具有更强的鲁棒性和可靠性，即使某些节点出现问题或失效，整个网络仍然可以正常运行，特别是分布式智能传感器网络可以实现数据的采集、传输、处理和分析等多个环节中的安全管理，包括机密性、完整性、可用性、认证性和授权性等方面。

在分布式无线传感器网络中，传感器节点会收集和传递大量的数据，这些数据对系统来说是极其隐私的，且在部分系统如军事、航天、重要保护动物监测网络中，传感器节点的位置信息也十分重要。然而如今各种安全隐患如黑客攻击、篡改、盗取和破坏等，给网络的运行和使用带来了严峻的挑战。例如，传感器节点可以通过 GPS 等手段定位自己的位置，并将这些位置信息发送到网络中的其他节点或中心节点，特别是恶意节点可能通过溯源攻击追击源节点位置，这些位置信息和数据信息可以揭示个人的行踪轨迹、生活习惯、工作状态及重要数据等敏感信息，如果落入黑客或恶意应用程序的手中，会给用户带来很大的安全风险。为了解决这些问题，分布式智能传感器网络安全数据处理技术应运而生。该技术采用了先进的分布式计算和智能算法，利用传感器节点之间的互动和协作实现对网络安全数据的保护和监测。

本书将详细介绍无线传感器网络位置隐私保护和数据隐私保护的相关技术和方法。近年来，研究者们提出了许多无线传感器网络中位置信息和数据信息隐私保护的技术和方法。其中一些典型的技术包括：加密技术，它可以对传输的位置信息进行加密处理，从而防止黑客或其他恶意攻击者获取位置信息，一般采用对称密钥加密或公钥加密方式，通过生成密钥并将密钥分发给合法的节点来实现数据的保护；伪装技术，它可以通过增加噪声或模糊处理等手段来混淆位置信息，从而保护用户的真实位置隐私，通常会在位置信息中添加一些虚假数据或误差，从而使恶意攻击者无法确定真实的位置信息；匿名化技术，它可以通过使用虚假身份或随机标识符等方式来隐藏节点的真实身份和位置信息，从而保护用户的位置隐私，通常会将节点的身份信息和位置信息与随机生成的标识符进行匹配，以确保用户的真实位置隐私不会被泄露；访问控制技术，它可以通过限制非授权节点的访问来保护用户的位置隐私，通常会在网络中引入信任机制或授权机制，只有经过确认的节点才能够获得位置信息，从而保证了用户的位置隐私不会被恶意攻击者获取。然而，分布式智能传感器网络位置隐私保护也面临着一些挑战和难题。例如，节点之间的信息交换和协作需要保证安全性和隐私性，节点资源的限制和不稳定性可能会影响网络的性能和稳定性，对于不同类型的传感器节点如何进行统一的管理和控制，以及如何确保网络数据在隐私保护的前提下实现可检索的目标。

　　本书以作者在分布式智能传感器网络安全数据处理技术多年的研究工作为基础，总结并梳理了面向分布式智能传感器网络位置和数据隐私保护技术的最新进展，从网络位置隐私保护和网络数据隐私保护两个方面着重介绍分布式智能传感器网络安全数据处理技术研究的脉络和发展，进而通过将网络位置隐私保护技术和网络数据隐私保护技术应用于密文检索领域，分析并探讨了相关技术应用中的研究范式和应用模式，以促进分布式智能传感器网络安全数据处理技术的发展。

　　本书由王娜主笔和统稿，研究内容主要以作者攻读博士学位及博士后期间的研究工作为基础，通过系统地梳理撰写而成。在相关研究和本书的撰写过程中，得到多位老师的指导和帮助，包括：北京航空航天大学网络空间安全学院的刘建伟教授、伍前红教授，北京邮电大学网络空间安全学院的李剑教授，同时也要感谢实验室诸位研究生在研究中的支持和协助，在此表示由衷的感谢。

　　本书的出版获得中国博士后科学基金资助，本书的研究工作得到多个科研项目的资助，包括国家自然科学基金青年基金(编号：62102017、62001055)、北京市自然科学基金青年基金(编号：4204107)、中央高校基本科研业务费(编号：YWF-23-L-1240)、中国博士后基金(编号：2019M650020)等，在此表示感谢。

　　由于作者水平和学识有限，书中难免存在诸多有待改进之处，在此衷心恳请各位同行和专家批评指正，敬请广大读者给出宝贵意见。

王　娜　付俊松

2023 年 4 月 10 日于北京

目　　录

第1章 绪 论

分布式智能传感器网络具有巨大的应用价值并有重要的研究意义，数据安全处理技术是其关键性支撑技术之一。无论是部署在海洋、森林中的资源监测型，还是应用于铁路轨道、建筑结构的危险警报型，或是其他种类的无线传感器网络，数据安全的保护都是至关重要的。无论是关乎国家安全的洋流、地热数据，关乎公众安全的桥梁建筑应力数据还是关乎个人隐私安全的智能家居数据，均需要使用网络安全数据处理技术来加以保障。这些技术主要关注分布式智能传感器网络的数据内容隐私安全、数据完整性安全、源位置隐私安全等安全领域。研究这些数据安全处理技术，是进一步拓展应用分布式智能网络的重要需求和紧迫任务，本章扼要介绍分布式智能传感器网络安全数据处理技术发展现状。

1.1 分布式智能传感器网络技术发展

随着移动互联网的发展，分布式智能传感器网络作为一种新的应用范式越来越受到人们的关注。分布式传感器网络是由大量的密集部署在监控区域的智能传感器节点构成的一种网络应用系统。云计算由于其强大的功能被广泛视为一种有前途的信息技术，它可以收集和重新组织大量的存储、计算、通信和应用资源，且用户可以以灵活、经济和按需的方式访问数据服务。分布式传感器网络是云计算与终端融合的一种新形式，以智能传感器作为信息接入端口，并向终端提供各种综合云计算服务。分布式智能传感器网络是信息技术与实际物理场景深度融合的产物，已经广泛应用于工业、能源、医疗、交通、智慧家庭等领域，是下一代信息网络技术的重要组成部分。随着单个网络节点能力，尤其是感知能力、计算能力、存储能力、通信能力、智能性的不断提升，节点间将能够以协作的方式、更加高效地完成各类复杂任务。在现实生活中，越来越多的智能传感器节点以无线互联的方式部署于现实应用场景中，主要包括工厂、城市高架桥、空中、地下、水下等实际场景，形成了更加复杂的分布式智能传感器网络结构，是空天地海一体化网络的重要组成部分。

无线传感器网络(wireless sensor network, WSN)由部署在区域内的大量廉价微型节点组成，节点间以无线通信方式相互通信，具有分布式的特点。分布式网络的最终目的是感知、采集和处理感知对象的信息，最终将收集的信息发送给汇聚节点。由于传感器节点技术、信息技术和人工智能等技术的快速发展，分布式网络在野外环境监测、目标跟踪和军事监控等领域得到了广泛的应用。此外，分布式网络在医疗健康领域也扮演着重要角色，它在新型冠状病毒感染疫情防控中发挥了至关重要的作用。全国多地的医院使用的医用可穿戴设备配备多种传感器，可以收集人体的各类监测信息，具备支持无线传输、耗电量低、操作便捷等特点，通过智能医疗设备收集患者的各类体征监测信息，并将这些信息实时汇总到云服务器中，以便于医护人员进行针对性治疗，同时也减少了医护人员感染的概率。在分布式无线传感器网络中，基于地理位置信息的分布式数据传输和收集方案具有良好的应用前景，这主要是得益于中继节点在选取数据包的下一跳节点过程中，不需要掌握大量的网络全局信息，大大降低了节点的存储、计算等工作负载，非常契合分布式传感器网络的特点。为了保证网络中数据的安全性，大量密码学算法被引入到传感器网络网内信息处理方案中，设计了多种数据安全传输和收集方案[1-10]，使敌手在获取数据包密文的情况下，仍不能在有效时间内得到其明文信息。然而，分布式网络仍遭受多方面的安全威胁，其中源节点位置隐私泄露和网络数据隐私泄露最为常见。

在多种分布式传感器网络中，源节点一般指在传感器网络中只负责输出有效信息的信号初始节点，其位置隐私安全具有重要物理意义，下面以野生动物监测网络为例进行阐述。世界自然基金会为了保护和监测野生大熊猫，在野外部署了无线传感器监测网络[11]，当传感器节点发现大熊猫，会将其监测数据以多跳、无线传输的方式发送给汇聚节点，此时该传感器节点被称为源节点。考虑到源节点的位置与野生大熊猫的距离较近，如果敌手能够通过攻击手段发现源节点位置，那么敌手可以轻易地获得大熊猫的物理位置，给大熊猫带来危险。因此，源节点位置隐私的泄露将会产生巨大损失，对源节点位置隐私安全性的研究具有重要意义。

关于分布式传感器网络常见研究主要分为二维平面网络和三维立体网络。前者分布和传递数据的维度均为二维平面，后者则在三维立体空间上，如图 1.1 所示。

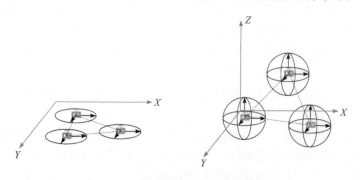

图 1.1　二维平面网络和三维立体网络

面对未来新型三维分布式传感器网络对源节点位置隐私保护的急切需求，目前学术界仍处于理论研究的起步阶段，仍没有提出成熟的解决方案；同时现有针对二维平面网络提出的源节点位置隐私保护方案难以应用于三维无线传感器网络的实际应用场景之中，这主要是由于二维平面网络与三维立体网络在网络模型、分布式路由算法、数据收集方案及源节点位置隐私攻击手法等方面存在差异。此外，现有方案只能抵御单一攻击模型，即全局敌手模型或者局部敌手模型，以上两种模型均过于理想化。在现实生活中，理性敌手的攻击手段将在两种敌手攻击模型之间相互转化，以提高攻击效率，现有方案均难以有效抵抗新型攻击模型。最后现有方案还存在网络数据传输量过大，源节点位置隐私保护效果较差等缺陷，难以在网络能量利用效率和隐私保护效果之间寻求恰当的平衡点。

在分布式智能传感器网络中，以缩短数据包传输路径、降低网络时延、节约网络能量为目标，设计了多种基于地理信息的分布式网络数据传输方案，包括 GPSR(greedy perimeter stateless routing)算法[12]、DD(directed diffusion)算法[13]及 GDSTR(greedy distributed spanning tree routing)算法[14]等。由于现有路由算法的优化目标具有单一性，针对相近的源节点和目的节点，其信息传输路径也较为相似，攻击者可以轻易地监测到网络中稳定的数据流，为数据传输路径隐私的泄露埋下了安全隐患。为了保护数据传输路径的隐私，主要可以通过两类方案来实现，分别是基于随机路由的隐私保护方案[15-18]和基于冗余数据包的隐私保护方案[19,20]。

无线传感器网络中节点数量庞杂，且部署位置往往难以时刻监管，敌手易于腐化其中的某些节点从而破坏网络的可用性，如对传输消息进行篡改、删除等。同时小型廉价的传感器节点拥有诸多限制，如较小的能量储备、较弱的计算与存储能力、短距离的通信能力等。为了保护网络数据机密性，传感器节点在传输数据前需要轻量级算法对数据加密。并且由于传感器节点无法与终端服务器直接交互，必须经由位于其二者之间可转发信息的中继传感器节点进行多跳路由传输，因此对传输路径的优化是平衡网络各节点能耗和延长网络寿命的重要手段。此外，无线信道往往是不安全且不稳定的信道，一方面敌手易于窃听网络信息获取有价值情报，另一方面传输过程中易于丢失部分消息，因此传输的数据必须加密并检验其完整性以保护数据安全。在完成数据安全传输后，需要考虑数据的安全存储与高效可用性。分布式的存储方式在云节点受损时能有效保护数据安全，且需要对外包存储的数据进行完整性认证以防恶意篡改和存储错误，这与分布式共同记账的区块链技术高度匹配。目前主流保护网络数据隐私的方法是对网络数据进行加密存储，并设计算法使其能够对密文进行检索。

随着 5G 技术、智能传感器技术、大数据技术及人工智能的快速发展，物联网(internet of things，IoT)已被应用于各种实际场景，主要包括野外动物监测、野外目标跟踪、野外环境监测及军事战争等。目前，越来越多的各种信息传感器设备与互联网结合，形成了一个巨大物联网结构，节点间可以进行流畅的信息交换。随着单个物联网节点能力的不断提升，节点以协作的方式，执行复杂的任务，形成了分布式网络结构。与传统的信息网络相比，物联网有几个新型特点，如全域感知、可靠传输和智能处理，因此物联网的系统通常被划分为感知层、网络层和应用层三个层次。其中，物联网感知层的主要作用是对物理信息的全面感知，通过各种电信网络与互联网融合。网络层的主要功能是实现对感知数据和控制信息的高效传递，应用层的主要功能是深入分析和处理收集的感知数据，为网络用户提供各类丰富的服务。然而，现有的物联网数据存储方案很难同时满足网络数据机密性、完整性和可用性及安全存储等需求，且没有考虑对存储效率和检索效率的优化，因此分布式智能传感器网络数据隐私保护技术需要进一步探索发展。

1.2 分布式智能传感器网络位置隐私保护技术

分布式智能传感器网络是一个资源严格受限的网络系统，每个网络中的节点拥有极其有限的能量存储与计算资源，这实际上限制了每个节点的数据存储、处理、传输能力。当某传感器节点采集到数据后，只能要求其进行较为简单的数据处理，然后通过多跳路由的方式进行数据传输与汇集。因此，在受限的资源下，如何设计轻量级的网络通信方案来保护数据隐私、源位置隐私、数据的安全存储和检索均是一项具有挑战性的工作。

1.2.1 分布式智能传感器网络中源节点位置隐私保护

由于传输范围限制，分布式智能传感器网络往往需要节点通过多跳转发的方式将收集到的数据发送给汇聚节点。一种针对这种传输方式的攻击称为溯源攻击，敌手通过监听节点间的数据传输信号，在不破译传输报文的前提下，寻找信号的发送源节点。这种攻击在特定类型的分布式智能传感器网络中是致命的，诸如濒危动物监测网络，敌手可以通过溯源攻击定位源节点进而找到濒危动物位置并可能加以侵害。与此同时，类似于地震监测系统等事件激发式网络，敌手使用该种攻击可以用极微小的成本获取和网络运营商相近的数据资源，这严重侵害了运营商的权益。

现有针对源位置隐私保护的技术主要关注节点路由路径设计，试图使用随机、不规律的路由路径来迷惑敌手，延缓其溯源攻击速度，增大其攻击难度。只要适度拖延敌手溯源攻击速度，在被定位源节点前将数据成功传输完毕，便可抵御该攻击。常采用的方案有幻影节点技术、随机中继节点技术、匿名云技术等。

(1) 幻影节点技术。通过随机选择的幻影源节点转发数据，引导敌手错误地将幻影节点认作源节点，从而阻止攻击。

(2) 随机中继节点技术。随机选择中继节点，使得数据传输信号分散到较大范围的网络中，增加敌手追踪难度。

(3) 匿名云技术。制造一个包围源节点的匿名云，致使敌手无法区分云中的节点，从而达到隐藏源节点位置的目的。

目前，针对源节点隐私安全的研究工作主要聚焦于二维平面分布式网络。理论上来说，源节点位置隐私泄露的根本原因在于分布式网络中无线空口信息传输的可探测性，以及数据传输过程在时间维度和空间维度的不平衡性。目前，本领域的研究工作主要采用两种攻击模型，分别是全局敌手攻击模型和局部敌手攻击模型。针对不同的攻击模型，研究人员提出了相应的源节点位置隐私保护方案[21-23]。

现有方案主要在源节点隐私的安全性、原始消息的时延性及网络能量消耗之间寻求平衡。为了降低消息时延，Alomair 等[24]提出了"间隔不可区分"的概念，并将源节点分析定位的问题映射为统计学中的二元假设检验问题，给出了源节点和中继节点在能够逃逸假设检验的前提下，最小化信息传输时延的数据传输方案。Shao 等[22]也从统计学意义上，提出了源节点位置隐私保护方案以降低数据传输时延，在保证真实数据包与虚拟数据包不可区分的前提下，传感器节点以最小延时将数据包发送给真实源节点。对于给定的源节点位置隐私保护安全需求等级，Mehta 等[25]从理论上计算了网络所需要的最低数据传输量，并设计了两种方案，以在数据包传输时延和数据传输量之间寻求平衡。

基于源节点有限泛洪的隐私保护方案与幻影随机路由算法的原理具有一定相似性。在该方案中，源节点并非将原始数据包直接传送给汇聚节点，而是将数据包在本地局部范围内进行泛洪传播，即本地所有节点将数据包发送给所有邻居节点，以此来隐藏真实源节点的位置。当泛洪过程结束后，虚假源节点将数据包发送给汇聚节点。由于虚假源节点位置的随机性，该方案进一步提高了敌手进行溯源攻击的难度。

为了兼顾数据传输过程中的安全性及源节点隐私的安全性，Chen 等[26]针对二维分布式网络提出了基于轻量级秘密共享的安全数据收集技术。该技术首先将原始消息映射为一组更短的消息片段，然后基于全路径路由算法，每个消息片段被独立地传送给汇聚节点。秘密共享技术的引入提高了算法对节点失效的容忍程度，同时提高了敌手发动溯源攻击的难度，保护了源节点的隐私。

Mahmoud 和 Shen[11]详细分析了源节点位置隐私泄露的根本原因，提出了热点区域定位攻击模型，并首次设计了基于云结构的源节点隐私保护方案。该方案在云节点周围构造形状不规则的云结构，由处于云边缘的虚假源节点将数据包发送给汇聚节点，数据包在云中传输的路径具有随机性，以此来提高溯源攻击的难度。此外，为了提高数据包的匿名性，该方案还设计了一套数据包伪签名机制，使得数据包每次被转发后，其表现形式均发生变化，提高敌手对数据包的追踪和分析难度。

可以发现，以上方案均考虑了平面网络中全局敌手模型，大量冗余数据包在网络中传输，以达到迷惑敌手的目的。现有方案的最大缺陷在于网络数据传输量和能量消耗巨大，而真正用于真实数据传输的能量消耗比例极低，这主要是由两方面的原因造成的：一是网络中所有节点均需要转发大量冗余数据包，二是每个冗余数据包长度等于原始数据包，数据包长度过长。

1.2.2 三维无线物联网中的溯源攻击防御

考虑到未来传感器网络的实际应用场景，越来越多的分布式网络数据收集研究人员将目光从二维无线物联网逐步转移到三维无线物联网[27,28]。随着物联网和5G 技术的飞速发展，三维无线物联网将在不久的将来得到普及。传统物联网大多将传感器节点分布置于二维平面上，而本章关注的三维无线物联网是将设备节点分布考虑到三维立体空间的物联网结构。事实上，很多智能无线网络已经在现实生活中的三维场景中部署，如在天空、水下、地下完成各种任务。基于地理信息的三维路由算法是最为主流的分布式数据收集方案之一，该类算法主要分为两种消息传输模式，其中贪婪传播模式具有简洁、高效的特征，是所有方案均需要采用的一种基本模式。然而当贪婪传播模式失败时，需要一种局部最优逃逸机制，这种机制的设计是每种算法的核心内容。需要特别注意的是，三维无线物联网中分布式路由的难度要显著大于二维无线物联网中分布式路由的难度，这是由于三维无线物联网更容易产生局部最优的情况。

随着三维无线网络的出现，基于空间位置信息的分布式数据传输方案逐步得到关注，该类方案具有简单、高效、节能等特征，在分布式路由领域扮演重要角色。一般来说，本地无线物联网由大量智能节点组成，用于收集周围环境的信息，这些节点相互协作，并以多跳方式传输消息。网络中的每个节点通常都受到电源、计算能力和通信能力等资源的限制，因此大多数节点保持静默(基本心跳数据包除外)，除非它们检测到事件或被请求中继数据包。同时本地网络中可能存在一些被称作汇聚节点或网关节点的更强节点，以管理其他普通节点，并可以将所接收到的数据汇总后发送到云服务器。在此背景下，无线分布式传感器网络面临多种安全威胁。针对三维无线物联网，人们提出分布式地理信息路由算法的源位置隐私保护技术。与 GPSR 方案[12]相似，数据传输模式分为贪婪数据传输模式和表面数据传输模式，当贪婪模式失败，数据包在本地的多面体表面进行游走，直至可以重新恢复到贪婪模式，该算法在数据传输路径长度、网络能量消耗等方面表现良好，实现了源位置隐私的高效保护。

Lam 等[27]提出了可用于 d 维分布式无线网络中的路由算法 MDT。对于二维无线物联网，Bose 和 Morin 证明了只要数据包不断地在网络德劳内三角剖分结构上贪婪传播，总能被成功传送到目的节点。MDT 算法将该成果扩展到三维欧氏空间中，提出了多跳德劳内三角剖分结构，并将数据包在此结构上进行传输，该方案的数据成功传输率达到 100%。Zhou 等[30]通过用两个二维无线物联网凸包结构来近似表征三维无线物联网凸包结构，将 GDSTR 算法扩展到三维无线物联网空间中，提出了 GDSTR-3D 算法。该算法在贪婪传播模式中，通过利用 2 跳邻居节点信息来降低局部最优情况的发生概率。当发生局部最优情况时，GDSTR-3D 将数据包在与凸包结构等价的生成树上进行传播，以逃逸局部最优。考虑到凸包结构及生成树的构造过程，该方案并不是完全分布式算法，节点工作负载较大。以上方案[31-33]均未考虑网络中节点失效及源节点位置隐私安全等问题，针对三维无线物联网中源节点隐私安全的研究工作目前处于初始阶段，源节点位置隐私面临严峻的泄露风险。

1.2.3 异构无线传感器网络轻量级安全数据传输

异构无线传感器网络是由一组不同类型传感器节点组成的无线自组织通信网络，更能体现物理世界的异构性和多态性。然而，由于无线传感器网络中节点数量庞杂，且部署位置往往难以时刻监管，敌手易于腐化其中的某些节点从而对网络的可用性造成破坏，如对传输消息进行篡改、删除等。异构无线传感器网络轻量级安全数据传输是指在由不同类型的无线传感器节点组成的网络中，采用一种轻量级的安全数据传输方案，以保护从传感器节点收集到的数据不受未经授权的访问和篡改。此方案通常会利用对称加密、哈希函数和消息认证码等技术来实现数据的机密性、完整性和认证性。

由于无线传感器网络资源受限，研究者提出了许多轻量级的数据传输方案，这些方案可以有效地延长网络寿命。Kim 等[34]在电池供电的无线传感器网络中，通过在对称加密和非对称加密之间的切换，基于一个能量阈值在数据安全传输和节能之间进行权衡，减少了无线传感器网络中某些节点使用的能量，该方案更安全、更有效地使用能源，并减少了节点停电问题的发生。Yang 等[35]设计了一种轻量级、安全、高效的集群协议，通过使用传输密钥索引而不是密钥本身，减少了通信开销，提高了能源效率。上述方案以多种方式降低了节点的计算开销，延长了网络的使用寿命，但这些方案没有考虑恶意节点的影响，因此它们容易受到攻击，可能会导致网络可用性降低。

基于经济方面考虑，无线传感器节点通常简单且低成本。然而它们通常无人看管，因此很可能遭受不同类型的新攻击[36,37]。黑洞攻击[35]是最典型的攻击之一，敌手攻击某个节点并丢弃通过该节点路由的所有数据包，导致敏感数据被丢弃或无法转发到接收器。由于网络根据节点感知到的数据做出决策，其结果是网络将完全瘫痪，更严重的是网络可能做出不正确的决策，因此如何检测和避免黑洞攻击对无线传感器网络的安全性具有重要意义。

关于防御黑洞攻击的研究有很多，一种方法是采用共享划分的多路径路由，将要传输的数据分为不同的份额，不同的份额通过不同的路由到达目的地。Hu等[36]提出了一种安全、节能的不相交路由方案 SEDR，利用传感器节点的可用剩余能量，利用随机不相交的多路径路由将切片份额路由到其他节点，作者证明了在不减少 SEDR 协议中的生命周期的情况下，安全性可以被最大化。另一种避免攻击和提高路由成功概率的方法是信任路由，Zhan 等[37]提出了一种基于信任感知的路由框架协议 TARF，使用信任和能源成本进行路由决策，以防止恶意节点误导网络流量。

虽然关于恶意节点攻击回避的研究很多，但仍有很多问题值得进一步的研究：①目前的黑洞回避策略主要影响网络的使用寿命；②目前的黑洞回避策略大多是被动作用系统，它影响着系统的性能；③信任路径机制成本高，难以获得信任，其指导意义有限。

1.2.4 移动互联网位置服务安全检索

移动互联网具有即时快捷的特性，在许多方面代替了以往传统的互联网，随着移动互联网的快速发展，基于位置的服务受到了工业界和学术界的高度重视。基于位置的服务旨在为人们提供极大的便利，如进行与位置有关的社交、导航、打卡等活动，用户须首先确定自身的空间位置，再将空间位置信息发送到移动互联网并获取相关服务。随着 5G/6G 通信技术和带有移动定位功能的智能手机、笔记本电脑等快速普及，正式进入"万物互联"时代，各类移动互联网系统和应用层出不穷，规模越来越大，特别是在电子政务、电子医疗、金融证券及日常生活 APP 中发展迅速，给人们的工作生活带来了巨大的便利，然而用户需要向服务器暴露位置隐私和查询隐私等个人敏感信息，导致用户个人隐私泄露。

移动互联网的优势之一是可以提供与位置相关的服务和应用，用户通过将自身的位置信息发送给相关服务商，服务商便可以根据其位置推送相关服务，如附近的餐厅、停车场和移动导航服务等。在用户获得便利的同时，服务商也会轻易获取到其位置信息，这可能会导致个人位置信息被不法服务商利用，造成隐私泄露问题。

为了保护外包数据的隐私，一个实用的方法是以加密数据代替原始数据上传到云端，此时云服务器需要直接搜索密文才能得到搜索结果。目前已经设计了许多可搜索加密方案，包括单关键字布尔搜索算法、单关键字排序搜索和多关键字布尔搜索。然而上述搜索模式过于简单，无法满足用户的需求，另一种方法是为加密数据构建索引结构，这样可以搜索索引来获得搜索结果。同时，为了正确使用基于位置的服务，需要设计新型索引树，既要适合密文形式的服务检索过程，同时又根据空间和文本信息修剪搜索路径，以提高搜索效率。

1.3 分布式智能传感器网络数据隐私保护技术

1.3.1 分布式智能传感器网络数据安全存储

分布式传感器数据存储即在多个传感器节点而不是单个源节点上可靠地存储数据，以使无线传感器网络中的任何授权设备都可以访问原始数据。由于在无线传感器网络中，单个传感器容易发生故障和遭受各种攻击，分布式数据存储相比集中式数据存储在无线传感器网络中的可靠数据管理方面具有特殊的优势。目前，分布式传感器数据存储广泛应用于各种场景。例如，将传感器网络部署在远程环境中，利用传感节点进行测量并在存储节点上长期存储数据，任何授权的设备都可能出现在任何位置，以从存储节点检索有用的数据。

尽管分布式数据存储具有可靠数据管理的优点，但它容易对无线传感器网络中数据可用性和完整性带来威胁。在实际部署过程中，单个节点容易出现随机拜占庭式故障，这意味着一些节点可能会出现错误行为或无法保持一致的行为。此外，恶意传感器可能会通过发起各种攻击(如污染攻击)故意污染或破坏存储的数据，从而导致数据不可用。因此，应为无线传感器网络中的传感器数据存储提供数据可用性和完整性保护。对于数据完整性，应利用动态完整性验证来确保存储期间的数据正确性[1]，通过动态完整性检查来识别损坏的片段，然后执行数据维护以替换损坏的片段，以便将来进行数据重建；另一方面，若没有数据维护，动态完整性验证变得毫无意义，只有同时提供动态完整性验证和数据维护，数据采集器才能成功获取存储的数据。

图 1.2 展示了如何在传感器数据存储中通过完整性验证和数据维护确保数据可用性和完整性。源节点使用编码技术从三个原始数据段(或称为源数据段)生成四个片段，然后将编码片段存储在不同的存储节点。在片段的生命周期内，随机执行完整性检查，以确保数据完整性并定位损坏的片段。在此示例中，D_4 被标识为不正确，然后用 $\{D_1, D_2, S_3\}$ 更新，如虚线所示，数据采集器可以使用 $\{D_1, D_2, D_3, D_5\}$ 中的任意三个来恢复原始数据。

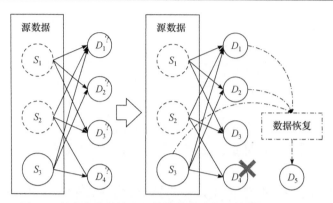

图 1.2　具有完整性检查和数据维护功能的传感器数据存储

在分布式智能传感器网络数据安全存储技术中，还面临如下问题：①数据泄露：黑客攻击、员工疏忽、设备失窃等都可能导致数据泄露，危害企业和个人隐私；②数据可靠性：数据存储设备或系统出现故障，或者人为错误操作等都可能导致数据损坏或丢失；③数据完整性：在数据传输或保存过程中，数据可能被篡改或擅自修改，从而影响数据的完整性和准确性；④数据管理和维护：大量的数据需要进行分类、清洗、备份及长期维护，这需要耗费大量的时间和资源。

1.3.2　分布式智能传感器网络数据层次加密

为了保护分布式智能传感器网络数据的隐私，在数据被上传到公共云节点之前，数据所有者需要对数据集合进行统一处理，提取数据集合中每个文档的索引信息并进行加密，使其能够响应多种查询模式，为用户提供高效、灵活的数据检索服务。目前，专门针对分布式智能传感器网络数据的组织和加密方案仍处于起步阶段，且大部分分布式网络数据检索方案仅能支持基于单一属性的查询方式，难以兼顾数据查询的安全性、精确性和高效性。

目前，大部分基于属性的加密方案中，不同访问结构的数据对象均需要单独加密，难以满足海量数据共享系统的需求。Wang 等[38]对层次属性加密技术进行了初步探讨，提出了 FH-CP-ABE 方案。对于能够共享一个访问树的一组数据对象，该方案将这组数据对象进行整体加密。当用户身份能够满足共享访问树的部分条件时，该用户仅能够解密部分文件，只有当用户身份满足访问树全部条件时，才能够解密出所有文件。然而 FH-CP-ABE 方案不能对一组属性多样且不共享一棵访问树的数据集进行同时加密，不能应用于本项目中的物联网数据集。

基于属性的加密算法最近被用于云环境中的安全访问控制，其是在基于身份加密基础上开发的，特别适用于一对多加密方案。当且仅当用户的属性满足访问控制策略时，用户才能解密密文。基于属性的加密算法与分布式智能传感器网络的融合，可以在保证数据机密性的同时构建细粒度的访问控制，有效解决分布式智能传感器网络环境下外包数据的安全访问控制问题。

但传统基于属性的加密算法在云应用中存在一些问题。首先，它使用单一的授权中心，在数据量和用户量较小的情况下，可以为用户提供良好的访问控制，同时保证数据安全。但随着用户和数据量的急剧增加，有限负载容量已经不能满足需求，同时一旦属性授权中心受到攻击者的攻击，所有用户共享的所有数据都将被盗取，从而导致非常严重的隐私泄露。其次，访问控制机制中数据使用者的计算复杂性将随着解密数据时属性的数量线性增加，当属性数量变大时，解密时间对于数据使用者可能会变得太长。基于属性的层次加密技术可大幅降低计算复杂性和数据存储量，可有效节省有限的资源及提高用户体验。

1.3.3 分布式智能传感器网络数据安全共享

万物互联时代，物联网、人工智能等新技术进入医疗领域，目前医疗物联网(internet of medical things, IoMT)已经蓬勃发展。其中，广泛应用的分布式智能传感器网络医疗数据共享机制是一种利用分布式智能传感器网络收集、传输和共享医疗数据的方法。该机制通过将多个传感器节点连接为一个网络，实现了数据的分布式采集和处理，可以提高数据的准确性和完整性，并通过安全的方式实现数据共享，促进医疗信息化的发展。为方便对医疗数据进行共享与研究，并减轻本地数据存储压力，很多医院选择将电子医疗数据上传到云端，但是电子医疗数据中包含患者姓名、年龄、病情等个人隐私信息，如果在这些医疗数据上传过程中或者在云服务器端被不法分子截获，会导致严重的隐私泄露问题，因此需要保证非法用户不能获取这些敏感信息，从而保护用户隐私。

为解决上述问题，研究者们针对医疗数据共享过程中可能出现的隐私泄露问题提出了很多解决方案。为防止电子医疗数据在上传至云端过程中出现数据失管失控问题，Goyal 等[33]利用基于属性的加密算法提出了一种支持细粒度访问控制的隐私保护方案，该方案可以实现电子医疗数据在不同的医院之间安全共享，并可以实现细粒度访问控制功能。为了实现各类数据操作的可追踪可验证性，Yang 等[35]将区块链技术引入到隐私保护方案中，在传统数据安全共享方案的基础上，该方案将加密后的电子医疗数据存储地址信息上传至区块链中，解决了电子医疗数据隐私保护和签名者身份泄露的问题，也保证了电子医疗数据的真实可靠。进一步地，为了降低数据存储开销，Wu 等[40]提出了一种基于联盟区块链和代理重加密的电子医疗数据安全共享方案，在此方案中，所有接入网络的终端设备和服务器都会连接到区块链中，并通过代理重加密技术确保电子医疗数据的加密传输与共享。

从近期研究现状看，为保护电子医疗数据隐私安全，通常使用密码学技术、区块链技术等，但随着智慧医疗设备的迅速增加，其产生的电子医疗数据激增，用户的计算负担、存储开销等成倍增加，同时也面临着访问策略不细致、部分数据泄露等问题，需要进一步研究解决。

1.3.4　分布式智能传感器网络数据安全检索

收集到的海量分布式智能传感器网络数据(包括数值、文本、图像等)蕴藏巨大经济价值，如何组织这些多源、异构数据，且在保证数据安全的前提下，提高数据的共享性和可用性，进一步挖掘分布式智能传感器网络数据的实际价值面临挑战。

安全数据发布与访问控制过程涉及数据加密/解密算法、访问控制及信息检索等技术，这些技术是密码学和信息检索领域的重要基础性技术。现有基于属性的加密/解密算法着重提高数据的安全性和访问控制过程的灵活性，考虑到分布式智能传感器网络数据是海量的，加密、解密及密文检索效率是衡量新型算法的重要标准之一。通过紧密结合基于属性的加密/解密方案思想及多属性类型树形检索结构，可能从新的方向产生密文检索技术领域的原始性创新。

R 树是一种经典的空间信息对象组织结构，每一个叶子节点中包含一组称为最小包围方块的几何结构，这些方块的位置紧密相邻，而且每个方块中紧密包围了一个空间对象。相似地，叶子节点所对应的最小包围方块被定义为包含所有子方块区域的最小方块，空间位置相接近的叶子节点聚合为新的父节点。通过不断迭代以上过程，直至形成根节点。R 树能支持高效的数据检索，然而 R 树只能够支持单一类型信息的组织，如地理信息或文本信息，难以同时支持多属性类型信息的集成组织。

Xia 等[41]提出了文本向量检索结构 KBB 树，每个叶子节点包含一组文本向量，并记录所有向量在每个维度上的最大值形成叶子节点向量。同时一组叶子节点集成到一个父节点，直至所有节点均隶属于一个根节点。根据查询向量，KBB 树中的每个节点均能够预测所有子节点与查询向量的最大相关系数，进而通过阈值剪除无效路径，显著提高数据查询的效率，然而该树的查询精度有所下降。以上两种树型结构同样只能够支持单一属性类型信息的组织。

地理文本数据集包含两类属性，分别是地理属性和文本属性，R 树、KBB 树等结构均难以直接用于处理此类数据集。Zhou 等[42]基于倒置文本结构和 R*树，为基于地理位置信息和关键词的网页搜索引擎设计了一种混合检索结构。根据倒置文本和 R*树的相对关系，提出的检索结构分为三类，分别是：①独立的倒置文本结构和 R*树；②倒置文本优先的检索结构；③R*树优先的检索结构。仿真表明，两种检索结构的简单叠加并没有显著提高数据检索效果，这是由于检索过程中的地理信息和文本信息并没有同时用于剪除无效查询路径。

Li 等[43]进一步研究地理文本数据高效检索结构，提出 IR 树结构，该树以地理信息构造的 R 树为主树，将文本信息挂靠在树中的每个节点上。在检索过程中，通过访问节点，即可获得该节点所包含的数据集合的地理和文本信息，而不需要遍历节点中所有数据对象。因此，通过节点中的信息便可以剪除掉大量无效路径，即针对查询请求，不包含可能的候选查询结果的路径。可以发现，在 IR 树中，地理信息和文本信息被同时应用于检索过程当中，仿真表明 IR 树显著地提高了数据检索效率并得到了一定的应用。

1.4　本书研究内容及章节安排

本书的研究内容聚焦于分布式智能传感器网络安全数据处理技术，在深入研究智能算法对分布式智能传感器网络数据处理的基础上，实现对网络数据安全的保护和监测。从分布式智能传感器网络安全数据处理技术多个层面的研究问题展开：首先研究分布式智能传感器网络位置隐私保护技术，从源节点位置隐私保护出发，扩展到三维无线网络溯源攻击防御，从而解决异构无线传感器网络中针对恶意节点的数据安全传输问题；其次是研究分布式智能传感器网络数据隐私保护技术，从数据处理的三个阶段出发，分别研究数据的安全存储、层次加密技术，从而解决分布式智能传感器网络数据安全共享问题；最后在前述技术的基础上探索位置服务和网络数据安全检索问题。具体而言，本书内容及章节安排如图 1.3 所示。

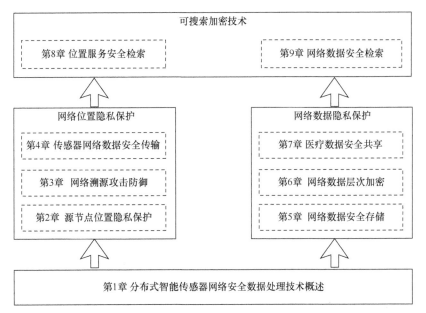

图 1.3　本书研究内容及章节安排

　　本书绪论部分简述分布式智能传感器网络技术发展过程和发展现状，介绍全书内容的组织与结构，具体研究工作分为网络位置隐私保护技术和网络数据隐私保护技术，包括源节点位置隐私保护技术、三维无线物联网溯源攻击防御技术、异构无线传感器网络数据安全传输技术、数据安全存储、数据层次加密和数据安全共享技术，最后介绍针对位置隐私保护的位置服务检索技术和网络数据安全检索技术。通过上述研究与作者多年研究工作的有机结合，对分布式智能传感器网络安全数据处理技术进行全面细致梳理，让读者熟悉并掌握前沿技术及其应用情况，以期全面推动分布式智能传感器网络安全数据处理技术的研究与应用。

　　第 1 章阐述研究绪论。详细阐述分布式智能传感器网络安全数据处理技术的兴起与发展，概述网络位置隐私保护技术和网络数据隐私保护技术，进而针对两部分内容所涉及的主要技术进行介绍。

　　第 2~4 章阐述分布式智能传感器网络位置隐私保护领域发展。位置隐私保护是分布式网络发展的重要方向，这部分内容从源节点隐私保护、溯源攻击防御和异构网络数据安全传输三个维度，介绍所采用的技术模型和问题的解决思路，用以更加准确而全面地理解隐私保护需求，给出符合条件的技术思路。

　　第 5~7 章聚焦分布式智能传感器网络数据隐私保护技术。以数据隐私保护为基础，从数据安全存储、层次加密和安全共享等三个方面，优化相关算法和方案，解释如何更好保护数据隐私安全。

　　第 8~9 章介绍分布式智能传感器网络安全数据处理技术的应用。由于分布式网络特别是物联网的快速发展，网络位置和数据隐私保护具有广泛的应用前景，作者分别介绍位置隐私保护服务检索和数据安全检索具体技术，以期丰富相关技术的应用场景。

参 考 文 献

[1] Song D X, Wagner D, Perrig A. Practical techniques for searches on encrypted data. IEEE Symposium on Security and Privacy, 2000: 44-55.

[2] Goh E J. Secure indexes. https://eprint.iacr.org/2003/216.pdf [2022-03-10].

[3] Curtmola R, Garay J, Kamara S, et al. Searchable symmetric encryption: improved definitions and efficient constructions. Journal of Computer Security, 2011, 19(5): 895-934.

[4] Jarecki S, Jutla C, Krawczyk H, et al. Outsourced symmetric private information retrieval. Proceedings of the ACM Conference on Computer and Communications Security, 2013: 875-887.

[5] Swaminathan A, Mao Y, Su G M, et al. Confidentiality-preserving rank-ordered search. Proceedings of the 2007 ACM Workshop on Storage Security and Survivability, 2007: 7-12.

[6] Wang C, Cao N, Ren K, et al. Enabling secure and efficient ranked keyword search over outsourced cloud data. IEEE Transactions on Parallel and Distributed Systems, 2012, 23(8): 1467-1479.

[7] Zerr S, Olmedilla D, Nejdl W, et al. ZerberbR: Top-k retrieval from a confidential index.

Proceedings of the 12th International Conference on Extending Database Technology: Advances in Database Technology, EDBT'09, 2009: 439-449.

[8] Wang C, Cao N, Li J, et al. Secure ranked keyword search over encrypted cloud data. IEEE 30th International Conference on Distributed Computing Systems, 2010: 253-262.

[9] Boneh D, Crescenzo G. D, Ostrovsky R, et al. Public key encryption with keyword search// Cachin C, Camenisch J. Lecture Notes in Computer Science (including subseries Lecture Notes in Artificial Intelligence and Lecture Notes in Bioinformatics).3027. Germany: Springer Verlag, 2004: 506-522.

[10] Golle P, Staddon J, Waters B. Secure conjunctive keyword search over encrypted data// Jakobsson M, Yung M, Zhou J, et al. Lecture Notes in Computer Science (including subseries Lecture Notes in Artificial Intelligence and Lecture Notes in Bioinformatics).3089. Germany: Springer Verlag, 2004: 31-45.

[11] Mahmoud M M E A, Shen X. A cloud-based scheme for protecting source-location privacy against hotspot-locating attack in wireless sensor network. IEEE Transactions on Parallel and Distributed Systems, 2012, 23(10): 1805-1818.

[12] Karp B, Kung H T. GPSR: Greedy perimeter stateless routing for wireless networks. Proceedings of the Annual International Conference on Mobile Computing and Networking, MOBICOM, 2000: 243-254.

[13] Intanagonwiwat C, Govindan R, Estrin D. Directed diffusion: A scalable and robust communication paradigm for sensor networks. Proceedings of the Annual International Conference on Mobile Computing and Networking, MOBICOM, 2000: 56-67.

[14] Das D, Misra R. Improvised tree selection algorithm in greedy distributed spanning tree routing. 2014 Recent Advances in Engineering and Computational Sciences (RAECS), 2014: 1-6.

[15] Zhou L, Shan Y. Multi-branch source location privacy protection scheme based on random walk in WSNs. 2019 IEEE 4th International Conference on Cloud Computing and Big Data Analysis (ICCCBDA), 2019: 543-547.

[16] Hussien Z W, Qawasmeh D S, Shurman M. MSCLP: Multi-sinks cluster-based location privacy protection scheme in WSNs for IoT. 2020 32nd International Conference on Microelectronics(ICM), 2020: 1-4.

[17] Yao S, Yang X, Song Z, et al. Maze routing: An information privacy-aware secure routing in internet of things for smart grid. 2022 7th International Conference on Communication, Image and Signal Processing (CCISP), 2022: 461-465.

[18] Hu L, Liu L, Liu Y, et al. A robust fixed path-based routing scheme for protecting the source location privacy in WSNs. 2021 17th International Conference on Mobility, Sensing and Networking, MSN 2021, 2021: 48-55.

[19] Li P, Xu C, Xu H, et al. Research on data privacy protection algorithm with homomorphism mechanism based on redundant slice technology in wireless sensor networks. Communications, China, 2019,16(5): 158-170.

[20] Liu X, Zeng Q, Du X, et al. SniffMislead: Non-intrusive privacy protection against wireless packet sniffers in smart homes. ACM International Conference Proceeding Series, 2021: 33-47.

[21] Liu R, Lin X, Zhu H, et al. TESP2: Timed efficient source privacy preservation scheme for wireless sensor networks. 2010 IEEE International Conference on Communications Communications (ICC), 2010: 1-6.

[22] Shao M, Zhu S, Cao G. Towards statistically strong source anonymity for sensor networks. The 27th Conference on Computer Communications. IEEE, 2008: 51-55.

[23] Bicakci K, Gultekin H, Tavli B, et al. Maximizing lifetime of event-unobservable wireless sensor networks. Computer Standards and Interfaces, 2011, 33(4): 401-410.

[24] Alomair B, Clark A, Cuellar J. Toward a statistical framework for source anonymity in sensor networks. IEEE Transactions on Mobile Computing, 2013, 12(2): 248-260.

[25] Mehta K, Liu D, Wright M. Protecting location privacy in sensor networks against a global eavesdropper. IEEE Transactions on Mobile Computing, 2012, 11(2): 320-336.

[26] Liu A, Jin X, Cui G, et al. Deployment guidelines for achieving maximum lifetime and avoiding energy holes in sensor network. Information Sciences, 2013,230: 197-226.

[27] Lam S S, Qian C. Geographic routing in d-dimensional spaces with guaranteed delivery and low stretch. IEEE/ACM Transactions on Networking, 2013, 21(2): 663-677.

[28] Chen H, Lou W. On protecting end-to-end location privacy against local eavesdropper in wireless sensor networks. Pervasive and Mobile Computing, 2015, 16(A): 36-50.

[29] Yang Y, Zheng Z, Bian K, et al. Real-time profiling of fine-grained air quality index distribution using UAV sensing. IEEE Internet Things Journal, 2018, 5(1): 186-198.

[30] Zhou J, Chen Y, Leong B, et al. Practical 3D geographic routing for wireless sensor networks. Proceedings of the 8th ACM Conference on Embedded Networked Sensor Systems, 2010: 337-350.

[31] Li Z, LEE C K, Zhang B, et al. IR-Tree: An efficient index for geographic document search.IEEE Transactions on Knowledge and Data Engineering, 2011, 23(4): 585-599.

[32] Sedjelmaci H, Senouci S M, Ansari N. Intrusion detection and ejection framework against lethal attacks in UAV-aided networks: A Bayesian game-theoretic methodology. IEEE Transactions on Intelligent Transportation Systems, 2017, 18(5): 1143-1153.

[33] Goyal V, Pandey O, Sahai A, et al. Attribute-based encryption for fine-grained access control of encrypted data. Proceedings of the 13th ACM Conference on Computer and Communications Security, 2006: 89-98.

[34] Kim J M, Hong S L, Yi J, et al. Power adaptive data encryption for energy-efficient and secure communication in solar-powered wireless sensor networks. Journal of Sensors, 2016, 2016(1): 1-9.

[35] Yang X D, Li T, Pei X Z, et al. Medical data sharing scheme based on attribute cryptosystem and blockchain technology. IEEE Access, 2020, 8: 45468-45476.

[36] Hu Y, Liu A. An efficient heuristic subtraction deployment strategy to guarantee quality of event detection for WSNs. The Computer Journal, 2015, 58(8): 1747-1762.

[37] Zhan G X., Shi W S, Deng J L. Design and implementation of TARF: A trust-aware routing framework for WSNs. IEEE Transactions on Dependable and Secure Computing, 2012, 9(2): 184-197.

[38] Wang S, Zhou J, Liu J K, et al. An efficient file hierarchy attribute-based encryption scheme in

cloud computing. IEEE Transactions on Information Forensics and Security, 2017, 11(6): 1265-1277.

[39] Goyal V, Pandey O, Sahai A, et al. Attribute-based Encryption for fine-grained access control of encrypted data. Proceedings of the 13th ACM Conference on Computer and Communications Security, 2006: 89-98.

[40] Wu S, Du J. Electronic medical record security sharing model based on blockchain. Proceedings of the 3rd International Conference on Cryptography, Security and Privacy, 2019: 13-17.

[41] Xia Z, Wang X, Sun X, et al. A secure and dynamic multi-keyword ranked search scheme over encrypted cloud data. IEEE Transactions on Parallel and Distributed Systems, 2016, 27(2): 340-352.

[42] Zhou Y, Xie X, Wang C, et al. Hybrid index structures for location-based web search. International Conference on Information and Knowledge Management, Proceedings, 2005: 155-162.

[43] Li Z, LEE C K, Zhang B, et al. IR-Tree: An efficient index for geographic document search.IEEE Transactions on Knowledge and Data Engineering, 2011, 23(4): 585-599.

第 2 章　分布式网络源节点位置高效隐私保护机制

2.1　引　　言

随着分布式网络技术的广泛应用，网络中源位置隐私保护技术受到越来越多的关注，这对提升网络中数据的安全性具有重要的现实意义[1-5]。大多数现有的分布式网络源位置隐私保护方案均存在一定缺陷，主要包括网络能量消耗较大、虚数据包冗余度过高、隐私保护效果较差，以及容错能力较低等问题[6-10]。针对以上缺陷，本章主要研究分布式传感器网络中源节点位置隐私的高效保护技术，其在军事方面的应用、监测野生动物、医疗和健康护理的监控等领域均具有实际的应用。

(1) 军事方面的应用。分布式传感器网络在军事上的应用主要是对兵力和武器的监控、战场情况的监控以及战场实时搜索等。在这些网络中，源节点位置隐私具有重要的军事意义，需要对其提供高强度的保护。

(2) 监测野生动物。在动物保护区内部署分布式传感器网络可以用来监测动物的生活习性、健康状态、居住环境等。在这些网络中，源节点位置隐私与动物等被监测对象的位置密切相关，需要进行妥善保护。

(3) 医疗和健康护理领域。分布式网络在医疗和健康护理方面的实际应用中有对病人的生理数据进行监测。同时由于分布式网络收集到的数据大部分都是与患者个人有关的信息，在实际的应用部署过程中，考虑到源节点位置泄露将导致患者的位置隐私泄露，网络中源节点位置信息需要受到严格的保护。

本章将从以下三个方面开展深入、递进的研究。

(1) 针对网络节点资源受限的情况，基于同余方程组理论提出一种新型的轻量级秘密共享方案。秘密共享方案是一种将秘密消息拆分成安全的不同秘密份额并由数个参与者持有，当且仅当其中多个参与者合作才能恢复秘密消息的安全方案。将原始消息映射为一组长度更短的共享片段，降低节点处理消息的负载和能量消耗，同时减少虚数据包的数据量。

(2) 针对如何提高隐藏源节点效果的问题，基于共享片段，在源节点周围基于平面图理论中的凸包结构构造一种能够动态更新的匿名云，设计匿名云内传感器节点的通信行为。其中，共享片段即上面所提到秘密共享方案中的秘密份额；凸包结构将一定集合内的所有节点包含在由该集合内最外层节点围成的范围中，可通过选择组成集合的传感器节点控制节点凸包的大小进而提高消息传输效率；匿名云即云中传感器节点之间具有统计意义上的不可区分性，加强对源位置的隐私保护效果。

（3）针对传统路由方案不能有效抵御溯源攻击的问题，提出一种分布式随机路由算法。溯源攻击是敌手通过监听、密码分析等手段追踪数据包直至源节点以对源节点及中继节点进行控制、破坏的攻击行为。本章提出的算法使共享片段的传输路径多样化，提高了攻击者对源节点的可能区域进行追溯的难度，同时显著提高了网络数据传输的鲁棒性和安全性。通过以上技术，本章将从多个方面保护源节点位置隐私，研究成果将推动分布式网络的实用化。

由于目前分布式网络已经在多个领域得到了一定的应用，同时分布式网络平台的搭建有助于孵化新型商业模式、服务模式、消费模式和生活模式，推动我国产业升级，发展数字经济，因此对其源节点位置隐私的保护具有重要意义。此外，针对未来可能出现的多种新型网络，本章研究内容仍具有潜在的应用价值。综上所述，本章的研究内容具有一定的实际意义和应用前景。

本章的组织结构如下。在第 2.2 节中阐述了书中所应用的网络模型和敌手攻击模型，在第 2.3 节中介绍了网络模型，在第 2.4 节中设计了基于同余方程组的轻量级 (t,n)-门限秘密共享算法，第 2.5 节设计了基于共享片段的分布式网络匿名云构造算法，第 2.6 节对方案进行了详细的仿真分析，最后在第 2.7 节中对全章进行了总结。

2.2　相关研究工作

分布式传感器网络中的传感器节点通常部署在能量、通信信号及计算能力受限的环境中，导致无线传感器网络的安全受到很多方面的威胁。目前，许多研究者应用密码学在网络中保证节点的安全性[11-14]，有些研究者们[15-19]在分布式传感器网络中引入了信誉系统，对网络中传感器节点进行分析和监测，加强了分布式传感器网络的安全性。

分布式传感器网络中源节点的位置隐私保护技术具有重要的意义，这里根据大熊猫的监测网络[20]来阐述源节点位置隐私的意义。

如图 2.1 中所示，检测到野生大熊猫的传感器节点为源节点，其中野生大熊猫称为分布式传感器网络中的监测目标。分布式传感器网络中的源节点是负责将收集到的大熊猫信息利用合适的路由算法发送给汇聚节点，汇聚节点具有更多的能量和计算能力，最终将消息发送给远端的网络用户。由于分布式网络中的无线传感器节点之间是通过无线通信的形式进行信息传输，信号会暴露于空间范围内，这样会导致攻击者理论上能够利用信息分析设备检测到分布式网络中传感器节点的数据发送行为，进而攻击者可能采用数据分析定位方法，通过溯源攻击等行为，获取网内监测目标大熊猫的位置信息。由于网内监测的目标往往具有很大的经济价值，从而使得源节点位置隐私保护技术具有非常重要的现实意义。

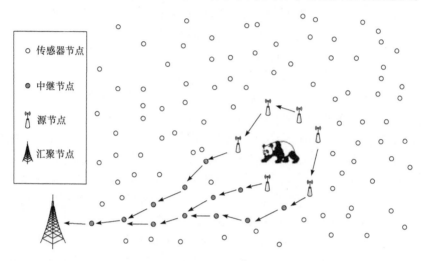

图 2.1　分布式网络中大熊猫的监测示意图

分布式网络中的源节点位置隐私保护方案可根据敌手攻击模型分为两类：一类是基于全局敌手攻击模型的源节点位置隐私保护方案，另外一类是基于局部敌手攻击模型的源节点位置隐私保护方案。

在基于全局敌手攻击模型的方案中，首先假设分布式网络中所有传感器节点的通信行为被攻击者监测，然后传感器节点要根据之前设置的方式一直传输假数据包，直到某个时刻需要传输一个真数据包的时候，传感器节点用真数据包代替一个假数据包的传输，利用假数据包隐藏真数据包的传输行为。为了保护源位置的隐私，科研工作者从不同角度考虑设计了源位置隐私保护方案，比如减少方案中假数据包的传输量[21]、降低方案中真数据包的时间延迟[22]、提高方案中网络的能源效率[23]、加强方案中的安全性[24]等。

对于局部敌手攻击模型，假设攻击者的窃听能力具有一定的局限性，所能监测到的范围接近传感器节点的通信半径。在最开始的时候，由于攻击者掌握的信息比较少，所以只能在汇聚节点周围等待，并尝试采用溯源攻击方式追溯到源节点，进而获取网内监测目标的信息[25,26]。Kamat 等[27]设计了一种随机路由方案进行数据传输，利用数据传输路径的多样性高效地保护源位置信息，如果网络监测目标在某个位置停留的时间较长，攻击者收集到的源位置信息也会较多，则导致基于随机路由的方案不能有效保护源节点位置隐私。因此全局敌手攻击模型或是局部敌手攻击模型均具有一定的缺陷，不能有效抵抗狡猾敌手的实际行为。

对于全局敌手攻击模型的防御，一般采用的是发送大量的假数据包。Alomair 等[24]在所设计的方案中引入了"时间间隔具有不可区分性"概念，不仅能确保源节点的位置安全，而且还减少信息传输的时延。为了降低信息传输的时间延迟，Shao 等[22]设计了一种在统计意义上源节点位置隐私的高效保护技术方案，为了确保真数据包与假数据包在统计意义上的不可区分性，源节点需要尽快传输真数据包，以隐藏源节点的位置信息。Lu 等[21]利用簇头过滤掉假数据包，只传输真数据包到汇聚节点，从而减少了假数据包的开销。Bicakci 等[23]通过网络中的中继节点而不是簇头去过滤假数据包，从而降低数据通信开销，针对不同的代理分配方式，对网络的生命周期进行了深入分析。

对于局部敌手攻击模型的防御是利用随机路由算法传输数据，使得传输的路径多样化，源节点难以被攻击者追溯。Kamat 等[27]设计了的幻影路由算法，该算法可以防止随机游走过程中步骤相互抵消，随后他们设计了基于扇区的随机游走方案和基于跳数的随机游走方案，可以安全将数据发送到汇聚节点。Wang 等[28]设计出了一种倾斜角度引导随机游走方案，确保了对源节点位置隐私进行高效的保护。Mahmoud 等[25]设计了基于云的源节点位置隐私保护方案，通过在源位置周围构造形状不规则的云来防止局部敌手的溯源攻击，从而保护了源节点的位置隐私。Chen 等[29]提出了网络中端到端的位置隐私保护的四种方案，不仅能保护源节点的位置隐私，而且还能保护汇聚节点的位置隐私。

近年来，针对二维平面源位置隐私保护[30-35]，研究者们在门限秘密共享上取得了很大的进展[36-40]。在物联网中传输隐私数据需要使用秘密共享技术，秘密共享的思想是将秘密以适当的方式拆分，拆分后的每一个份额由不同的参与者管理，单个参与者无法恢复秘密信息，只有若干个参与者一同协作才能恢复秘密消息。Shamir[41]提出了秘密共享的概念，并且设计了门限秘密共享方案。Smart[42]详细介绍了与秘密共享方案相关的一些概念和特性。虽然研究者们设计了很多不同类型的 (t,n)-门限秘密共享方案[37,38,41,43,44,46-60]，但是这些方案在秘密分发和秘密恢复过程中的能量消耗和存储空间都比较大。Zou 等[45]假设共享片段的来源与分布式无线传感器网络中传感器节点之间的通信是不可靠的，由于传输共享片段的信道是随机的，他们设计了一种实现秘密共享的安全信息传输理论方法，然而该方案具有较高的计算复杂度且能源利用率低，不能应用到本章设计的方案中。Pang 等[40]设计了一种简单且可以有效运行的 (t,n)-门限秘密共享方案，但是该方案的共享片段长度较长，对于能量严格受限的分布式无线传感器网络是一个较大的挑战。Tian 等[39]针对不同参与者的类型设计了一种基于贝叶斯理论的秘密共享方案，然而该方案具有较高的通信复杂度，这样就会导致协议的效率较低。由于分布式无线传感器网络的计算能力和存储能力都具有局限性，因此需要更加节能且高效的秘密共享方案进行数据传输，本章所设计的轻量级 (t,n) -门限秘密共享方案能显著降低分布式无线传感器网络的能量消耗。Ito 等[53]在门限秘密共享方案中首次提出了授权子集的概念，在授权子集中的参与者们相互协作可以重构秘密，在非授权子集中的参与者们无法重构秘密。对于可视秘密共享方案[61-69]，解密过程中只需要依靠视觉，并不需要复杂的解密运算，但是参与者们需要管理的共享片段数量较多，使得恢复秘密的过程效率较低。

分布式网络中的路由算法是学术界热点研究方向之一，其中 LEACH 算法[15]是分布式传感器网络中最经典的算法之一，网络中的传感器节点通过簇结构进行管理，并以完全分布式的方式进行簇头选取。簇内的节点周期性地向簇头节点发送数据包，然后数据包被转发给汇聚节点。另外一个经典的基于簇的路由算法是 HEED 算法[16]，在该算法中，节点剩余能量在选取新的簇头节点过程中扮演重要角色。除了以上路由算法，平面组织结构的路由算法也得了一定的研究[17-19,70-74]。在此类算法中，所有网络内部节点完全通过本地决策的方式选取下一跳节点。

对于分布式无线传感器网络的源节点位置隐私保护的问题，根据寄生传感器节点的模型，可以将敌手分为全局敌手攻击模型和局部敌手攻击模型。全局敌手攻击模型中的攻击者能够监测整个分布式传感器网络的所有通信行为，通过分析收集到的信息定位源节点的位置信息[75,76]。为了抵御全局敌手，大部分方案选择的最佳策略是发送假数据包，但是却增加了网络中的能量消耗。局部敌手攻击模型中的攻击者窃听能力有限，只能监测范围接近传感器节点的通信半径。为了抵御局部敌手，Kamat 等[77]提出了幻影随机路由方案，增加了攻击者对源节点位置的追踪难度。Wang 等[78]将分布式传感器网络中的源节点位置隐私问题描述成优化问题，以攻击者追溯到源节点的最短时间为目标，设计了一种随机并行路由算法加强对源节点位置的隐私保护效果。Pongaliur 等[79]根据重撒种子的方式确定中继节点，动态地选择数据包的路由，使攻击者难以通过溯源攻击追溯到源节点。Zhou 等[80]和 Wan 等[81]在源节点周围构造了不规则形状的云，并且在云内加入了大量的假数据包，即便攻击者追溯到云的边界，也难以发现源节点的准确位置。

通过上面的调研和分析可以看出，尽管目前学术界研究人员在分布式网络源位置隐私保护问题上取得了一定的研究成果，但没有形成完善的理论体系和与之相适应的解决方案，因此有必要进一步开展深入的研究。

面向现有方案存在的诸多不足之处，本章将对分布式网络中源位置隐私的高效保护技术进行研究，在秘密共享方案的设计、不规则匿名云的构造方法、随机路由方案的设计等方面提出更加高效、安全、节能的方案。本章围绕以上三个方面展开的研究，主要的特色与创新之处如下。

(1) 在秘密共享方案的设计方面。本章针对网络节点资源受限的情况，提出一种新型的、高效的、灵活的、易实现的轻量级秘密共享方案。该方案将源节点产生的消息映射为一组长度更短的共享片段，降低节点处理消息的负载和能量消耗，同时减少假数据包的数据量，从而显著降低网络的能量消耗。

(2) 在匿名云的构造方面。本章基于共享片段提出一种具有不规则形状的匿名云构造方法。基于共享片段的随机游走模型，随着源节点的移动，在其周围构造不规则且能动态更新的匿名云结构，消除源节点和不规则匿名云形状之间的位置关联，从而达到保护源位置隐私的目的。

(3) 在随机路由方案的设计方面。本章针对不规则匿名云外共享片段的传输方案，提出一种基于地理位置的全方位随机路由方案。该方案以分布式方式运行，随机输出共享片段传输的路由路径，从而提高攻击者对源节点的溯源难度，并且显著提高网络数据传输的鲁棒性和安全性。

2.3　网络模型及问题描述

2.3.1　网络模型

本章考虑的是二维分布式传感器网络，并假设传感器节点以恰当的方法对自己和邻居节点的位置进行定位[30,31]。考虑到网络资源受限的情况，假设传感器节点一般都是处于睡眠状态，只有监测到目标时才处于激活的状态，利用 k -最近邻传感器节点跟踪的方式[32]对目标追踪，这样能有效节省网络能源。基于敌手攻击模型，可以把现有攻击模型大致分为两类，即全局敌手模型和局部敌手模型。全局敌手知道网络中所有传感器节点的通信行为，通过链接数据的传输路径，可以很容易发现源节点的位置。为了防御全局敌手，大部分方案采用的最安全策略是发送大量的假数据包。局部敌手只能检测到本地传感器节点的数据传输行为，当源节点位置较长时间保持不变的时候，攻击者可以采用溯源攻击追溯到源节点。为了防御局部敌手，大部分方案提出了随机路由算法来使数据的传输路径多样化，从而使得源节点位置难以被追溯。由于全局敌手知道网络中所有传感器节点的通信行为，如果攻击者采用的是全局敌手攻击模型，那么攻击者需要与网络拥有者具有相同规模的网络，这对于攻击者显然不现实。

如图 2.2 所示，根据溯源攻击的不同阶段，可以在全局和局部敌手攻击模式之间切换，称为智能敌手攻击模型。本章首次提出一种可以在全局敌手攻击模型和局部敌手攻击模型之间进行切换的智能敌手攻击模型。在初始阶段，攻击者缺乏对源节点位置的有效信息，因此需要通过局部敌手攻击模型收集源节点的位置信息，这时攻击者为局部敌手模型。当攻击者发现包含源节点位置的可疑区域时，将资源集中到可疑区域，细粒度地监测可疑区域节点的通信行为，这时攻击者为全局敌手模型。

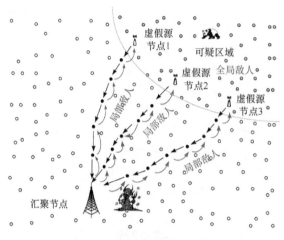

图 2.2　智能敌手攻击模型

　　如图 2.3 所示，本节以分布式传感器网络为基础，主要研究源位置隐私保护技术。首先，源节点利用秘密共享方案将其产生的消息映射为一组长度较短的共享片段；进而源节点基于共享片段在其周围构建不规则的匿名云，将匿名云边界上接收到共享片段的节点定义为假源节点；最后假源节点利用随机路由方案将匿名云外的一组共享片段发送到汇聚节点。

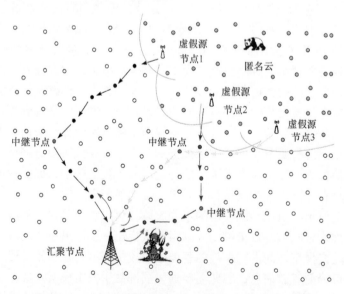

图 2.3　分布式传感器网络源位置隐私的高效保护系统

2.3.2　问题描述

在本章中，对源节点位置隐私技术的研究进展情况进行了梳理和总结，从前面章节中的介绍可以看出，现有的源节点位置保护工作存在一些问题。本章将针对分布式传感器网络中的传感器节点能量受限、源节点的位置隐私保护效果较差及难以抵御攻击者溯源攻击的问题，提出相应的解决方案，具有一定的研究意义。

1) 秘密共享方案

由于分布式传感器网络通常被部署于各类条件受限的环境下，传感器终端通过电池提供能量，因此方案的节能性对提高网络的可用性具有重要意义。而大多数现有的秘密共享方案[36-45]中，原始消息长度和共享片段长度一样，从而导致计算开销、存储空间及能量消耗比较大，如何设计支持轻量级秘密共享的网络源位置隐私保护方案仍然是研究的盲点。

2) 匿名云构造方案

现有的工作中，云结构的构造近似于圆形结构，攻击者可以根据圆心的位置估测出源节点的大概位置，进而对网内监测目标构成威胁。尽管目前学术界在无线传感器网络中对于云的构造这个问题上取得了一定的研究成果，但是对于网络中源节点的位置隐私保护程度不够，因此有必要进一步开展深入的研究，而如何随着监测目标的移动不断地对云进行更新是一个空白领域。

3) 随机路由方案

在现有的大多数路由算法中，它们均具有目标函数，使得传感器节点的数据传输路径相似。一方面，若考虑在极限情况下，网内监测目标位置变化很小(网络监测目标在大部分情况下是处于静止状态或是移动的位置范围较小)，那么传感器节点数据传输路径的相似度就会很高；另一方面，在数据传输过程中，传感器节点会选择最近的汇聚节点，攻击者根据这个趋势利用寄生传感器节点可以对源节点进行溯源攻击。针对数据传输的路径路由问题，如何设计随机路由算法现在仍有待研究。

2.4　分布式网络中轻量级秘密共享技术

基于同余方程组理论设计适合分布式网络的轻量级秘密共享技术是降低源位置隐私保护方案能量消耗的一个重要环节，它为源节点附近构建匿名云奠定坚实的基础。(t,n)-门限秘密共享方案将消息 M 映射为 n 个共享片段，使得任意 t $(1 < t \leqslant n)$ 个或更多个共享片段可以恢复消息 M，任何 $t-1$ 或更少的共享片段不能恢复消息 M。

如图 2.4 所示，本章首先将源节点产生的长度为 l 的消息 M 分裂成 t 个长度为 $\lceil l/t \rceil$ 的子消息 $\{x_1, x_2, \cdots, x_t\}$，通过对消息进行交错分裂，破坏每个子消息 $x_i\ (i=1,2,\cdots,t)$ 的语义，从而使得单个子消息 x_i 没有任何意义。

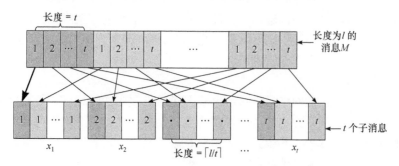

图 2.4　消息进行交错分裂的过程

源节点基于 t 个子消息 $\{x_1, x_2, \cdots, x_t\}$，通过以下同余方程组构建 n 个共享片段 $\{s_1, s_2, \cdots, s_n\}$，具体为

$$s_i = \begin{cases} \sum_{j=1}^{t} x_j - x_i \bmod p, & 1 \leqslant i \leqslant t \\ s_1 + 2^{i-t-1} s_2 + \cdots + t^{i-t-1} s_t \bmod p, & t < i \leqslant n \end{cases} \tag{2-1}$$

其中，p 是大于 $X = \max\{x_1, x_2, \cdots, x_t\}$ 的最小素数。最后，源节点将构建的 n 个共享片段 $\{s_1, s_2, \cdots, s_n\}$ 分别发送给分布式网络中的 n 个传感器节点。

对于每个共享片段 $s_i\ (i=1,2,\cdots,n)$，汇聚节点可以根据方程组(2-1)得到如下方程组：

$$s_i = \begin{cases} \sum_{j=1}^{t} x_j - x_i \bmod p, & 1 \leqslant i \leqslant t \\ \sum_{j=1}^{t} x_j (\sum_{v=1}^{t} v^{i-t-1} - j^{i-t-1}) \bmod p, & t < i \leqslant n \end{cases} \tag{2-2}$$

同余方程组(2-2)可以用矩阵的形式表示：

$$\begin{bmatrix} s_1 \\ s_2 \\ \vdots \\ s_n \end{bmatrix} = H_{n \times t} \begin{bmatrix} x_1 \\ x_2 \\ \vdots \\ x_t \end{bmatrix}, \ H_{n \times t} X = S \tag{2-3}$$

本章基于同余方程组(2-1)设计的秘密共享方案有如下两个重要性质。

(1) 第一，如果汇聚节点至少收到由同余方程组(2-1)构造的 t 个共享片段，那么汇聚节点就可以根据收到的共享片段恢复出消息 M，如图 2.5 所示。

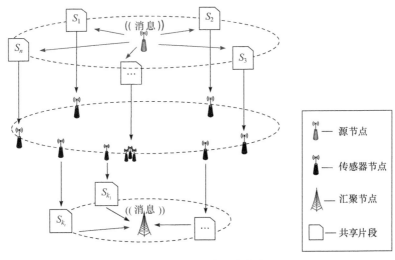

图 2.5　门限秘密共享方案

在不失一般性的条件下，考虑汇聚节点收到了 t 个共享片段 $\{s_{k_1}, s_{k_2}, \cdots, s_{k_t}\}$ $(1 \leqslant k_1 < k_2 < \cdots < k_t \leqslant n)$ 的情况。通过公式(2-3)可知，$\{s_1, s_2, \cdots, s_n\}$ 中的任意 t 个共享片段构成的子集对应矩阵 $H_{n \times t}$ 的 t 行。由于通过同余方程组(2-1)构造的矩阵 $H_{n \times t}$ 的任意 t 行都是线性无关的，可以推断出任意的 t 个共享片段可以唯一确定 $\{x_1, x_2, \cdots, x_t\}$，进而汇聚节点再根据交错分裂规则就可以恢复出消息 M。

(2) 第二，如果攻击者截获由同余方程组(2-1)所构造的共享片段个数少于 t 个，那么攻击者无法恢复出消息 M。在不失一般性的条件下，不妨考虑攻击者收集到了 $t-1$ 个共享片段的情况。在最坏的情况下，矩阵 $H_{n \times t}$ 的秩为 $t-1$，若矩阵 $H_{n \times t}$ 的秩不等于增广矩阵 $\bar{H}_{n \times t}$ 的秩，则矩阵方程没有解，进而不能得到正确的 $\{x_1, x_2, \cdots, x_t\}$。若矩阵 $H_{n \times t}$ 的秩等于增广矩阵 $\bar{H}_{n \times t}$ 的秩，则矩阵方程有特解：

$$A = [a_1, a_2, \cdots, a_t]^{\mathrm{T}}$$

使得 $H_{n \times t} A = S$。那么，矩阵方程 $H_{n \times t} X = 0$ 在域 $\mathbb{F}_p$ 上具有一维的解向量空间，假设该向量空间是由向量 Y 生成的，则 $H_{n \times t} X = 0$ 具有 $|\mathbb{F}_p|$ 个解：$kY(k \in \mathbb{F}_p)$，使得 $H_{n \times t} X = S$ 有一组解：

$$kY + A(k \in \mathbb{F}_p)$$

另外，考虑到所有单个子消息语义被交错分裂规则破坏，即便攻击者破译单个消息也是没有意义的。因此当攻击者截获到的共享片段少于 t 个时，攻击者无法恢复出消息 M。

分布式传感器网络是能量严格受限的网络，由于构造共享片段的算法复杂度及共享片段的长度对于网络能源消耗具有重要的影响，将重点分析算法复杂度及共享片段的长度。如果成功地构建了消息 M 的所有共享片段，那么源节点需要执行 $t(t-2)+(n-t)(t-1)$ 次加法，$(n-t-1)(t-1)$ 次乘法及 n 次模运算，相比现有方案的运算复杂度明显降低，这对于提高分布式传感器网络的能源效率具有重要的意义。另外，在消息 M 分裂成 t 个长度为 l/t 的子消息 $\{x_1, x_2, \cdots, x_t\}$ 后，由于 p 是大于但又最接近 $X = \max\{x_1, x_2, \cdots, x_t\}$ 的素数，所以共享片段 s_i $(i=1,2,\cdots,n)$ 的长度比消息 M 的长度短很多，这可以显著降低网络能量消耗，因此分布式传感器网络中的节点可以用较少的能量去处理和传递这些共享片段。由于分布式网络中的大部分能量被消耗在数据传输及数值计算等方面，本章所设计的秘密共享方案计算复杂度低，共享片段更短，具有轻量级的特征，所以更适合于分布式网络场景。

2.5　基于共享片段的分布式网络匿名云构造算法

本节将介绍基于共享片段的分布式网络匿名云的构造过程，即使攻击者勾勒出云的形状，也无法分析出源节点的位置。在第 2.5.1 节中，通过凸包结构构造了不规则的匿名云，并且讨论了匿名云的动态更新方案。在第 2.5.2 节中，仔细设计了云内传感器节点的数据传输行为，使得云内传感器节点具有统计意义上的匿名性。

2.5.1　基于平面图理论构造云结构

在轻量级秘密共享方案的基础上，源节点基于共享片段在其周围构造匿名云是高效保护源位置隐私的一个重要环节。在分布式网络监测目标的过程中，一旦某些节点发现监测目标，这些节点需要将目标监测信息以数据流的方式发送给汇聚节点，此时称这些传感器节点为源节点。

对于匿名云的构造，源节点随机地选择云的 m 个"云核心"(d', ang)，其中 $d' \in [0.2d, 1.8d]$，d' 是源节点与"云核心"之间的平均距离，方向参数 $\text{ang} \in [0, 2\pi]$，d' 和 ang 这两个参数可以确定以源节点为原点的二维平面中的一个点。在匿名云的构造过程中，"云核心"充当云的锚点，这些"云核心"可以确定云的具体区域。匿名云能够为源节点提供的安全级别由云的大小决定，较大的 d 产生较大的云，提供较高的安全级别，同时导致大量的能源消耗，因此网络中的用户需要仔细地设置参数 d 来平衡分布式传感器网络的安全性和生命周期。

紧接着，构造"云核心"集合所对应的凸包结构。具体的，只有在凸包结构上的"云核心"被用来构造云，不在凸包结构上的其他节点均被忽略。如图 2.6 所示，随机地选取了 7 个"云核心"节点，分别为 A,B,C,D,F,F,G。这些节点的凸包结构是由 A,B,C,D,E,F 构成，而节点 G 不在这个凸包上，所以将节点 G 从"云核心"集合中删除。

最后，以凸包结构上的每个点为圆心，生成相应的随机半径，进而产生相应的圆形结构集合。本章将"云核心"集合所对应的凸包结构和所有圆形结构的并集定义为匿名云，如图 2.6 所示。由于"云核心"是随机选取的，导致"云核心"集合所对应的凸包结构是难以预测的。其次，在构造匿名云边界的过程中，每个"云核心"所对应的半径也是随机的。因此匿名云的形状存在很大随机性，使得攻击者难以勾勒出匿名云的形状，攻击者也难以分析出分布式传感器网络中源节点的具体位置。

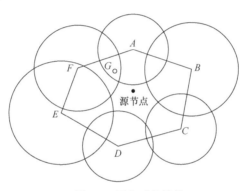

图 2.6　匿名云的结构

随着分布式传感器网络中监测目标地不断移动，匿名云的覆盖范围需要进行不断地更新，以确保匿名云对源节点位置的实时覆盖，否则攻击者将很容易发现源节点的位置信息。因此，本章所设计的源位置隐私保护方案面临的另一个困难是如何随着分布式传感器网络中监测目标的移动对匿名云进行实时更新。

第一种情况，如果分布式传感器网络中的监测目标在某个位置停留较长时间，则需要对匿名云进行实时更新。若匿名云始终保持稳定状态，攻击者所收集到的有价值信息就会越来越多，那么源位置暴露的概率将不断增加，从而降低分布式传感器网络的安全级别。因此，本章假设如果源节点周围的匿名云寿命超过了时间周期 T，那么源节点需要对其周围的匿名云进行重构。

第二种情况，如果分布式传感器网络中的监测目标到达了匿名云的边界区域，则也需要对匿名云进行更新。由于源节点一旦移出了匿名云的范围，那么攻击者就能很快地找到源节点的位置。为了防止出现这种情况，一种比较好的方法就是判断分布式传感器网络中的监测目标是否在"云核心"所对应的凸包结构里。由于匿名云是凸包结构和"云核心"所对应的圆形结构的并集构成，从而使得匿名云包含的凸包结构是云的边界。若分布式传感器网络内的监测目标接近云的边界(网内的监测目标移动到了凸包结构上)，则源节点需要在其周围立刻重构一个匿名云。

综上所述，源节点必须实时被匿名云所覆盖。因此，如果分布式传感器网络中的监测目标停留时间较长或移动到匿名云边界的位置，则源节点必须在其周围重建一个新的匿名云。算法 2.1 阐述了匿名云所覆盖的传感器节点加入到匿名云的过程，源节点可位于匿名云内任何位置，攻击者即便勾勒出匿名云形状，也难以分析出源节点的确切位置。

算法 2.1　匿名云覆盖传感器节点选取算法

---

1. 源节点选择云的"核心"，构造"核心"的凸包 Poly

2. 对于 Poly 上的每个"核心"随机生成相应的半径

3. 源节点向所有邻居节点发送消息 mes，该消息包含 Poly 上的"核心"位置及相应的半径

4. for 每个节点 n_i 第一次接收到消息 mes

5. 如果节点 n_i 与源节点之间的距离小于 R 且节点 n_i 被多边形 Poly 或任何圆覆盖

6. 则节点 n_i 作为成员加入云，并向所有邻居广播消息 mes

7. 否则把 mes 广播给所有的邻居，然后节点 n_i 直接删除 mes

8. end for

2.5.2　云内的节点匿名化

本节主要研究的是如何让匿名云所覆盖的传感器节点具有不可区分性。假设在匿名云范围内的攻击者为一个全局敌手，为了抵御全局敌手，需要为匿名云所覆盖的传感器节点设置数据传输方案。实际上，匿名云内节点的最优策略是根据预先设定的随机间隔传输假数据包。如果在某个时间需要传感器节点发送共享片段，那么传感器节点应该尽可能快地传递共享片段来保证其时效性。本章所设计的方案中假设的是一个更加强大的攻击者，他不仅了解假数据包发送的间隔分布，还具有进行复杂的统计分析数据的能力。攻击者可以把监测到的数据传输间隔和已知的假数据包分布情况进行分析比较。另外，假设这个攻击者利用Anderson-Darling 测试判断在某个时间段内是否传输了共享片段。根据上面这些假设，本章为云内的传感器节点成员提供统计匿名性。

首先，选择参数 $\lambda = 1/\mu$ 的指数分布对假数据包产生的速率进行控制，让传感器节点存储一段时间滑动窗口，如 $X_i, X_{i+1}, \cdots, X_{i+k-1}$，其中 X_i 是随机变量，$X_j, j=i, \cdots, i+k-1$，表示的是第 j 次和第 $j+1$ 次之间的假数据包传输的时间窗口，k 是传感器节点存储的时间滑动窗口的长度，本章所假设的这个强大的攻击者也

可以记录时间序列。如果在某个时间段内没有传输共享片段，那么这个强大的攻击者所监测到的序列在统计上与预先设置的假数据包传输分布没有任何区别。

当需要在第 $k+i$ 次传输中发送共享片段时，方案希望尽可能快地传输该共享片段，以减少共享片段的时间延迟。但如果总是用这样的方式去传输共享片段，那么共享片段传输窗口的平均值将偏离期望的平均值 μ。为了调整共享片段传输窗口的平均值，将共享片段与下一次假数据包传输 X_{i+k+1} 之间的传输间隔时间故意延迟。从参数 $\lambda=1/\mu$ 的指数分布中随机地抽取变量 Y，设 $X_{i+k+1}=Y+\delta$，其中 δ 是传感器节点存储的时间滑动窗口可以通过 Anderson-Darling 测试的最大数量。

匿名云所覆盖的传感器节点按照预先设置的概率分布传输假数据包，当需要发送一个共享片段时，传感器节点会适当地降低共享片段传输时延，并且适当地提高下一个假数据包传输时延，这样可以有效地抵御强大的攻击者利用统计分析方法监测传感器节点的共享片段传输行为。

2.5.3 云外基于地理位置的共享片段随机路由机制

对于匿名云外的数据传输，本章采用的是基于地理信息位置的全方位随机路由技术。首先将在匿名云边界上接收到共享片段的传感器节点定义为假源节点，然后假源节点利用随机路由方案将匿名云边界上的一组共享片段发送到汇聚节点。本章在不引起混淆的前提下，为了方便起见将假源节点也称为源节点。

匿名云外共享片段的全方位随机路由方案是防止攻击者对源节点进行溯源攻击的一种有效方式，该方案和匿名云的结构从多个方面提高攻击者对源节点的攻击难度，共同保护源节点的位置隐私。本章设计了基于地理位置的全方位随机路由方案，该方案以非常灵活的方式选择路由路径，可以保证路由路径是完全随机的。即便攻击者偶然观察到某条路由路径的部分路线，也无法分析出路由路径的整体趋势。该方案主要分为三步：首先源节点选择合适的汇聚节点和中继节点，然后源节点将数据传递到中继节点，最后中继节点将数据传递到汇聚节点。

假设网络中每个传感器节点都知道自身和汇聚节点的位置信息，并将四个邻近汇聚节点设置为一个正方形的顶点。若源节点在正方形内部，则源节点将数据传输给正方形顶点上的一个汇聚节点。将 d_1,d_2,d_3,d_4 分别设置为源节点到其周围四个汇聚节点 n_1,n_2,n_3,n_4 的距离，则源节点将数据传递到汇聚节点 $n_i(i=1,2,3,4)$ 的概率为

$$P_{n_i}=\alpha\times\frac{1}{4}+(1-\alpha)\times\left(1-\frac{d_i}{d_1+d_2+d_3+d_4}\right), \quad i=1,2,3,4 \tag{2-4}$$

其中，α 值是在源节点位置隐私安全和能源消耗之间的权衡关系。当 $\alpha=1$ 时，

源节点以等概率的方式选择汇聚节点，敌手对源节点进行溯源攻击是很困难的；当 $\alpha = 0$ 时，源节点将数据传输给最近的汇聚节点，使得方案更节能。本章的分布式传感器网络源位置隐私保护方案中，源节点周围的四个汇聚节点被分配相同的概率，使得源节点的位置隐私得到更好的保护。

在本章的方案中，采用的是二维正态分布 $N(M_1, M_2, V_1, V_2, \rho)$ 随机地生成虚拟 "位置 L"，将分布式传感器网络中距离虚拟 "位置 L" 最近邻的传感器节点定义为中继节点。假设源节点的位置坐标是 (x_1, y_1)；汇聚节点的位置坐标是 (x_2, y_2)；$\rho = 0$；M_1 和 M_2 均设置为 $((x_1 + x_2) / 2, (y_1 + y_2) / 2)$，即二维正态分布 $N(M_1, M_2, V_1, V_2, \rho)$ 的中心；V_1, V_2 是二维正态分布的方差，对于网络中路由路径的分布有重要影响。这里需要调控中继节点的选择范围，使得中继节点距离源节点或汇聚节点不能太近，否则与传统路由方法相比，路由路径的形状不会有太大的变化。对于中继节点的选择也不能太远离源节点或汇聚节点，否则将极大增加网络中数据传输的能耗。本章中，设置 $V_1 = (d / 12)^2$ 和 $V_2 = (d / 6)^2$，其中 d 是源节点到汇聚节点的最短距离。基于 3σ 原则，可以推测目标将定位在图 2.7 所示的中继节点区域 $d \times (d / 2)$ 内的概率高于99% 。

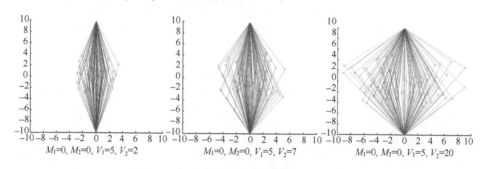

$M_1=0, M_2=0, V_1=5, V_2=2$　　　　$M_1=0, M_2=0, V_1=5, V_2=7$　　　　$M_1=0, M_2=0, V_1=5, V_2=20$

图 2.7　具有不同参数的中继节点的分布图

如图 2.8 所示，数据总是通过侵蚀传输模式进行发送，只有当侵蚀模式传输

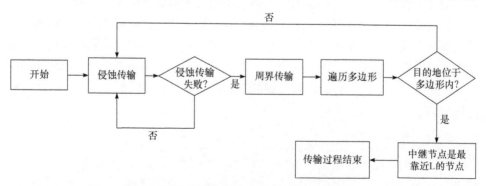

图 2.8　源节点将数据发送到中继节点的流程图

失败时才使用周界传输模式。周界传输模式能够成功地转到侵蚀模式或直接将数据发送给找到的中继节点，这保证了所设计的方案总能以分布式方式找到距离虚"位置 L"最近的中继节点，将数据从源节点传递到中继节点。然后，中继节点基于地理路由方案将数据传递到汇聚节点。最后，汇聚节点只需要收到 n 个共享片段中的至少 t 个共享片段就可以恢复出消息 M，从而显著提高了网络中数据传输的鲁棒性和安全性。

由于中继节点是随机选取的，对于相同的源节点和汇聚节点，数据传输的路由路径具有随机性，攻击者难以从特定位置连续观察到稳定的数据传输行为，提高了溯源攻击的难度，高效保护了源节点位置隐私，进而保护了分布式传感器网络的安全性。

2.6　仿　真　分　析

本节通过一系列的实验对本章所设计的分布式网络源位置隐私的高效保护技术方案进行了性能的评估。在本节中，基于 $ns-3$ 模拟器进行实验，在一个 $3500\text{m} \times 3500\text{m}$ 的正方形网络中部署总共 4000 个无线传感器节点，并且将汇聚节点精确部署于该网络领域的中心位置，进一步假设传感器节点的通信半径为 50m。此外，还假设传感器节点以协作的方式采用 3-最近邻方案[32]对分布式网络内部目标进行实时动态监测。

在研究过程中，首次采用了智能敌手模型。在该模型中，当攻击者和源节点之间的距离大于 300m 的时候，可以将攻击者看作是一个局部敌手。假设寄生节点半径为 50m，也就是说，寄生节点的监测半径与传感器节点的通信半径是完全相等的。如果攻击者靠近源节点，也就是它们之间的距离不大于 300m，则可以将敌手看作是一个全局敌手，此时敌手知道覆盖源节点区域中的所有传感器节点的数据发送和接收过程。

在实验过程中，将源节点产生的消息 M 的长度设置为一个范围，即为 100bit 到 1000bit，假设每个数据包的报头长度为 32bit，报头中包含路由过程的一些基本信息，如汇聚节点精确位置等。在本方案涉及的秘密共享方案中，将 t 和 n 分别设置为 4 和 7，在这种情况下，秘密共享方案会总共产生 7 个共享片段，其中的任意 4 个共享片段就可以成功恢复出消息 M，当共享片段数量小于 4 时，则不能恢复原始消息。

在仿真过程中，匿名云的大小由参数 $d \in (150, 200, \cdots, 400)$ 直接控制，假设 $N_p \in (2, 4, \cdots, 10)$ 个敌手的寄生传感器节点被放置于汇聚节点位置周围。本章还假设寄生节点与源节点之间的欧几里得距离小于 50m，则寄生节点就能够在有效时间内成功找到源节点。在实际仿真过程中，如果源节点被寄生节点发现，则仿真实验结束。对每个实验都重复进行 100 次，并在仿真图中给出了平均的仿真结果。在本章所设计的方案中，实验所用的参数汇总在表 2.1 中。

表 2.1　仿真参数汇总

参数	参数值
节点个数	4000
网络面积的大小	3500m×3500m
汇聚节点的个数	1
传感器节点的通信半径	50m
寄生节点的窃听半径	50m
(t,n)	$(4,7)$
匿名云大小 d	$(150,200,\cdots,400)$
寄生节点个数 N_p	$(2,4,\cdots,10)$
目标监测方案	3-最近邻节点跟踪方案

　　基于以上提供的仿真参数及其范围，下面的章节将主要对源节点隐私保护、网络节能、节点的存储空间效率、对节点不稳定性的容忍程度的仿真结果进行展示和详细分析。

2.6.1　源节点位置隐私保护

　　本节中主要将提出的分布式网络源位置隐私保护方案与基于云的方案[25]、幻影路由算法[26]和最短路径路由算法进行详细比较。源位置被成功检测到的概率定义为寄生节点成功定位源节点的概率，这两种概念在实验过程中是等价的。在仿真过程中，主要通过寄生节点成功的次数除以仿真的总次数来计算源位置成功检测概率。首先，设置 $d=300\text{m}$，如表 2.1 中所示，另外在模拟仿真基于云的源节点保护方案过程中会构建一个与分布式网络源位置隐私保护方案大小相似的云结构。在以上这两种方案中，敌手会首先充分利用节点的信息画出云的大致轮廓，进而如果敌手一旦成功地找到云的大概位置，就进一步假定攻击者充分掌握、知道云中所有传感器节点的所有通信行为。在对幻影路由算法的仿真过程中，寄生节点一旦找到靠近源节点的一组大致位置，就将攻击者模型转变成全局敌手模型。在最短路径路由算法中，只会考虑到局部敌手，而不再关注全局敌手，因为该算法不能有效地防御溯源攻击。

　　如图 2.9 所示，可以发现最短路径路由在寄生节点数量少的情况下完全无法防御敌手所实施的溯源攻击。这是由于考虑到传输路径之间的强相似性，当网络中被监测的目标停留在一个区域并且该行为持续一段时间时，敌手可以成功定位到源节点。通过观察，还发现幻影路由和基于云的路由都具有更好的能源节约性能，这主要是由于它们传输路径各不相同，不需要传输大量冗余数据。

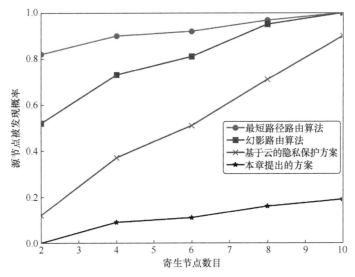

图 2.9　不同寄生节点数目的源位置检测概率

在幻影路由算法的具体实施过程中，如果攻击者通过各种信息，勾画出覆盖源节点区域的一个大致轮廓，则其可以通过先验知识很容易地估计出源节点的一个较为精确的位置，基于云的源节点保护方案的实际源节点隐私保护能力显著优于幻影路由算法。

通过以上分析可以发现如下事实：本章中所提出的分布式网络源位置隐私保护方案、基于云的方案、幻影路由方案、最短路径路由方案均可保护源节点位置隐私。进一步总结，可以发现分布式网络源位置隐私保护方案能够在一定程度上为源位置隐私提供最好的保护。在分布式网络源位置隐私保护方案中，本章采用了匿名云结构和全路径路由算法，可以使得传输路径不同，因此攻击者很难找到源节点位置。然而，如果攻击者能够将大量的寄生节点分散到传感器网络中，仍然可检测到源节点。

如图 2.9 中所示，当敌手在网络中部署 10 个节点的时候，攻击者是能够以大约 18%的概率成功发现源节点。同时，在部署大量寄生节点的情况下，敌手可以攻击，首先对匿名云的大致方位进行搜索，第二步才去发现源节点，具体而言，寄生节点可以随机游走在匿名云中去寻找源节点，而不是通过充分分析匿名云中节点的行为以发现源节点。因此，可以推断在匿名云中，源节点被发现的概率随着寄生节点数量的增加而增加。

在本节中，还进一步测试了在匿名云不同大小的情况下，源节点被成功检测到的概率。事实上，最短路径路由和幻影路由的各类性能都不受匿名云大小的直接影响。如图 2.10 中的仿真结果所示，这两种方案的源节点被成功检测到的实际概率分别约为 95% 和 82%，然而云面积的大小却会显著影响基于云的源节点保护方案和分布式网络源位置隐私保护方案的多种性能。从图 2.10 中可以看出，随着参数 d 的不断增加，它们对源节点的位置都可以提供更加强大的隐私保护能力。

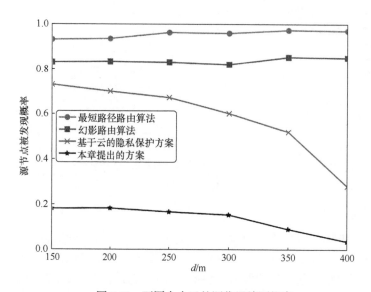

图 2.10　不同大小云的源位置检测概率

2.6.2　能源效率

在本章设计的分布式网络源位置隐私保护方案中，消息片段从源节点到汇聚节点传递的整个过程可以被分为四个子阶段，主要包括：一是源节点基于共享片段构造匿名云结构；二是将消息的共享片段在匿名云中进行多跳传递；三是在匿名云边缘位置的虚假源节点负责将消息共享片段通过随机路由技术发送给汇聚节点；四是汇聚节点收到部分或全部的共享片段，并基于以上片段对消息进行重构。在实际中，汇聚节点的各种能力和资源要比普通的传感器节点更为强大，在这种条件下，对于汇聚节点的节能方面的考核指标不去考虑，实际上可以忽略以上提到的第四阶段的能量消耗。

在消息传递的第一阶段中，网络中源节点的大部分能源都是消息共享片段的计算过程消耗的，因此，在实验仿真过程当中会着重分析这一阶段算法的计算复杂性；在消息传递的第二阶段中，网络中匿名云内节点大部分的能源都是通过消息发送和消息接收所消耗的，因此，在实际仿真过程中会着重分析以上提到的第二阶段中共享片段的长度，这与消息传输能量消耗直接相关；在以上提到的消息传输第三阶段中，共享片段主要是通过不同的消息传输路径被独立传递的，路径的平均长度将是最重要的考虑因素，由于它与网络能量消耗直接相关。

对于提到的第三阶段，为了使网络中消息传输路径的多样化，与网络中理论上最短的消息传输路径相比，路径的平均长度增大了 1.1555 倍。从理论上来讲，所提出的方案中消息共享片段传递的能量消耗增大了，但同时，源节点位置隐私的安全性提高了，他们之间是一个相互折中的关系。此外，与基于路由的源节点隐私保护方案相比，仿真中的这三个阶段都需要消耗一些额外的能量。但是，本章提出的分布式网络源位置隐私保护方案比基于云的方案更加节约能量，这是由于在基于云的方案中，节点发送的假数据包的平均长度要比分布式网络源位置隐私保护方案中的数据包的长度要长很多。

在理论分析的基础上，通过实验对各类方案进行比较，进一步分析了分布式网络源位置隐私保护方案的多种性能。考虑到在实验中，原消息的长度和匿名云结构的大小是影响能量消耗的两个最重要的参数，因此，仿真主要围绕以上两个参数展开。

在实验中，首先设置参数 $d = 300m$ ，将消息长度选为100至1000的范围。如图 2.11 所示，通过对仿真结果进行观察分析，可以发现以上这四种方案的能量消耗量全部都与消息的长度成近似的线性关系。这主要是由于大部分能量是通

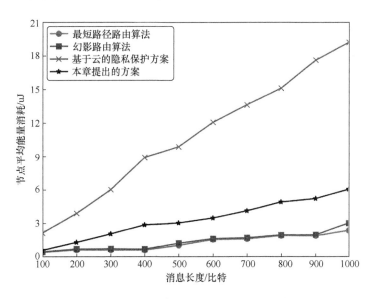

图 2.11　不同长度的秘密值的平均能量消耗

过网络中节点发送和接收消息所消耗的。通过观察可以发现，基于云的隐私保护方案比其他三种已有方案实际消耗的能量更多，这主要是由于云中的传感器节点需要发送与 M 长度相同的大量假数据包。事实上，本章设计的分布式网络源位置隐私保护方案也需要构建一个云结构，通过分析可以知道，方案中虚假数据包的长度大概是 M 长度的 $1/t$。具体而言，在 (t,n)-门限秘密共享中，消息共享片段的长度大概是 M 长度的 $1/4$，这种方案大大节省了能量。显然，基于最短路径算法和基于幻影算法的源节点隐私保护方案，在对于节点的平均能量消耗方面表现得更好。

此外，在各类方案中匿名云结构的面积大小对方案的性能也有明显影响，实际的仿真结果如图 2.12 所示。从图中发现最短路径算法是最节能的方案，这是由于它使用最短的传输路径传递消息，与之相比幻影路由在随机游走阶段需要消耗一定额外的能量。分布式网络源位置隐私保护方案在节点的平均能量消耗方面表现得更好，但是分布式网络源位置隐私保护方案与基于路由的方案相比消耗了更多的能量，原因是匿名云的存在，显然本章提出的分布式网络源位置隐私保护方案仍然是高效节能的。

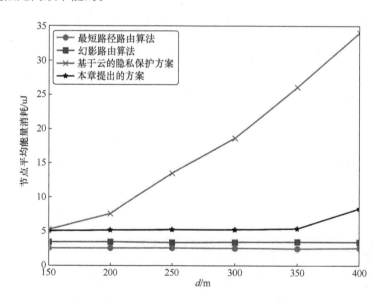

图 2.12　不同大小云的平均能量消耗

2.6.3　存储空间效率

除了能量，网络中传感器节点的存储空间也受到严格限制，下面分析节点传递消息所需的平均存储空间。在本章设计的分布式网络源位置隐私保护方案中，原始消息被分裂成若干共享消息片段，因此节点需要存储的是共享片段和基本信息两个部分。然而，在其他所有的三种方案中，网内传感器节点需要存储整个消息，具体的仿真结果如图 2.13 所示。

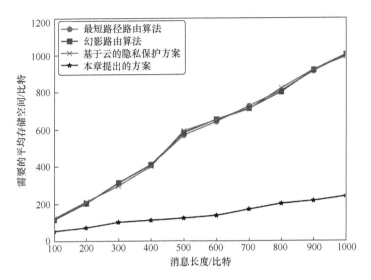

图 2.13　不同长度的秘密 M 所需的平均存储大小

通过观察图 2.13 可以发现，以上这四种方案的消息平均存储空间会随着消息长度的增加而增加。本章所设计的分布式网络源位置隐私保护方案平均存储空间小于其他的三个方案，这是由于本章的方案中设计和使用了新型的 (t,n)- 门限秘密共享方案。

2.6.4　网络容错能力

除了能量、存储空间效率以外，(t,n) -门限秘密共享技术也提高了分布式传感器网络对传感器节点的容错能力。实际上，传感器节点的故障对消息成功传输的概率的影响很大。在实验过程中，我们部署了一个包含 100 个传感器节点的正方形网络，用来评估分布式传感器网络中数据传输过程的可靠性。在图 2.14 中，分析了幻影路由算法、分布式传感器网络中源节点位置隐私保护方案、基于最短路径路由算法及基于云的隐私保护方案的表现，计算了汇聚节点接收消息的成功率。在仿真过程中，将网络中节点的平均故障概率设置为一个范围，即 0～0.07。通过观察图 2.14 可以发现，当参数 t 和 n 的取值范围为 $1 \leqslant t \leqslant 4, n = 7$ 时，本章所提出的分布式传感器网络中源节点的位置隐私保护方案具有良好的容错性，优于其他研究人员所提出的方案。当将参数 t 增加到 5 时，汇聚节点接收消息的成功率为 0.6。

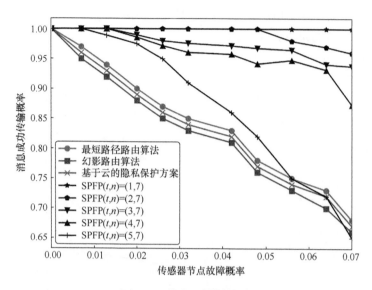

图 2.14　接收到消息的成功率

　　与本章所设计的方案不同，随着分布式传感器网络中传感器节点故障的增加，幻影路由算法、基于云的方案、最短路径路由算法的消息传递成功率均有明显的下降，同时在最坏的情况下，消息传输的成功率约为 0.6～0.7。对于只有100 个传感器节点的小型分布式传感器网络，当传感器节点故障概率为 0.03 时，消息传递的成功率仅为 0.85。然而在相同的情况下，如果参数 t 不大于 4，则本章提出的分布式传感器网络中源节点的位置隐私保护方案的消息成功传输率一直大于 0.98。综上所述，本章所设计的分布式传感器网络源节点位置隐私保护方案在选取适当参数的情况下，(t,n)-门限秘密共享方案的引入可以极大程度地提高分布式传感器网络的可靠性。

2.7　本　章　小　结

　　本章以分布式传感器网络为背景，研究源节点位置隐私的高效保护技术。首先源节点利用秘密共享方案将其产生的消息映射为一组长度较短的共享片段；然后源节点基于共享片段在其周围构建匿名云，将匿名云边界上接收到共享片段的节点定义为假源节点；最后假源节点利用随机路由方案将匿名云外的一组共享片段发送到汇聚节点，并对整体的方案进行仿真，展示方案的优越性。

　　面向网络节点资源受限情况，方案解决了如何设计适合分布式网络的轻量级秘密共享方案的问题，即使对于能量受限的节点，也能高效构造共享片段。由于分布式网络是能量严格受限的网络，因此需要更加简洁、高效的秘密共享方案对网络中源节点产生的消息进行处理。针对分布式网络中节点计算能力、存储能力及能量等方面的局限性，本章基于同余方程组理论提出了更加轻量级的 (t,n) -秘密共享方案。该方案将源节点产生的消息映射为一组长度较短的共享片段，从而降低节点处理消息的负载和能量消耗，同时减少假数据包的数据传输量，显著降低网络的能量消耗，为源节点基于共享片段构建匿名云奠定坚实的基础。

针对云结构与源位置相关的情况，解决了如何基于共享片段在源节点周围构造不规则且能动态更新的匿名云的问题，即使攻击者勾勒出云形状，也无法分析出源位置。如何构造匿名云是隐藏源位置的重要问题，构造匿名云的目的是即便攻击者掌握匿名云相关信息及云内所有节点的数据传输行为，也不能发现源节点的具体位置。本章提出一种新型云结构的构造方法，内容如下。①基于共享片段的随机游走模型，在源节点周围勾勒出匿名云的具体范围。通过不规则的匿名云形状特征，将源节点与匿名云结构之间的位置相关性消除，进而达到保护源节点位置隐私的目的。②网内监测目标往往具有一定的移动性，不规则的匿名云如何根据网内监测目标的位置变化进行更新是领域的空白。本章提出匿名云周期性更新方案，解决对源位置的实时覆盖问题。③为了使云内节点具有不可区分性，本章提出云内节点匿名化的方案，即使攻击者成功勾勒出了匿名云区域，也很难检测到源节点的位置。

面对溯源攻击，设计解决了匿名云外共享片段的随机路由方案问题，即使对于相同的源节点和汇聚节点，共享片段的路由路径也是完全不同的。随机路由方案的设计是抵抗攻击者利用寄生节点对源节点进行溯源攻击的重要问题。本章提出一种基于地理位置的全方位随机路由方案，用于将匿名云外的一组共享片段相互独立地发送给汇聚节点。该方案以分布式方式运行，每个节点仅需要做出本地决策，而源节点对共享片段传输的路由路径具有最高的控制权。即使对于相同的源节点和汇聚节点，共享片段传输的路由路径也是完全不同的，从而提高攻击者对源节点进行溯源攻击的难度，并且显著提高分布式网络中数据传输的鲁棒性和安全性。

参 考 文 献

[1] Fu J S, Liu Y. Random and directed walk-based top-queries in wireless sensor networks. Sensors, 2015, 15(6): 12273-12298.

[2] Sohraby K, Minoli D, Znati T. Wireless Sensor Networks: Technology, Protocols, and Applications. Hoboken: John Wiley and Sons, 2007.

[3] Akyildiz I F, Su W, Sankarasubramaniam Y, et al. Wireless sensor networks: A survey. Computer Network, 2002, 38(4): 393-422.

[4] Arora A, Dutta P, Bapat S, et al. A line in the sand: A wireless sensor network for target detection, classification, and tracking. Computer Network, 2004, 46(5): 605-634.

[5] Fu J S, Liu Y, Chao H C. Green alarm systems driven by emergencies in industrial wireless sensor networks. IEEE Communication Magazine, 2016, 54(10): 16-21.

[6] Kumar J, Tripathi S, Tiwari R K. A survey on routing protocols for wireless sensor networks using swarm intelligence. International Journal of Internet Technology and Secured Transactions, 2016, 6(2): 79-102.

[7] Chatterjea S, Havinga P. A dynamic data aggregation scheme for wireless sensor networks. Proceedings of Program for Research on Integrated Systems and Circuits, 2017, 41(2): 116-125.

[8] Gungor V C, Hancke G P. Industrial Wireless Sensor Networks: Applications, Protocols, and Standards. Florida, Boca Raton: Crc Press, 2017: 1-2.

[9] Mainwaring A, Culler D, Polastre J. Applications and os: Wireless sensor networks for habitat monitoring. Proceedings of ACM International Workshop on Wireless Sensor Networks and Applications, 2002.

[10] Potdar V, Sharif A, Chang E. Wireless sensor networks: A survey. International Conference on Advanced Information Networking and Applications Workshops. IEEE Computer Society, 2009: 636-641.

[11] Amin F, Jahangir A H, Rasifard H. Analysis of public-key cryptography for wireless sensor networks security. Proceedings of World Academy of Science Engineering and Technology, 2008: 530.

[12] Chaudhari H C, Kadam L U. Wireless sensor networks: Security, attacks and challenges. International Journal of Networking, 2011, 1(1): 4-16.

[13] Ghildiyal S. Analysis of wireless sensor networks: Security, attacks and challenges. International Journal of Research in Engineering and Technology, 2014, 3(3): 160-164.

[14] Kuldeep K, Ghose M S. Wireless sensor networks security: A new approach. International Journal of Computer and Telecommunications Network, 2008: 43-49.

[15] Heinzelman W B, Chandrakasan A P, Balakrishnan H. An application-specific protocol architecture for wireless microsensor networks. IEEE Transactions on Wireless Communications, 2002, 1(4): 660-670.

[16] Younis O, Fahmy S. HEED: A hybrid, energy-efficient, distributed clustering approach for ad hoc sensor networks. IEEE Transactions on Mobile Computing, 2004, 3(4): 366-379.

[17] Intanagonwiwat C, Govindan R, Estrin D. Directed diffusion: A scalable and robust communication paradigm for sensor networks. Proceedings of the Annual International Conference on Mobile Computing and Networking, 2000: 56-67.

[18] So J, Byun H. Load-balanced opportunistic routing for duty-cycled wireless sensor networks. IEEE Transactions on Mobile Computing, 2017, 16(7): 1940-1955.

[19] Huang H, Yin H, Min G. Coordinate-assisted routing approach to bypass routing holes in wireless sensor networks. IEEE Communications Magazine, 2017, 55(7): 180-185.

[20] WWF-The Conservation Organization. http://www.panda.org/[2017-01-03].

[21] Lu R, Lin X, Zhu H, et al. TESP2: Timed efficient source privacy preservation scheme for wireless sensor networks. 2010 IEEE International Conference on Communications Communications (ICC), 2010: 1-6.

[22] Shao M, Zhu S, Cao G. Towards statistically strong source anonymity for sensor networks. The 27th Conference on Computer Communications. IEEE, 2008: 51-55.

[23] Bicakci K, Gultekin H, Tavli B, et al. Maximizing lifetime of event-unobservable wireless sensor networks. Computer Standards and Interfaces, 2011, 33(4): 401-410.

[24] Alomair B, Clark A, Cuellar J. Toward a statistical framework for source anonymity in sensor networks. IEEE Transactions on Mobile Computing, 2013, 12(2): 248-260.

[25] Mahmoud M, Shen X. A cloud-based scheme for protecting source-location privacy against hotspot-locating attack in wireless sensor networks. IEEE Transactions on Parallel and Distributed Systems, 2012, 23(10): 1805-1818.

[26] Kamat P, Zhang Y, Trappe W, et al. Enhancing source-location privacy in sensor network routing. The 25th IEEE International Conference on Distributed Computing Systems, 2005: 599-608.

[27] Mehta K, Liu D, Wright M. Protecting location privacy in sensor networks against a global eavesdropper. IEEE Transactions on Mobile Computing, 2012, 11(2): 320-336.

[28] Wang W P, Chen L, Wang X. A source-location privacy protocol in WSN based on locational angle. IEEE International Conference on Communications. IEEE, 2008: 1630-1634.

[29] Chen H, Lou W. On protecting end-to-end location privacy against local eavesdropper in wireless sensor networks. Pervasive and Mobile Computing, 2015, 16(A): 36-50.

[30] Cheng X, Thaeler A, Xue G,et al. TPS: A time-based positioning scheme for outdoor wireless sensor networks. Twenty-third Annual Joint Conference of the IEEE Computer and Communications Societies, 2004, 4: 2685-2696.

[31] Zhang Y, Liu W, Fang Y,et al. Secure localization and authentication in ultra-wideband sensor networks. IEEE Journal on Selected Areas in Communications, 2006, 24(4): 829-835.

[32] Liu Y, Fu J S, Zhang Z. k-Nearest neighbors tracking in wireless sensor networks with coverage holes. Personal and Ubiquitous Computing, 2016, 20(3): 431-446.

[33] Schoof R. The discrete logarithm problem//Nash J F, Rassias M T, Open Problems in Mathematics. Switzerland, Basel: Springer, 2016: 403-416.

[34] Galbraith S D, Gaudry P. Recent progress on the elliptic curve discrete logarithm problem. Designs, Codes, and Cryptography, 2016, 78(1): 51-72.

[35] Pecori R. A comparison analysis of trust-adaptive approaches to deliver signed public keys in P2P systems. 2015 7th International Conference on New Technologies, Mobility and Security-Proceedings of NTMS 2015 Conference and Workshops, 2015: 27-29.

[36] Bishop A, Pastro V, Rajaraman R, et al. Lecture Notes in Computer Science (including subseries Lecture Notes in Artificial Intelligence and Lecture Notes in Bioinformatics), 2016, 9665: 58-86.

[37] Lin T Y, Wu T C. (t, n) threshold verifiable multi-secret sharing scheme based on factorisation intractability and discrete logarithm modulo a composite problems. IEEE Proceedings of Computers and Digital Techniques, 1999, 146(5): 264-268.

[38] Liu Y, Zhang F, Zhang J. Attacks to some verifiable multi-secret sharing schemes and two improved schemes. Information Sciences, 2016, 329: 524-539.

[39] Tian Y L, Peng C G, Lin D D. Bayesian mechanism for rational secret sharing scheme. Science

China Information Sciences, 2015, 58(5): 1-13.

[40] Pang L J, Wang M. A new (*t*, *n*) multi-secret sharing scheme based on Shamir's secret sharing. Applied Mathematics and Computation, 2005, 167(2): 840-848.

[41] Shamir A. How to share a secre. Communications of the ACM, 1979, 22(11): 612-613.

[42] Smart N P. Secret sharing schemes. Cryptography Made Simple, 2016: 403-416.

[43] Stinson D R, Vanstone S A. A combinatorial approach to threshold schemes. SIAM Journal on Discrete Mathematics, 1988: 230-236.

[44] Wei Y, Zhong P, Xiong G. A multi-stage secret sharing scheme with general access structures. Wireless Communications, Networking and Mobile Computing, 2008: 1-4.

[45] Zou S, Liang Y, Lai L, et al. An information theoretic approach to secret sharing. IEEE Transactions on Information Theory, 2015: 3121-3136.

[46] Basit A, Kumar N C, Venkaiah V C. Multi-stage multi-secret sharing scheme for hierarchical access structure. International Conference on Computing, Communication and Automation, 2017: 557-563.

[47] Marwan M, Kartit A, Ouahmane H. Secure cloud-based medical image storage using secret share scheme. International Conference on Multimedia Computing and Systems. IEEE, 2017: 366-371.

[48] Asaad S, Khorasgani H A, Eghlidos T. Sharing secret using lattice construction. International Symposium on Telecommunications. IEEE, 2014: 901-906.

[49] Park Y M, Kim J, Kim Y. Distributed certificate authority scheme with weighted secret sharing for mobile ad-hoc networks. Network of the Future. IEEE, 2013: 1-6.

[50] Qu J, Zou L, Zhang J. A practical dynamic multi-secret sharing scheme. IEEE International Conference on Information Theory and Information Security, 2010: 629-631.

[51] Huang Y, Yang G. Pairing-based dynamic threshold secret sharing scheme. International Conference on Wireless Communications Networking and Mobile Computing. IEEE, 2010: 1-4.

[52] Ma C, Geng G, Wang H. Location-aware and secret share based dynamic key management scheme for wireless sensor networks. International Conference on Networks Security, Wireless Communications and Trusted Computing Networks Security, 2009,1: 770-773.

[53] Ito M, Saito A, Nishizeki T. Secret sharing scheme realizing general access structure. Electronics and Communications in Japan, 1989, 72(9): 56-64.

[54] Harn L, Lin C. Detection and identification of cheaters in (*t*, *n*) secret sharing scheme. Designs Codes and Cryptography, 2009, 52(1): 15-24,

[55] Shi R, Zhong H, Huang L, et al. A (*t*, *n*) secret sharing scheme for image encryption congress on image and signal processing. IEEE Computer Society, 2008, 3: 3-6.

[56] Liu Y, Zhang Y, Hu Y. Efficient (*t*, *n*) secret sharing scheme against cheating. Journal of Computational Information Systems, 2012, 8(9): 3815-3821.

[57] Wang Z, Liu Y, Yan W, et al. Cheating detection and cheater identification in (*t*, *n*) secret sharing scheme. Computer Systems and Engineering, 2014, 29(1): 87-93.

[58] Pang L J, Wang Y M. A new (*t*, *n*) multi-secret sharing scheme based on Shamir's secret sharing. Applied Mathematics and Computation, 2005, 167(2): 840-848.

[59] Hungyu C, Jinnke J, Yuhmin T. A practical (*t, n*) multi-secret sharing scheme. Ieice Trans Fundamentals, 2000, E83-A(12): 2762-2765.

[60] Liu Z, Feng W, Zhou Y, et al. Analysis and improvement on CHY (*t, n*) threshold verifiable multi-secret sharing scheme. International Conference on Educational and Information Technology, 2010: 551-554.

[61] Hou Y C, Quan Z Y, Tsai C F, et al. Block-based progressive visual secret sharing. Information Sciences, 2013, 233: 290-304.

[62] Wan S, Lu Y, Yan X, et al. Visual secret sharing scheme for (*k, n*) threshold based on QR code with multiple decryptions. Journal of Real-Time Image Processing, 2018, 4(1): 25-40.

[63] Chang H T, Zheng Q, Lu C Y. Data hiding using visual secret sharing and joint fractional Fourier transform correlator. IEEE International Conference on Consumer Electronics, 2017: 211-212.

[64] Liu Y, Chang C C. A turtle shell-based visual secret sharing scheme with reversibility and authentication. Multimedia Tools and Applications, 2018, 77(19): 1-16.

[65] Reddy L S, Prasad M V N K. Extended visual cryptography scheme for multi-secret sharing. Proceedings of the 3rd International Conference on Advanced Computing, Networking and Informatics, 2016, 44: 249-257.

[66] Juan S T, Chen Y C, Guo S. Fault-tolerant visual secret sharing schemes without pixel expansion. Applied Sciences, 2016, 6(1): 18.

[67] Shyu S J. Efficient visual secret sharing scheme for color images. Pattern Recognition, 2006, 39(5): 866-880.

[68] Chen T H, Tsao K H. Threshold visual secret sharing by random grids. Journal of Systems and Software, 2011, 84(7): 1197-1208.

[69] Chen Y F, Chan Y K, Huang C C, et al. A multiple-level visual secret-sharing scheme without image size expansion. Information Sciences, 2007, 177(21): 4696-4710.

[70] Heineman E R. Generalized vandermonde determinants. Transactions of the American Mathematical Society, 1929: 464-476.

[71] Berg M, Kreveld M. Computational Geometry. Berlin Heidelberg: Springer, 2000.

[72] Karp B, Kung H T. GPSR: Greedy perimeter stateless routing for wireless networks. Proceedings of the Annual International Conference on Mobile Computing and Networking, 2000: 243-254.

[73] Luo J, Hu J, Wu D. Opportunistic routing algorithm for relay node selection in wireless sensor networks. IEEE Transactions on Industrial Informatics, 2015, 11(1): 112-121.

[74] Liu Y, Dong M, Ota K. Active trust: Secure and trustable routing in wireless sensor networks. IEEE Transactions on Information Forensics and Security, 2017, 11(9): 2013-2027.

[75] Bushnag A, Abuzneid A, Mahmood A. Source anonymity in WSNs against global adversary utilizing low transmission rates with delay constraints. Sensors, 2016, 16(7): 957.

[76] Yang Y, Shao M, Zhu S, et al. Towards event source unobservability with minimum network traffic in sensor networks. Proceedings of the 1st ACM Conference on Wireless Network Security, 2008: 77-88.

[77] Kamat P, Zhang Y, Trappe W, et al. Enhancing source-location privacy in sensor network routing. The 25th IEEE International Conference on Distributed Computing Systems

(ICDCS'05), 2005: 599-608.

[78] Wang H, Sheng B, Li Q. Privacy-aware routing in sensor networks. Computer Network, 2009, 53(9): 1512-1529.

[79] Pongaliur K, Xiao L. Maintaining source privacy under eavesdropping and node compromise attacks.2011 Proceedings of the IEEE Conference on Computer Communications, 2011: 1656-1664.

[80] Zhou L, Wen Q. Energy efficient source location privacy protecting scheme in wireless sensor networks using ant colony optimization. International Journal of Distributed Sensor Networks, 2014, 10: 1-14.

[81] Wan L, Han G, Shu L. Distributed source localization algorithm using manifold separation technique for mobile wireless sensor networks based on cloud computing in battlefield surveillance system. IEEE Access, 2015, 3: 56-78.

第3章　三维无线物联网中的溯源攻击防御

3.1　引　　言

在无线物联网中，源节点被定义为生成事件数据包的初始节点，可以在天空[1,2]、水下[3-5]、和地下[6,7]完成收集各类信息。源节点不同于随后接收和重新传输数据包的中继节点，如文献[1]、[8]、[9]所述，由于源节点一般靠近事件位置，源节点的位置在广泛的应用中具有重要的物理意义。例如，在野生动物监控网络[8]中，一旦发现源节点，敌手就可以轻松定位动物；在三维无人机网络[2]中，源节点通常靠近重要目标和紧急情况。由于事件可能包括定位濒危动物或观察紧急情况等重要信息，因此事件信息需要及时报告给汇聚节点。

在数据收集过程中，源节点生成的大部分数据被传递到汇聚节点，因此汇聚节点是大量数据包的目的地。对于一组相邻的智能节点，在大多数现有的路由算法中，它们到汇聚节点的数据传输路径趋向于相互聚合。这可以通过以下事实来解释：数据包的下一跳总是由一个恒定的规则来选择，如最小时延和最小跳数规则。以二维和三维分布式网络中的地理路由算法为例，这些方案因其分布式、轻量级和高可扩展性而受到广泛关注。在这些算法中，节点主要基于本地决策来选择数据包的下一跳，如选择与汇聚节点最近的邻居节点，并且该规则通常是确定性的，因此具有相似来源的路由路径将汇聚在一起，导致网络不同区域的流量不平衡。

恒定的数据收集模式和不平衡的流量分布给源位置隐私带来了潜在威胁。流量分析作为常见的网络攻击方式，敌手可以通过抓包等手段对流量包内容、数量、网络协议进行分析，最终得到有价值的信息。敌手可以基于流量分析定位源节点。在真实的网络中，即使很难完全监控网络的流量，他们也有可能找到一些关于源节点的有价值线索。敌手为了能够在二维平面无线网络中定位源节点，使用流量分析技术分析流量聚集的位置即热点，专门提出了几种溯源攻击如热点定位[8]和增强热点定位[10]等。这导致源位置隐私泄漏问题，因此设计适当的方法来严格保护源节点位置的隐私至关重要。目前虽然设计了许多方案来抵御这些攻击[11-13]，但仍然存在一些基于上下文的信息攻击。然而上述攻击模型是为平面网络设计的，不能直接用于三维网络。二维网络和三维网络中的攻击模型在数据包管道监控、边界检测和内部溯源模式方面有很大不同，关于三维网络中攻击模型的更多细节将在第 3.4.1 节中提供。在二维平面分布式网络中，人们提出了许多隐藏源位置隐私的方案[8-12,14]。现有方案中广泛采用了两种对抗模型，即全局防御模型和局部防御模型。在基于全局防御的方案中，即使所有节点都没有接收到任何事件，他们也会周期性地向汇聚节点发送虚拟数据包，以迷惑敌手。但这些方案有两个明显的缺陷，首先，由于额外的冗余数据包在网络中的大量生成和传输，它们会产生更大的数据传输量，这将大大缩短网络的寿命；其次，由于数据只能在指定的时间片内传输，而不是在任何时间内传输，因此信息的时延被放大。

主流的方案基于局部防御的思想，其主要思想可以分为基于随机路由的方案和基于云的方案，前者通过多样化路由路径保护源位置隐私，使敌手难以追踪。然而路径通常不能由源节点控制，隐私保护的有效性可以进一步提高。例如，在幻影路由算法[11]中，总是假设源节点距离真实源节点约 k 个跳点，这一特性使得敌手很容易找到源节点的可疑区域。基于云的方案[8,10]首先在源节点周围构建匿名云，然后云边界上的节点充当代理节点来重新传输数据包。事实上，这些方案是基于全局防御的方案和基于随机路由的方案的组合，因此它们继承了这两种方案的优点和缺点，它们可以在能源效率和效率方面进一步改进。

但是，以上所有隐私保护方案都是为二维平面网络设计的，不能直接用于三维无线网络，这是由于二维和三维网络在网络拓扑、路由算法、数据收集模式等方面不同。因此，隐私保护方案也各不相同。例如，幻影路由算法[11]中基于扇区的有向随机游走模式不适合三维网络；文献[8]中云的合并阶段不能用于三维网络；文献[10]中的代理节点之间的数据传输方法在三维网络中不起作用。此外，即使严格地将这些方案扩展到三维场景中，这些隐私保护方案在防御本章提出的新攻击模型时仍需要改进。

本章首先基于三维通信管道的新特性，将热点定位攻击扩展到三维无线网络，新的溯源攻击模型包括两种模式：表面溯源模式和内部溯源模式。处于表面溯源模式的敌手节点始终监视数据包管道的表面，同时处于内部溯源模式的节点负责计算通过管道横截面的数据包数量，通过相互合作，敌方节点共同决定追踪的最佳方向。此外，还设计了一套与源位置隐私安全相关的定量测量方法，关于攻击模型的更多细节将在第 3.4 节中讨论。

为抵御新的溯源攻击，首先假设无线网络中采用了适当的加密技术[8,15-30]，基于这些技术，假设数据包中事件的描述信息由源节点加密，而敌手无法及时解密。考虑到这些方案已经成熟，并在各种场景中得到了广泛的研究，为简单起见，本章不再详细介绍。

基于网络和攻击模型，本章设计了一种基于智能节点的新型地理信息三维无线物联网源位置隐私保护方案 DMR-3D。首先在不考虑传感器节点位置的情况下，在源节点和汇聚节点之间设计一组最优的几何路径，然后讨论如何严格按照几何路径以完全分布式的方式传递数据包。这样，数据包的传递路径经过精心设计，具有很高的不可追踪性。

为了设计源节点和汇聚节点之间的最佳几何路径，在第 3.5 节首先提出了四个基本原则，然后构建了冷启动球体结构和基于椭球体的通信管道。为了向汇聚节点发送数据包，源节点首先为不同场景选择一个或两个虚拟位置，它们间接决定一个或两个代理节点。然后，由源节点生成的数据包将不会直接发送到汇聚节点 dest，而是由代理节点以中继方式发送。通过这种方式，虚拟位置可以大致决定路由路径的形状，并且它们与 DMR-3D 在防御溯源攻击方面的性能密切相关。

在第 3.5 节中，将代理节点定义为离虚拟位置最近的实体节点，由于源节点不知道代理节点的确切位置，所以如何将数据包从源节点传输到代理节点是一个巨大的挑战。在本节中，基于多重 Delaunay 三角剖分(MDT)结构设计了一种分布式算法，虽然本节只使用了一个或两个代理节点，但 DMR-3D 方案可以通过使用更多的代理节点来增强。实际上，源节点 source 可以选择一组虚拟位置 $\{l_1, l_2, \cdots, l_m\}$，它们间接地定义了一组有序的代理节点 $\{a_1, a_2, \cdots, a_m\}$，然后以中继方式发送分组，即 source$(a_0) \to a_1 \to a_2 \to \cdots \to a_m \to$ dest。

DMR-3D 可以以不可追踪的方式将数据包从源节点安全地传输到汇聚节点，即使对于相同的源节点和汇聚节点，分组路由路径也完全不同。这样整个网络的数据包密度非常均匀，敌方无法轻易溯源到源节点。此外源节点可以严格控制所有路由路径，因此可以根据敌手的溯源策略动态优化路由路径。

本章的主要贡献如下：①将热点定位攻击扩展到三维无线网络，如果网络采用现有的路由算法，那么该网络可以轻松溯源到源节点；②总结了与源位置隐私保护相关的一组相关因素，本章还提出了两个综合衡量路由算法有效性和实际网络安全性的指标；③基于椭球结构设计了一种机制，用于构造与攻击模型对应的路由路径的优化形状；④提出了一种基于多重 Delaunay 三角剖分结构的复杂算法，仅基于虚拟位置将数据包传递给代理节点；⑤进行了一系列实验，从数据包密度、源位置隐私安全性、路由路径消耗、时延和数据传输量等方面评估了 DMR-3D 方案的性能。

本章的主要内容为：第 3.2 节中总结了无线传感器网络面临的安全问题，然后总结了平面网络源位置隐私保护方案和三维网络地理路由算法的相关研究；第 3.3 节和第 3.4 节分别介绍了预备知识和溯源攻击；第 3.5 节讨论了如何构造路由路径的形状以使其多样化；第 3.6 节讨论了 DMR-3D 方案的路径扩展和安全性的理论及仿真分析；第 3.7 节对本章进行了总结。

3.2　相关研究工作

分布式三维无线网络容易受到许多威胁，可以将安全挑战分为两类，包括内容安全和上下文安全[8]，下面简要总结现有的威胁。

近年来，大多数源位置隐私保护方法[31-46]都是为二维分布式无线网络设计的，本章主要关注基于局部敌手的方案，这些方案与 DMR-3D 方案具有相似的敌手模型。在分布式网络中，数据安全是最重要的考虑因素之一，许多方案都被设计为提高网络的内容安全性。Lou 等[47]通过基于秘密共享方案将消息映射到一组共享数据，并通过独立的路由路径将共享数据传递到汇聚节点，从而提高了数据的机密性。Liu 等[48]和 Mahmoud 等[49]也提出了安全的数据传输方法，以提高网络的数据安全性。在上下文安全领域，Fan 等[46]通过对全局编码向量进行同态加密操作，提出了一种针对流量分析攻击的隐私保护方案，该方案提供了两个重要的隐私保护特性，即包流不可追踪性和消息内容机密性。显然，可以将此类源位置隐私安全划分为上下文安全。此外，节点安全性也得到了广泛的研究。例如，克隆检测技术可以有效地消除恶意节点，提高节点的安全性。Zheng 等[45]提出了一种节能的位置感知克隆检测协议来定位压缩节点，具体来说，该方案随机选择位于环形区域的一组证人来验证传感器的合法性，即使 10%的节点受损，克隆检测概率仍接近98%。

幻影路由算法[11]是最流行的基于随机路由的源位置隐私保护方案，它包含两个阶段。在第一阶段，源节点将数据包发送到任意相邻节点，并基于随机游走模型将数据包随机发送 k 步；在第二阶段，在 k 步行走之后接收数据包的节点被表示为伪源节点，它负责将数据包发送到汇聚节点。事实上，伪源节点可以使用任何路由算法来传递数据包，因此敌手可以定位一组伪源节点，考虑到所有伪源节点距离源节点约 k 步，敌方很容易找到源节点。为了防御热点定位攻击，Mahmoud 和 Shen[8]提出了一种基于云的方案，该方案构建一个不规则形状的云来隐藏真正的源节点，在其传递过程中，通过使用不同的密钥对数据包进行加密，并在每个节点上更新数据包，这样敌手就无法区分两个数据包是否彼此相同。该方案最突出的缺点是在云中消耗了大量的数据传输量，此外如果敌手能够成功勾勒出云，最终可以通过全局防御模型定位源节点。Wang 等[10]提出了一个名为 SPAC 的新方案，并对基于云的方案[8]进行了全面改进。SPAC 将一个轻量级秘密共享方案无缝地集成到整个方法中，原始消息被映射到长度更短的共享数据，为了减少数据传输量，基于共享数据而非原始消息在源节点周围构建匿名云，云中节点的所有行为都经过精心设计，使其难以区分，因此源节点可以被有效隐藏。仿真结果表明，该秘密共享方案还提高了数据传输过程的可靠性。

源位置隐私泄漏与数据包以多跳方式传输的分布式数据收集方案密切相关，在现有方案中，地理图形路由算法因其可扩展性和简洁性吸引了大量关注[32-35]。其中大多数方案都基于贪婪的包转发模式，它们之间的主要区别在于如何克服局部极小值，下面将对有代表性的算法进行总结。

Liu 和 Wu[18]以分布式方式提出了局部单元 Delaunay 三角剖分算法，整个网络空间被划分为一组四面体和不规则多面体；然后他们提出了贪婪路由算法，该算法使用基于外壳的深度优先搜索策略从局部极小值恢复数据包转发，为了恢复局部极小值，只访问相应多面体上的节点，而不是访问所有节点，这提高了搜索效率。Zhou 等[16]将贪婪分布式生成树路由扩展到三维版本，通过将节点从三维空间投影到正交的二维平面上，在计算消耗和性能之间实现平衡。GDSTR-3D通过在包含可到达目的节点的外壳路由子树上移动来恢复局部极小值，然而研究人员认为 GHG 对单位球图的假设过于理想。Lam 和 Qian[15]提出了基于多跳Delaunay 三角剖分(MDT)的路由路径算法，该算法利用 Delaunay 三角剖分图保证传递特性，仅使用 1 跳贪婪转发来获得更好的恢复能力和可靠性。此外即使节点的坐标不准确，也可以保证传递属性保持不变。仿真结果表明，MDT 提供了较低的路由延伸。Sarkar 等[26]避免为贪婪转发设计恢复机制，而是"改造"网络，使其适合贪婪转发模式。特别是，他们首先提取带有一组孔的网络平面三角剖分，然后基于 Ricci 流构造一个保角映射，这样所有的孔都映射到完美的圆上，在这种情况下，贪婪转发将永远不会卡在节点上。

可以观察到，上述数据收集算法均未考虑源位置隐私。在计算路由路径时，所有方案都基于确定的内置算法生成路由路径，这导致源位置隐私中存在相当大的漏洞。

3.3　预 备 知 识

针对三维无线物联网中的溯源攻击防御，本节介绍一些关于物联网、计算机网络有关的背景知识。其中，在第 3.3.1 节介绍网络架构有关知识，在第 3.3.2 节介绍Delaunay 三角剖分有关知识，在第 3.3.3 节介绍 Voronoi 图有关知识，在第 3.3.4 节介绍路由协议有关知识。

3.3.1　网络架构

分布式网络是一种无中心网络，如图 3.1所示，网络中任一点均至少与两条线路相连。

图 3.1　分布式网络

图 3.2 集中式网络

当任意一条线路发生故障时，通信可转经其他链路完成，具有较高的可靠性，同时网络易于扩充。分布式网络的优点是可靠性高、网内节点共享资源容易、可选择最佳路径，传输延时小；其缺点是控制复杂、软件复杂、线路费用高，不易扩充。

集中式网络是一种有中心网络，如图 3.2 所示。网络中心有一个计算能力、存储能力较强的中央系统，其他终端设备均连接到此中央系统，数据存储和相关计算等也均在此中央系统中完成。其优点是便于进行数据管理、终端管理等；缺点是系统鲁棒性差，若中央系统发生故障，则会导致整个网络瘫痪。

3.3.2 Delaunay 三角剖分

平面点集的 Delaunay 三角剖分如图 3.3 所示。

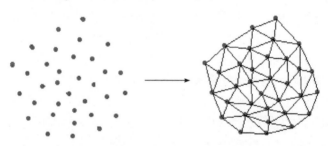

图 3.3 平面点集的 Delaunay 三角剖分

其主要性质有以下几点：①除端点外，Delaunay 三角剖分中无相交线段；②Delaunay 三角剖分后的所有面都是三角面，三角面的合集是原点集的凸包结构；③Delaunay 三角剖分后，图中不增加新的点；④平面点集的 Delaunay 三角剖分有且只有一种；⑤Delaunay 三角剖分后，对原点集中的点进行增加、删除或者移动等，只会影响其临近的三角形，剖分图中的其余三角形不受影响；⑥在 Delaunay 三角形剖分中任一三角形的外接圆范围内不会有其他点存在，称为空圆特性，如图 3.4 所示；⑦在 Delaunay 三角剖分中所形成的三角形的最小角最大，称为最大化最小角特性，如图 3.5 所示。

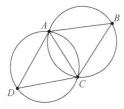

图 3.4 空圆特性图

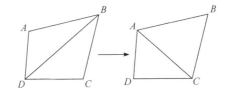

图 3.5 最大化最小角特性

3.3.3 Voronoi 图

Voronoi 图将平面点集进行划分为多个多边形，使得每个多边形中都包含一个点，其中多边形是到该点距离最近的点的集合。

设二维平面上存在数量为 n 的离散点，并属于集合 $P, P = \{p_1, p_2, \cdots, p_n\}$，其中 p_i 表示平面上的一个点。$d(p_i, p_j)$ 表示点 p_i 与点 p_j 之间的欧式距离，定义：

$$V(p_i) = \{x \mid d(x, p_i) < d(x, p_j), p_i \in P, p_j \in P, p_i \neq p_j\} \tag{3-1}$$

其中，集合 $V(P) = \{V(p_1), V(p_2), \cdots, V(p_n)\}$ 表示由 n 个 Voronoi 单元构成的 Voronoi 图。

平面上有随机分布的 10 个点，Voronoi 图就是对这些点进行最近邻域的划分，如图 3.6 所示。将上图的点称为 Voronoi 核心点，划分成的多边形称为 Voronoi 单元，Voronoi 单元的边界称为 Voronoi 边。Voronoi 图在气象学、结晶学、航天、核物理学、机器人等领域具有广泛的应用，如在障碍物点集中，规避障碍寻找最佳路径。

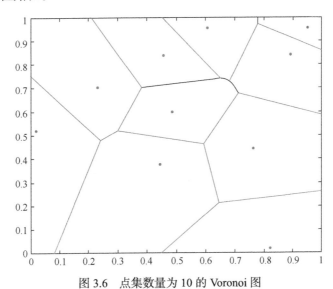

图 3.6 点集数量为 10 的 Voronoi 图

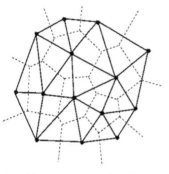

图 3.7　Voronoi 多面体

如图 3.7 所示，Voronoi 多面体是 Voronoi 多边形的推广。空间中某一点的 Voronoi 多面体是该点与其相邻各点间连线的垂直平分面所围成的包含该点的具有最小体积的多面体。

Voronoi 多面体有如下性质。

(1) 每个 Voronoi 多面体内有一个生成元。

(2) 每个 Voronoi 多面体内的点到该生成元距离小于到空间其他点的距离。

(3) Voronoi 多面体边界上的点到生成元距离相等。

3.3.4　路由协议

1) 贪婪转发策略

贪婪转发策略就是在传感器转发数据过程中，根据下一节点的位置，数据包转发给最接近目的节点的邻居节点。

2) 最短路由路径算法

最短路由路径算法就是在一对给定的节点之间找到最短路径(站点数量、计算距离、信道带宽、平均通信量、通信开销、队列长度、传播时延等)。

3.4　三维无线物联网中基于流量分析的溯源攻击

3.4.1　网络模型和敌手模型

在不失通用性的情况下，以水下无线网络[3-5]为例来说明本章的方案。水下网络中各传感器网络节点分布相较二维平面更为复杂，属于三维空间，网络部署还需增加对高维度的考虑，维数的增加也使得数据在传输过程中更易出现局部最优问题。同时三维网络中地形障碍对数据传播的干扰也更明显，为实现精准定位所需的信息量也进一步增加，而这与物联网中无线传感器计算与存储资源有限的条件相矛盾，故在节点定位及路由算法设计过程中三维物联网在位置隐私保护方面遇到的挑战也更为复杂。水下网络可广泛应用于资源勘查、污染监测、野生动物监测、战术监视等领域。为了方便起见，本章考虑了一个用于监测和跟踪濒危野生动物(如金枪鱼)的巨大网络，一旦检测到金枪鱼，源节点通过多跳的方式向汇聚节点发送信息。网络中的每个节点都受到严格的资源限制，如计算、存储、通信和电量，但本章假设它们可以正确执行所有预存储的指令。所有节点都是同质的，并且假设节点的通信半径为 R，网络中的节点可以通过适当的方法定位自己[41-43]，每个节点由一个三元组向量组成，以指示其位置。

假设网络中只存在一个汇聚节点，它位于网络空间的中心。假定汇聚节点比网络中的普通节点强大得多，并且可以与远程网络用户进行通信。通过在网络部署后广播相关信息，假设网络中的所有节点都知道汇聚节点的位置。源节点生成的所有信息都是基于与汇聚节点的对称密钥加密的，并且数据包不能被敌手解密，但汇聚节点的位置以明文形式存储，由于所有中继节点都需要这个公共信息，因此敌手还可以使用分析器获取数据包的目的地。然而在数据传递过程中，需要由一对邻居节点在数据包中对代理节点的信息进行加密。对称密钥协商算法在分布式网络[8,10]中得到了广泛的讨论，任何合适的算法都可以用于所提出的源位置隐私保护方案。

在新型溯源攻击模型中，敌手从汇聚节点开始进行溯源。因此如果源节点与汇聚节点非常接近，则敌方可以轻松定位受监视的目标。在这种情况下，以随机方式定位源节点是不可避免的。幸运的是，这种情况在大型网络中发生的概率较低。在本章中，假设源节点和汇聚节点之间的距离大于 $2R_s$，其中 R_s 是冷启动球体的半径。

在本章中，假设敌手能够监测到传感器节点的数据传输行为的前提是，其与传感器节点的物理距离小于 R。对于大型三维无线网络，敌手以随机方式搜索金枪鱼是极其困难的。一种更有效的方法是通过溯源攻击定位源节点，然后搜索源节点周围的金枪鱼，假设敌手使用一组监控设备来执行溯源攻击，监控设备具有以下三个重要特征。

(1) 消极。假设敌手的目标是准确定位源节点，而不是主动攻击网络。因为一旦网络运营商检测到敌手的行为[8,9]，敌手将失去定位金枪鱼的机会。

(2) 装备精良。假设敌方的监控设备配备了天线、频谱分析仪和移动模块，然后敌手可以接收本地数据包并定位其发送者，此外这些设备可以在网络中自由移动以跟踪数据包。

(3) 协作。每个监控设备都可以与附近的其他设备通信，此外他们可以实时共享收集到的信息，从而以协作的方式产生最优的溯源策略。

3.4.2　基于流量分析的三维网络溯源攻击

如图 3.8 所示，以金枪鱼监控网络为例来讨论溯源攻击模型，一旦一组智能节点检测到一条四处移动的金枪鱼，它们就会开始不断地生成数据包并将其发送到汇聚节点。虽然源节点的位置略有不同，但对于一般算法而言，它们到汇聚节点的路由路径彼此接近，这将通过第 3.6.2 节中的实验进行说明。

对于任何路由算法，尽管源节点和汇聚节点之间的起始和中间阶段的路径可能会相互扩散，但它们倾向于聚集在一起，同时它们越来越靠近汇聚节点。在不失通用性的情况下，将包含所有路由路径的最小三维不规则管道命名为通信管道。对于稳定的数据流，管道中的数据发送速率明显大于外部，本章将管道内外的边界表示为表面。

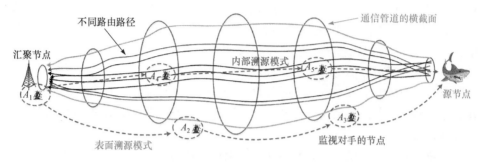

图 3.8　三维无线网络中的追踪攻击

在现有方案[9,11]广泛使用的溯源攻击的简化版本中，敌手首先停留在汇聚节点周围，等待其监控设备探测到指示数据包已发送到汇聚节点的信号。通过分析信号源，敌手移动到发送方节点 sn，然后等待直到相关数据包被发送到节点 sn，通过迭代上述过程，敌手最终可以找到源节点。

为了提高追踪成功率，基于监控设备的能力，考虑了一种更复杂的攻击模型。新的攻击是通过分析管道中的流量来进行的，而不是盯着几个本地节点的行为。如果金枪鱼在一个区域内停留一段时间，敌手就有可能成功地攻击网络。图 3.8 显示了三维无线网络中新型追踪攻击的工作流程，可以观察到，新溯源攻击中的节点包括两种模式，即表面溯源模式和内部溯源模式。

(1) 表面溯源模式。通信管道表面上的一组敌对节点可以一起绘制横截面的形状，如图 3.8 中的横截圆圈所示，并且该信息与内部溯源模式中的节点共享。敌方可以通过观察通信管道表面两侧节点发送速率的巨大差异，轻松识别通信管道的表面。在溯源过程中，监控节点在表面上一步一步地移动，直到它们聚集在源节点周围。

(2) 内部溯源模式。在这种模式中，所有节点都位于管道内部，以监视穿过横截面的所有数据包。敌手跟踪中继节点的数据传输，监控节点一步一步地重复移动，直到找到源节点，其中溯源的方向与数据包传递的方向相反。

通信管道表面的监控节点和管道内部的节点共同监控管道的整个横截面 (图 3.8)，表面溯源模式决定了内部溯源需要监控的区域，同时内部溯源模式决定了溯源的方向。通过这种方式，敌手可以一步一步地移动到源节点。当敌对节点聚集在一起，通过横截面的数据包发送量急剧减少时，溯源过程终止；当至少有一个源节点被定位时，即监控设备和源节点之间的距离小于 R 时，溯源攻击便成功了。

从理论上讲,如果敌手有足够的监控设备,并且数据包流是稳定的,那么他总是可以根据前面所提出的溯源攻击追踪到源节点。然而即使敌手几乎没有监控设备,而且数据流稍微有轻微动态变化,对于大多数现有的数据收集算法,仍然可以以高概率定位源节点。例如,在最短路径路由算法或定向扩散算法中,路由路径的聚集速度非常快,因此只需几个监控节点就可以完全监控横截面。

3.4.3 溯源攻击模型下源位置隐私安全量化

通过分析所提出的攻击模型,可以推断溯源攻击有效性取决于许多相关因素。在本节中,总结了与溯源攻击影响相关的 4 个主要因素,即横截面面积 S 、数据包流的速率 F 、目标在某个区域停留的时间段 T 、敌方监控设备的数量 N_{md} 。下面详细讨论这 4 个相关因素。

(1) 横截面面积 S 。从图 3.8 可以看出,溯源的难度与管道横截面面积密切相关。对于面积更大的横截面,需要更多的监测设备来全面监测。如果敌手只获得了部分信息,那么构建最优的溯源策略对敌手来说是一个挑战。

(2) 数据包速率 F 。该因子定义为一段时间内从源节点发送到汇聚节点的数据包数量,它决定了敌手可以监控的数据包数量。更多的数据包表明追踪的方向更清晰,同时敌手可以距离源节点更近一步。

(3) 金枪鱼停留在区域内的时间周期 T 。这个因子非常简单,较大的 T 会导致稳定的数据包流,这降低了溯源的难度。

(4) 监控设备数量 N_{md} 。从敌手的角度来看,提高溯源攻击成功率的直接策略是使用更多的监控设备。在极端情况下,如果敌手有足够的监控节点,他将成为一个全局敌手,任何随机路由算法都无法防御他的攻击。

基于上述 4 个因子的定义,可以观察到第 1 个因子是随机路由算法的固有属性,后 3 个因子分别与网络用户、监控目标和敌手有关。考虑到这些因子是微不足道的,本章设计了另外两个全面的测量来评估源位置隐私的安全性。

(1) 数据包密度 Den 。通过综合前三个因子,提出了数据包密度 Den 来评估路由算法在源位置隐私保护方面的有效性。对数据包密度的定义如下:

$$\text{Den} = F \cdot T / \int_{\text{source}}^{\text{dest}} S \tag{3-2}$$

其中, source 是源节点, dest 是汇聚节点,它们之间的距离为 $2d$ 。需要特别注意的是,较低的数据包密度意味着路由算法性能出色。在极端情况下,如果路由算法生成的数据包密度与网络中的心跳数据包密度相比可以忽略,则源节点在溯源攻击中是完全安全的。

(2) 源节点隐私安全 Sec 。真实网络中源节点的安全性由源节点隐私安全 Sec 量化，Sec 是所有四个因子的组合，通过结合数据包密度和监控设备的数量，可以计算真实网络中源节点隐私的安全性，如下所示：

$$Sec = 1/(N_{md} \cdot Den) \tag{3-3}$$

从等式(3-3)可以很容易地推断，Sec 越大，网络越安全。

虽然在路由算法中，所有的原子因素都与源位置隐私的安全性有关，但是需要保证网络服务的质量，降低数据包的速率 F 是不明智的，网络运营商也无法控制参数 T 和监控设备数量 N_{md}，因此保护源位置隐私的一个较好选择是扩大路由算法的横截面，这是本章方案的主要思想。

3.4.4　数据包密度的计算

在等式(3-2)中明确定义了数据包密度，但精确计算 Den 非常困难。为了在模拟中获得路由算法 Alg 的数据包密度，首先选择一组附近的源节点 source 和汇聚节点 dest 。然后使用 Alg 算法生成一组路由路径 $Path_1, Path_2, \cdots, Path_k$，每条路径 $Path_i$ 由一组有序的中继节点 $\langle source, n_1, n_2, \cdots, dest \rangle$ 组成。为了方便起见，本章建立了一个以源节点为原点、源-目的线为轴的新坐标系，其他两个轴可以随机选择，只要所有三个轴相互垂直，然后将所有节点在 $Path_i$ 中的位置被转移到新坐标系中的新点。

在计算数据包密度之前，需要先消除路由路径的异常值，然后只使用主流路由路径来计算 Den 。由于一小部分异常值可以大大降低数据包密度，因此在本章中使用 DBSCAN 聚类算法[39]来检测路由路径的异常值，而如何定义路径的成对距离是一个巨大的挑战。考虑到路由路径是可延伸和可压缩的，本章使用经典的动态时间归整算法(DTW)[38]来计算每对路由路径之间的距离。对于长度为 n 和 m 的一对路径 $Path_i$ 和 $Path_j$，它们由一系列三维点 $x_1 \cdots x_n$ 和 $y_1 \cdots y_n$ 组成，它们的 DTW 距离表示为 $D(n, m)$，可以用动态规划方法计算[40]：

$$D(i,j) = \min \begin{Bmatrix} D(i,j-1) \\ D(i-1,j) \\ D(i-1,j-1) \end{Bmatrix} + d(x_i, y_j) \tag{3-4}$$

给定一组没有异常值的选定路由路径，以离散的方式计算：

$$\int_{source}^{dest} S$$

具体来说，统一选择路径的 t 个横截面，横截面的面积定义为横截面上点的凸包面积，然后得到下列公式：

$$\int_{\text{source}}^{\text{dest}} S = \sum_{i=1}^{t} S_i \cdot \frac{2d}{t} \tag{3-5}$$

其中，S_i 是第 i 个横截面的面积，$2d$ 是源节点和汇聚节点之间的距离。DMR-3D 和现有算法的数据包密度计算结果将在 3.5 节中进行介绍和分析。

3.5　在源节点和汇聚节点之间构建最优几何路径并传递数据包

3.5.1　在源节点和汇聚节点之间构建最优的几何路径

1) 设计最佳几何路径的基本原则

通过分析本章提出的溯源攻击步骤，采用几何路径的四个基本设计原则，总结如下。

(1) 在启动时防止源地址追踪攻击。汇聚节点周围的数据包交付模式决定了在初始阶段进行溯源攻击的难度，良好的启动结构可以极大地提高定位源节点的成功概率。因此最优路径集合应该隐藏关于源节点在汇聚节点周围方向的所有线索，相关的冷启动结构将在下面讨论。

(2) 扩大通信管道的横截面。在追踪攻击中，敌手需要监视管道的交叉部分，大截面导致需要大量监控设备，大大增加了攻击难度，因此应该尽可能扩大通信管道横截面。

(3) 使路由路径多样化。源节点和汇聚节点之间有稳定的数据流，便于溯源。一方面，即使对于相同的源节点和汇聚节点，路径也应该彼此不同；另一方面，短时间内的路径也应该有所不同。

(4) 限制路由路径的最大长度。增大横截面和多样化路径都会增加路由路径的长度，然而更长的路径意味着更大的能量消耗，这对资源有限网络来说是不现实的。本章假设一条路径的最大长度不能超过 $l_{\max} = \rho \cdot 2d$，其中 $2d$ 是源节点和汇聚节点之间的欧氏距离，$\rho(\rho \geqslant 1)$ 是一个预设参数。

数据包传输路径的随机性和不可追踪性决定了溯源的难度，基于上述设计原则，本节设计了一种新颖的路由路径几何结构，下面将对此进行讨论。

2) 冷启动路径结构

如第 3.4.1 节所述，敌手最初停留在汇聚节点周围，并基于连续的数据包流逐步溯源到源节点。为了在初始阶段阻止溯源攻击，本章在汇聚节点的周围区域构造了一个球体，即图 3.9 中的球体。

图中如虚线所示，所有数据包首先均匀地传输到球体表面，然后从球体表面

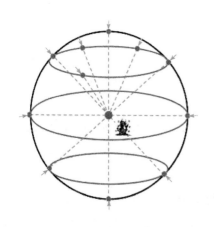

图 3.9　三维无线网络中溯源攻击的冷
启动路径结构

发送到汇聚节点，从敌手的角度来看，数据包是从所有方向均匀传输的，他们无法提取关于源节点方向的任何有价值的信息，这样就在启动时防止了溯源攻击。这种结构的有效性与球体的半径 R_s 有关，R_s 越大，敌手越难进行溯源攻击；然而较大的 R_s 会增加分组传送路径的平均长度，并消耗更多能量。考虑到路由路径的最大长度是有限的，当设置参数 R_s 时，需要在源位置隐私保护和整个网络的能量消耗之间进行适当的平衡。

3) 基于椭球体的路由路径构建

为了在所有几何路径长度都受 l_{max} 限制的情况下最大化通信管道的横截面，可以推断代理节点必须位于一个椭球体上，源节点和汇聚节点是两个焦点。显然椭球结构需要与冷启动路径结构集成，以在源节点和汇聚节点之间形成完整的路径。此外不能随机选择椭球体，由于它必须完全包含冷启动球体，椭球体的构造过程如下所述。

在选择冷启动球体的预设半径 R_s 后，需要设计给定源节点和汇聚节点的路由路径形状，距离为 $2d(d \geqslant R_s)$。为了简单起见，本节展示了椭球体的横截面，如图 3.10(a)所示，源节点首先基于自身和汇聚节点的位置构建一个坐标系。椭球体的左焦点和右焦点分别定义为源节点和汇聚节点，根据椭球的定义得到每个焦点到椭球上任何一点的距离之和是恒定的，表示为 $2a$。在本章中设定 $a = d + 2R_s$，很容易证明节点周围的冷启动球体完全被椭球包围。

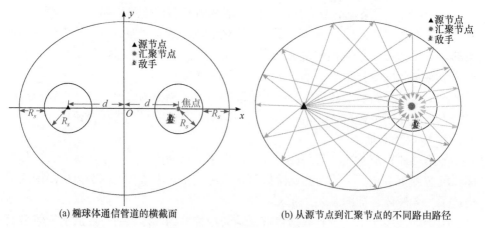

(a) 椭球体通信管道的横截面　　　　　　(b) 从源节点到汇聚节点的不同路由路径

图 3.10　基于椭球体的路由路径构造

基于椭球体，可以将数据包从源节点均匀折射到汇聚节点，如图 3.10(b)所示。对于从源节点到汇聚节点的每条路径，源节点选择椭圆上对应代理节点的至少一个虚拟位置，然后以中继方式从所有方向将分组发送到汇聚节点。需要特别注意的是，选定的虚拟位置并非均匀分布在椭球体上，相反，路径和起始球体之间的交点应均匀分散在球体上。这样，从敌手的角度来看，数据包从各个方向均匀地传送到汇聚节点。

4) 向冷启动球体的背面传送数据包

上一节中方案的缺点是，源节点和代理节点之间的一些路径在汇聚节点周围穿过冷启动球体，如图 3.10(b)中的路径所示，这可能会将源节点的一些信息泄露给敌手。如图 3.11 所示，设计了一种补充方法，通过两个代理节点将数据包从源节点传送到汇聚节点。假设一个数据包应该从 p 方向传输到汇聚节点，p 方向不能被椭球体上的节点折射。然后源节点首先沿与圆 c 相切的线 l 发送数据包，直到到达点 p 正上方的点 q，点 q 充当代理节点，并将数据包发送到点 p，数据包在点 p 处最终被发送到汇聚节点。通过结合这两种情况，源节点总是可以从任何方向向汇聚节点发送数据包，而无须穿过冷启动球体。

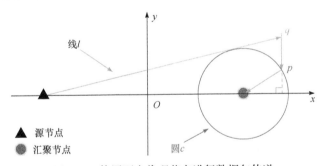

图 3.11　使用两个代理节点进行数据包传递

5) 基于几何路径的代理节点位置选择

可以观察到，源节点和汇聚节点之间的完整路径由多个线段组成，几何路径上存在一些转折点。为了引导数据包沿着设计的路径传输，可以直观地在转折点部署一组实体代理节点，然而这在实际网络中是不切实际的，因此本章提出了另一种方案。具体来说是将转折点的位置设置为虚拟位置，然后将数据包发送到虚拟位置附近的节点，在节点密集部署的网络中，这种机制是最优选择。

3.5.2　源节点和汇聚节点之间的数据包传递

1) 数据包交付框架

在本章中，将讨论如何按照第 3.5.1 节中设计的优化路径交付数据包，显然虚拟位置不是网络的实体智能节点，它们不能充当代理节点，因此需要首先定义一个代理节点，如下所示。

定义 3.1　代理节点。将虚拟位置 l_i 对应的代理节点 a_i 定义为整个网络中距离 l_i 最近的实体智能节点。

在代理节点的帮助下，数据包将通过以下路径从源节点 source 传递到汇聚节点：

$$source(a_0) \rightarrow a_1 \rightarrow a_2 \rightarrow \cdots \rightarrow a_m \rightarrow dest$$

其中，$\rightarrow$ 表示以多跳方式传送数据包。在从 a_i 向 a_{i+1} 传送数据包的过程中 $(0 \leqslant i \leqslant m-1)$，数据包需要存储两个目的地，即对应于节点 a_{i+1} 的虚拟位置 l_{i+1} 和汇聚节点的位置。整个数据传递过程可以分解为两种模式，即基于虚拟位置向代理节点传递数据包和向汇聚节点传递数据包。

如图 3.12 所示，根据分组目的地，分组传送过程的框架主要包括两个模块。在模块 1 中，数据包的目的地是代理节点，相反在模块 2 中的目的地是汇聚节点。模块 1 被重复执行，直到数据包到达最终代理节点 a_m，这时模块 2 开始启动。这两个模块彼此略有不同，代理节点事先是不确定的，而汇聚节点总是确定的。

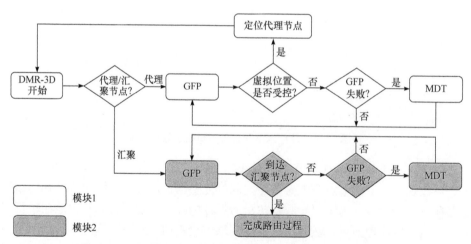

图 3.12　DMR-3D 中源节点和汇节点之间的数据包传递框架

在模块 1 和模块 2 中，贪婪转发模式(GFP)和多 Delaunay 三角剖分模式(MDT)始终是两种重要的数据传输模式，其中 GFP 在向汇聚节点移动数据包方面非常有效。如果一个节点不能直接与目的节点通信，并且没有更靠近目的节点的邻居，则 GFP 模式下的数据包在该节点无法转发。

在模块 1 中，贪婪转发模式在两种情况下失败。在情况 1 中，数据包总是卡

在离虚拟位置 l_{i+1} 最近的节点上，考虑到 l_{i+1} 上没有实体节点，因此会出现这种情况。在这种情况下，与 l_i 对应的代理节点被成功定位，新的数据传递过程开始。基于虚拟位置定位代理节点是模块 1 中的主要挑战。从数学上讲，节点 a_i 是虚拟位置 l_i 的代理节点，当且仅当 a_i 的 Voronoi 多面体覆盖 l_i。基于 Voronoi 多面体[36,37]的性质，可以推断出：如果 l_i 位于多面体之外，a_i 总能找到离 l_i 更近的邻居(物理邻居或 MDT 邻居)。在情况 2 中，数据包卡在两个代理节点之间的局部优化结果中，在这种情况下，需要通过 MDT 恢复 GFP。

与模块 1 相比，模块 2 更直截了当。在模块 2 中，贪婪转发模式只在一种情况下失败，即模块 1 中的情况 2，问题的解决方案与模块 1 中的类似。

2) 数据包传递过程中的贪婪转发模式

在分组传送过程中，分组的目的地被表示为一个位置 $(x_{\text{dest}}, y_{\text{dest}}, z_{\text{dest}})$，在分组传送过程中，下一跳由节点本地决定，选择与 $(x_{\text{dest}}, y_{\text{dest}}, z_{\text{dest}})$ 直接相关。在贪婪转发模式(GFP)中，位置为 (x_n, y_n, z_n) 的节点 n 始终将数据包发送到位置为 $(x_{\text{nei}}, y_{\text{nei}}, z_{\text{nei}})$ 最靠近汇聚节点的邻居节点 nei。需要注意的是，节点选择还应符合以下标准：

$$(x_{\text{nei}} - x_{\text{dest}})^2 + (y_{\text{nei}} - y_{\text{dest}})^2 + (z_{\text{nei}} - z_{\text{dest}})^2 \\ < (x_n - x_{\text{dest}})^2 + (y_n - y_{\text{dest}})^2 + (z_n - z_{\text{dest}})^2 \tag{3-6}$$

通过这种方式，可以保证数据包不断地走向汇聚节点。在大多数情况下，数据包只能在贪婪转发模式下成功地传送到汇聚节点[22]。一旦没有满足不等式(3-6)的 n 个邻居节点，即为 GFP 失败，因此需要根据不同的情况用不同的方法来处理它。

3) 基于 Voronoi 多面体和三维 Delaunay 三角剖分的代理节点定位

首先讨论如何处理情况 1 中的 GFP 故障。考虑在三维空间中的一组节点，每个节点 n_i 对应 Voronoi 多面体 P_i，并且与 P_i 中所有其他节点相比，n_i 是最接近于 P_i 的，如图 3.13 所示，节点的 Voronoi 多面体 P_i 受到边的约束。如果虚拟位置位于节点的 Voronoi 多面体中，那么虚拟位置受节点控制。根据定义 3.1，可以推断该节点是虚拟位置对应的代理节点。节点的通信范围由球体表示，P_i 的每个面都是 n_i 和网络中另一节点的垂直平分线，通过连接所有与 Voronoi 多面体中的面相对应的节点对，成功构建了节点的三维 Delaunay 三角剖分[50]。

通过结合网络连通图和三维 DT 图，可以得到多重 Delaunay 三角剖分(MDT)图，如图 3.14 所示。

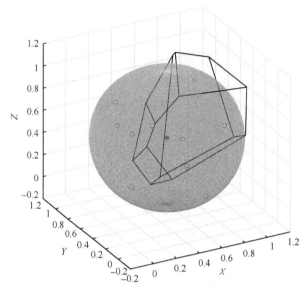

图 3.13   节点的 Voronoi 多面体(当 des 位于多面体内和球体外时，节点处出现局部极小值)

在图 3.14(a)中，如果节点可以直接彼此通信，即它们之间的距离小于 R ，则在网络连接图中连接一对节点；图 3.14(b)显示了网络中所有节点的三维 DT 结构，三维 DT 结构将网络空间划分为一组不相交的四面体，每个四面体的外圆除四个顶点外不包含网络的其他节点。如图 3.14(c)所示，如果一对节点在网络连接图或三维 DT 图中连接，则它们在 MDT 图中连接，下面将连通图和 DT 图中的邻居节点分别称为物理邻居和 DT 邻居，此外将存在于 MDT 图中而不存在于连通图中邻居节点称为 MDT 邻居。

现有方案已经证明，GFP 方案在 MDT 图上从未失败[36,37]，因此总是可以通过在 MDT 上使用 GFP 将数据包传递到目标节点。然而如果目标节点不存在或未连接到网络，则数据包将被传送到距离目标节点最近的节点。基于这个特性，可以很容易地通过 MDT 定位与虚拟位置相对应的代理节点，虽然 MDT 中的一对连接节点可能无法直接相互通信，但它们可以通过存储在转发表中的多跳路径进行通信[15]，但显然向 DT 邻居发送数据包比向物理邻居发送数据包更复杂。总体而言，本章的方案是基于 MDT 图设计的，即在连通图上执行 GFP，并克服 DT 图上存在的局部极小值问题。

4) 基于 MDT 的局部极小值恢复

与二维网络相比，三维网络中的拓扑结构更容易出现局部极小值，如图 3.14 所示，如果目的地位于 Voronoi 多面体之外，并且没有更靠近目的地的邻居节点，则数据分组被卡在节点处。一旦 GFP 在案例 2 中失败，将使用 MDT 结构进行恢复。

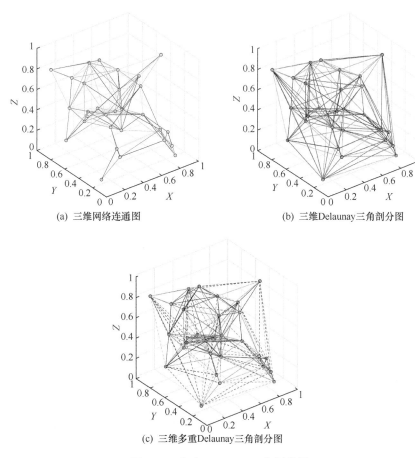

(a) 三维网络连通图　　　　　(b) 三维Delaunay三角剖分图

(c) 三维多重Delaunay三角剖分图

图 3.14　多重 Delaunay 三角剖分图

网络中的节点 n_i 需要为每个 MDT 邻居存储一个转发表,其转发表[15]中的条目表示为

$$\langle \text{source}, \text{relay}_1, \text{relay}_2, \cdots, \text{dest} \rangle$$

其中,source 是源节点,dest 是 n_i 的 MDT 邻居,relay_j 是 source 和 dest 之间的一组中继节点。

当一个数据包被卡在节点 n_i 时,它需要检查其所有 MDT 邻居,以找到距离 dest 更近的邻居,并根据该邻居是否存在来决定下一步。如果距离 dest 最近的邻居不存在,根据 MDT 的性质,可以推断 n_i 是网络中距离 dest 最近的节点。根据定义 3.1,节点 n_i 是模块 1 中的代理节点。在模块 2 中,如果邻居不存在,可以推断 dest 没有连接到网络,路由过程失败。如果存在距离 dest 较近的邻居,

则节点 n_i 根据转发表直接将数据包发送给邻居，并且数据包可以在邻居节点处返回到 GFP 转发模式，在这种情况下，可以连续执行数据递送过程，直到分组被递送到代理节点或汇聚节点。

3.6 DMR-3D 的理论和仿真分析

3.6.1 源位置隐私保护和路径延伸的理论分析

1) 源位置隐私保护

在本章中，假设敌手没有关于源节点的背景知识，因此他们首先需要分析汇聚节点周围的流量信息。在大多数现有的路由算法中，敌手可以获得持续稳定的数据包流。此外这些数据包流非常稀疏，只需几个监测设备就可以轻松地对横截面进行全面监测，因此敌手总是可以溯源到源节点。

在 DMR-3D 中设计的路径结构非常巧妙，其通过以下特性增加了追踪攻击的难度。

在溯源的初始阶段，敌方无法提取关于源位置的任何信息，由于数据包以随机方式从所有方向传输到汇聚节点，溯源攻击需要解决冷启动问题。

源节点和汇聚节点之间的管道非常大，并且不会在所有路径中收缩(甚至在源节点周围)，这使得监控横截面和提取有价值的信息非常困难。

源节点可以完全控制路径的形状，并且两个相邻分组的传送路径彼此完全不同，因此，敌手不可能获得持续的数据包流。源节点可以根据敌手的攻击策略动态改变生成路由路径的策略，本章的方案在未来的工作中将尝试引入博弈论，这将进一步提高源节点的安全性。总之，DMR-3D 方案在理论上可以从多个方面保护源位置隐私，将通过第 3.6.2 节中的仿真实验来验证这一点。

2) 路径延伸

在 DMR-3D 中，源节点使用一个或两个代理节点以中继方式传递数据包，通常代理节点不位于源节点和汇聚节点之间的线路上，因此与最短路径相比，路由路径的长度有所增加。在本节中，从理论上分析了源节点和汇聚节点之间的平均长度，如图 3.14(b)所示，大多数路由路径都有一个代理节点，每条路径的总距离为 $2a = 2d + 4R_s$，其他一些路径可能有两个代理节点，且路径的距离不得大于：

$$\frac{4d^2 + 2R_s^2 + 6dR_s}{\sqrt{4d^2 - R_s^2}} + R_s \tag{3-7}$$

并且随着 d/R_s 的增加而逐渐趋于 $2a$。考虑到大多数路径的长度为 $2a$，且相当一小部分路径略短或略长于 $2a$，本章所提方案中的路径平均长度约等于 $2a$。具体而言，当 d/R_s 为 3, 5, 10, 20 时，路径的平均长度比最短路径的平均长度增大 1.67, 1.40, 1.20, 1.10 倍。可以观察到，常数 R_s 随着 d 的增加，溯源的难度增加，同时 DMR-3D 方案的路由延伸单调地减小。如果源节点靠近汇聚节点，那么溯源难度将非常低，因此尽管需要花费更多的资源也要改进这个问题。

综上所述，本章设计的方案可以通过动态调整策略来构建路由路径，从而在源节点的安全性和数据包传输效率之间实现平衡。

3) 扩展本章方案

在本章中，只使用一个或两个代理节点将数据包从源节点中继到汇聚节点，不需要使用更多的代理节点来多样化路由路径，因为仿真结果表明，DMR-3D 的方案能够很好地抵御所提出的溯源攻击。然而，DMR-3D 方案可以进一步改进，以防御更强的敌手，理论上可以在路由路径中选择任意数量的代理节点。

3.6.2　DMR-3D 方案的仿真分析

1) 实验设置

本章建立了一个基于 ns-3 的三维有线非智能网络离散事件模拟器，整个模拟在 1 台带有 2 个 intel CPU 和 128G 内存的 DELL 塔式服务器上进行。为了全面评估 DMR-3D 方案的性能，模拟了一个超大无线网络，在 2000m×2000m×2000m 空间中随机部署了 24000 个智能节点。在模拟中，节点的半径设置为 120m，同时节点的平均度，即网络中节点的平均邻居数约为 20。强大的汇聚节点位于网络中心，是所有数据包的目的地。为简单起见，假设网络中只存在一个目标，目标的初始位置在网络空间中随机选择，并基于随机游走模型以 1m/s 的速度移动。具体来说，目标可以向六个方向移动，每一步移动 1m，当敌手成功定位源节点或持续 10 分钟时，模拟终止。当敌手的监控节点靠近源节点且距离小于 R 时，源节点就被定位。每次模拟执行 10 次，平均模拟结果如下所示并对其进行分析。

在仿真实验中，智能节点是冗余部署的，如果目标位于网络空间，则可以对其进行良好的监控。如果网络中的节点与目标的距离不大于 120m，则该节点可以检测到目标，然后该节点成为源节点。所有的源节点独立地收集目标节点的信息，然后通过适当的路由算法将数据包发送到汇聚节点。每个数据包包含 2048 位，其中前 96 位是数据包头(一条路径中最多使用两个代理节点)，与代理节点和汇聚节点相关的位置存储在数据包头中。为了匹配目标的随机游走模型，源节点的数据包生成时间间隔设置为 1s。源节点周围球体的半径 R_s 从 {100, 150, 200, 250, 300, 350, 400} 中选择。同时，从 {600, 700, 800, 900, 1000, 1100, 1200} 中选择源和目标之间的距离 d，这两个参数极大地影响了 DMR-3D 方案的性能，将在下面讨论。

在模拟中，假设一个敌手试图通过追踪攻击来定位目标，监控节点的数量 N_{md} 从 {6,12} 中选择。此外，假设所有敌方监控节点形成一个自组织网络，它们可以共享检测到的信息，从而共同决定下一步的追踪。

基于这些参数，根据数据包密度评估 DMR-3D 算法的性能、源位置安全性、路由路径延伸、数据包的时间延迟和数据传输量。DMR-3D 是第一个专门为三维无线网络中的源位置隐私保护设计的方案。为了彻底评估 DMR-3D 方案，将基于路由的方案[11]和基于云的方案[8]扩展到三维场景中，然后将 DMR-3D 方案与改进方案进行了比较。在模拟中，文献[11]中方案的随机行走步数和文献[8]中方案的云的大小都是根据球体的半径 R_s 精心设定的，这样设置相对合理，此外最短路由算法和 MDT[15]算法也被用作基准。

2) 路由路径和数据包密度的多样性

数据包密度反映了数据收集方案在源位置隐私保护方面的性能。一般来说，如果路由路径聚集在一起，数据包密度就会增加；相反，如果路由路径彼此分散，则数据包密度降低，增加了溯源的难度。如图 3.15(a)所示，最短路由算法的路径彼此聚集，相当多的数据包在相同的路径上传送。在 DMR-3D 中，如图 3.15(b)所示，在一组代理节点的帮助下，路径彼此完全不同，两个数据包在同一条路径上传送的可能性较小，因此敌手很难在源节点和汇聚节点之间获得完整的路径，敌手几乎不可能溯源到过去。

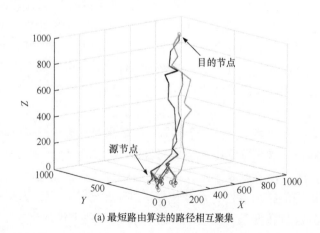

(a) 最短路由算法的路径相互聚集

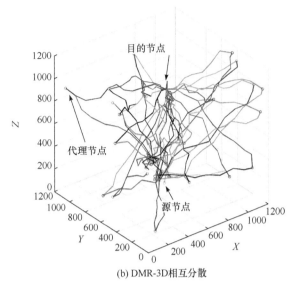

(b) DMR-3D相互分散

图 3.15 路由路径和数据包密度的多样性

下面计算了不同算法的数据包密度，并进行了讨论，如图 3.16 所示。

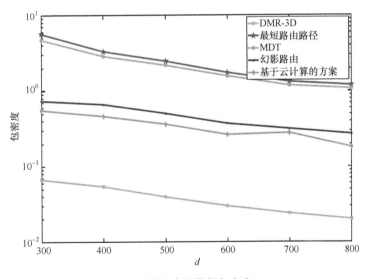

图 3.16 不同方案的数据包密度 Den

图中，由于三种算法的 $\int_{source}^{dest} S$ 都随 d 的增加而增加，因此三种算法的数据包密度都随着 d 的增加而单调下降。MDT 的性能与最短路由算法非常相似，由于 MDT 中的 GFP 在大多数情况下都很有效，且幻影路由算法和基于云的方案表现更好，因此采用了随机游走以使路径多样化。与上述算法相比，当 R_s =300 时，DMR-3D 的性能要好得多，具体而言，DMR-3D 中的数据包密度约为前两种算法的 1%，后两种方案的 10%，这是由于 DMR-3D 中的路由路径彼此之间较为分散，数据包密度是源位置隐私安全性的一个重要指标，可以推断 DMR-3D 方案可以对源节点的位置提供适当的保护。

3) 源位置隐私安全

在本节中使用了另外两个度量来评估源位置隐私的安全性，如图 3.17 所示。

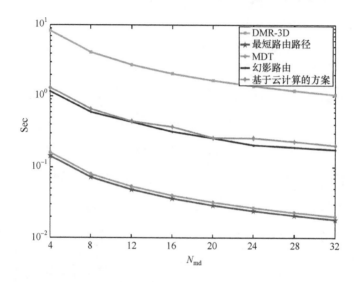

图 3.17　不同方案的 Sec

图中，第一个测量的是 Sec；第二个是源节点的定位概率，计算为敌手定位源节点的次数与实验运行次数之比。本章将 Sec 计算为 Sec $=1/(N_{md} \cdot \text{Den})$，设定 $R_s = 300$，$d = 600$。对于不同参数的 N_{md}，可以观察到，随着 N_{md} 的增加，所有方案的 Sec 都会降低，这可以通过这样一个事实来解释：如果敌手能够控制更多的监控设备，那么其就可以以很高的概率定位源节点。然而本章提出的方案在性能上相比其他方案更优异，因此 DMR-3D 方案的数据包密度比现有方案小得多。

然后，如图 3.18 所示，分别分析了不同 R_s 和 d 的源节点的定位概率。

在仿真实验中，如果网络采用最短路径路由算法和 MDT 算法，那么敌手几乎总能在监控设备的帮助下找到至少一个源节点。考虑到当目标在局部区域缓慢移动时，路由路径近似恒定，敌手可以越来越靠近源节点，直到找到源节点。监控设备的数量决定了溯源所需的时间和定位的源节点的数量，在更多设备的帮助下，敌手可以更快地找到更多的源节点。

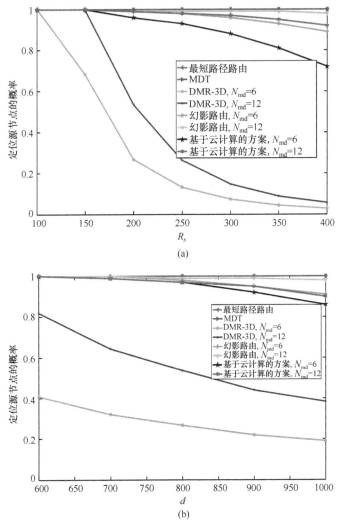

图 3.18   具有不同球面半径 R_s 和 d 的源节点的定位概率

在幻影路由和基于云的方案中，溯源的初始阶段非常容易，随着仿真的进行，难度逐渐增加，直到敌手勾勒出源节点周围的热点区域(如云)。一旦敌手在热点区域找到节点，他就可以最终找到源节点。由于采用了随机游走相位，这两种方案的性能大大优于前两种方案。在 DMR-3D 中，首先设置 $d=800\mathrm{m}$，图 3.18(a)显示了使用不同 R_s 定位源节点的概率，随着 R_s 的增加，定位源节点的概率迅速降低，R_s 越大，源端和目的端之间的通信管道就越大。因此数据包密度也会降低，源位置隐私的安全性也会提高。对于恒定的 R_s，敌手可以通过使用更多的监控设备来提高成功概率，然而对于较大的 R_s，敌手即使在相当多的设备帮助下也表现不佳。当测试 d 对源位置安全性的影响时，设置 $R_s = 200\text{m}$，模拟结果如图 3.18(b)所示。随着 d 的增加，敌手的成功率略有下降，这是由于需要更多的步骤来溯源更大的 d。

　　4) 路径延伸

　　在本节中，将验证不同算法的网络中源节点和汇聚节点之间的平均跳数，在本节中设置 $R_s = 200$，并从 600 到 1200 之间选择 d，模拟结果如图 3.19 所示。

　　从图 3.19(a)可以看出，所有三种算法从源到目标的平均跳数都以近似线性的方式单调增加，对于节点密度相似的不同网络，邻居之间的平均距离彼此相似，然后一个跳跃的平均距离彼此相似，因此跳数与源和目标之间的距离近似线性。

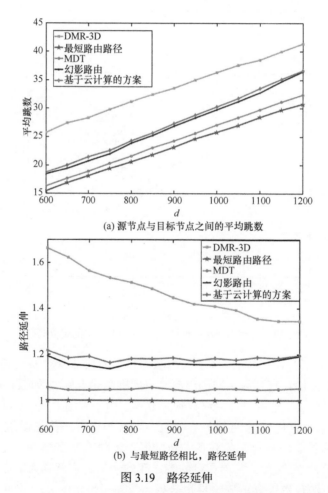

(a) 源节点与目标节点之间的平均跳数

(b) 与最短路径相比，路径延伸

图 3.19　路径延伸

　　对于常数 d，MDT、幻影和基于云的方案的平均跳数大于最短路径路由算法的平均跳数。这可以通过以下事实来解释：所有三种方案都使用了额外的路径，DMR-3D 的平均跳数远大于其他方案，由于它使用一组代理节点来分散路径，同时扩展路径。然而随着 d 的增加，路径延伸方面的额外代价下降，如图 3.19(b)所示，当设置 $d=1200$ 时，与最短路径相比，路径平均被延伸 1.33 倍，这是源位置隐私保护的额外代价。

5) 数据包的时间延迟

如图 3.20(a)所示，最短路径路由和 MDT 在时延方面具有相似性和最佳性

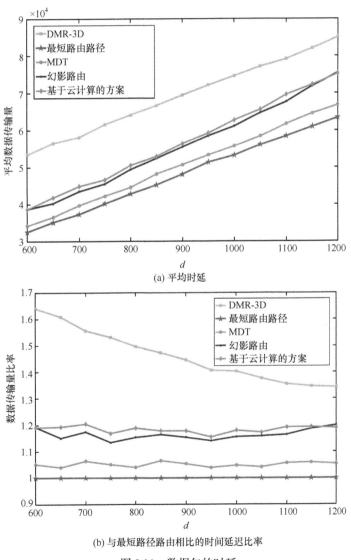

(a) 平均时延

(b) 与最短路径路由相比的时间延迟比率

图 3.20 数据包的时延

能，这是由于到它们总是选择源节点和汇聚节点之间的直线路径。由于存在随机游走阶段和云构建阶段，幻影路由算法和基于云的方案的时延略大于前两种方案，在DMR-3D 方案中，代理节点的使用增加了路径的平均长度，显然数据包的平均时延也增加了。然而，DMR-3D 的额外代价随着 d 的增加而降低，如图 3.20(b)所示。

6) 数据传输量

　　如图 3.21(a)所示，所有这些算法的平均数据传输量都随着 d 的增加而增加，由于更长的路径导致更多的分组传送跳数。由于路由路径较短，并且网络中

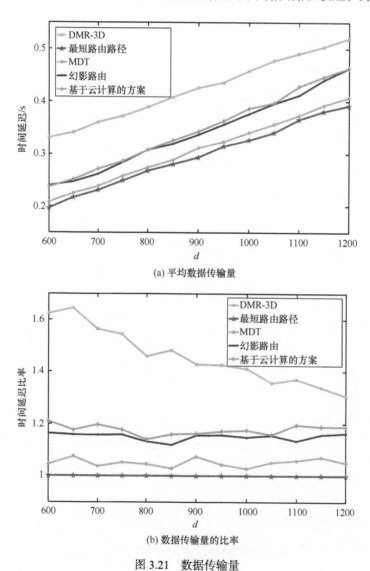

(a) 平均数据传输量

(b) 数据传输量的比率

图 3.21　数据传输量

没有传输虚拟数据包,因此最短路径路由、MDT 和幻影路由算法的性能相似。由于 DMR-3D 的路由路径比现有的路由算法更大,因此 DMR-3D 的数据传输量也会增加。然而,与路由路径延伸类似,随着 d 的增加,数据传输方面的额外代价降低,如图 3.21(b)所示。

根据仿真结果可以推断,DMR-3D 在大型无线网络中表现更好,与基于路由的方案相比,基于云的方案的性能要差得多,这是由于大量虚拟数据包在云中生成和传输。

7) 效率讨论

本节全面评估了 DMR-3D 的有效性和效率。仿真结果表明,现有的路由算法根本无法抵御溯源攻击,由于它们的目标是稳定和高效,设计过程中未考虑源位置隐私。幻影路由算法和基于云的方案可以严格扩展到三维场景中,它们的性能可以进一步提高。DMR-3D 由于数据包密度低,因此可以很好地保护源位置隐私,其优势是使得平均路径长度、分组的平均时延和数据传输量得到改善,因此 DMR-3D 在源位置隐私和能源效率之间达到了很好的平衡。

3.7 本 章 小 结

本章中提出了一种新的三维无线物联网方案,通过多样化的数据包传输路径来保护源位置隐私。针对三维无线网络,设计了一种新型的两种模式的溯源攻击模型,同时提出了一套定量的评估方案。为了防御攻击,首先在源节点和汇聚节点之间构造基于椭球的几何路径结构,以提高溯源的难度;然后设计了一个复杂的算法,严格按照几何路径传送数据包,DMR-3D 方案在单个路径的可控性和一组路由路径的随机性之间达到了完美的平衡。仿真结果表明,该方案在路由长度、时延和数据传输量可控的情况下,能有效地保护源位置隐私。

未来计划从两个方面改进 DMR-3D,首先本章中的 MDT 结构不能完全以分布式方式构建,如何设计一种新的分布式结构来取代 MDT 是未来研究方向;其次本章中节点的通信半径都是相同的,后期将研究针对异构网络的新方案,其中不同设备的通信半径可以完全不同。

参 考 文 献

[1] Yang Y, Zheng Z, Bian K, et al. Real-time profiling of fine-grained air quality index distribution using UAV sensing. Internet of Things Journal, 2018, 5(1): 186-198.

[2] Sedjelmaci H, Senouci S M, Ansari N. Intrusion detection and ejection framework against lethal attacks in UAV-aided networks: A Bayesian game-theoretic methodology. IEEE Transactions on Intelligent Transportation Systems, 2017, 18(5): 1143-1153.

[3] Pompili D, Melodia T, Akyildiz I F. Routing algorithms for delay-insensitive and delay-sensitive applications in underwater sensor networks. Proceedings of the Annual International Conference on Mobile Computing and Networking, 2006: 298-309.

[4] Yan J, Yang X, Luo X, et al. Energy-efficient data collection over AUV-assisted underwater acoustic sensor network. IEEE Systems Journal, 2018, 12(4): 3519-3530.

[5] Braca P, Goldhahn R, Ferri G, et al. Distributed information fusion in multistatic sensor networks for underwater surveillance. IEEE Sensors Journal, 2016, 16(11): 4003-4014.

[6] Minhas U I, Naqvi I H, Oaisar S, et al. A WSN for monitoring and event reporting in underground mine environments. IEEE Systems Journal, 2018, 12(1): 485-496.

[7] Vuran M C, Salam A, Wong R, et al. Internet of underground things: Sensing and communications on the field for precision agriculture. Proceedings of IEEE 4th World Foram Internet Things (WF-loT), 2018: 586-591.

[8] Mahmoud M M E A, Shen X. A cloud-based scheme for protecting source-location privacy against hotspot-locating attack in wireless sensor networks. IEEE Transactions on Parallel and Distributed Systems, 2012, 23(10): 1805-1818.

[9] Alomair B, Clark A, Cuellar J, et al. Toward a statistical framework for source anonymity in sensor networks. .IEEE Transactions on Mobile Computing, 2013, 12(2): 248-260.

[10] Wang N, Fu J, Li J, et al. Source-location privacy protection based on anonymity cloud in wireless sensor networks. IEEE Transactions on Information Forensics and Security, 2020, 15(1): 100-114.

[11] Kamat P, Zhang Y, Trappe W, et al. Enhancing source-location privacy in sensor network routing. The 25th IEEE International Conference on Distributed Computing Systems (ICDCS'05), 2005: 599-608.

[12] Bicakci K, Gultekin H, Tavli B. Maximizing lifetime of even-unobservable wireless sensor networks. Computer Standards Interface, 2011: 401-410.

[13] Fu J, Cui B, Wang N, et al. A distributed position-based routing algorithm in 3-D wireless industrial internet of things. IEEE Transactions on Industrial Informatics, 2019: 5664-5673.

[14] Wang N, Fu J, Zeng J, et al. Source-location privacy full protection in wireless sensor networks. Information Sciences, 2018, 444: 105-121.

[15] Lam S S, Qian C. Geographic routing in d-dimensional spaces with guaranteed delivery and low stretch. IEEE/ACM Transactions on Networking, 2013, 21(2): 663-677.

[16] Zhou J, Chen Y, Leong B, et al. Practical 3D geographic routing for wireless sensor networks. Proceedings of the 8th ACM Conference on Embedded Networked Sensor Systems, 2010: 337-350.

[17] Durocher S, Kirkpatrick D, Narayanan L. On routing with guaranteed delivery in three-dimensional ad hoc wireless networks. Wireless Networks, 2010, 16(1): 227-235.

[18] Liu C, Wu J. Efficient geometric routing in three dimensional adhoc networks. Proceedings of IEEE INFOCOM 28th Conference on Computer Communications, 2009: 2751-2755.

[19] Flury R, Wattenhofer R. Randomized 3D geographic routing. Proceedings of IEEE INFOCOM 27th Conference on Computer Communications, 2008: 834-842.

[20] Mahmoud M E A, Lin X, Shen X. Secure and reliable routing protocols for heterogeneous multihop wireless networks. IEEE Transactions on Parallel and Distributed Systems, 2015, 26(4): 1140-1153.

[21] Ozdemir S, Cam H. Integration of false data detection with data aggregation and confidential transmission in wireless sensor networks. IEEE/ACM Transactions on Networking, 2010, 18(3): 736-749.

[22] Karp B, Kung H T. GPSR: Greedy perimeter stateless routing for wireless networks. Proceedings of the Annual International Conference on Mobile Computing and Networking, 2000: 243-254.

[23] Stojmenovic I, Russell M, Vukojevic B. Depth first search and location based localized routing and QoS routing in wireless networks, Proceedings of 2000 International Conference on Parallel Processing Parallel Processing, 2000: 173-180.

[24] Liu L, Liu Y, Zhang N. A complex network approach to topology control problem in underwater acoustic sensor networks. IEEE Transactions on Parallel and Distributed Systems, 2014, 25(12): 3046-3055.

[25] Fortune S, Goodman J E, Rourke J O. Voronoi diagrams and Delaunay triangulations//Csaba D Handbook of Discrete and Computa-tional Geometry. Boca Raton: CRC Press, 2017: 705-722.

[26] Sarkar R, Yin X, Gao J, et al. Greedy routing with guaranteed delivery using Ricci flows. 2009 International Conference on Information Processing in Sensor Networks, 2009: 121-132.

[27] Shao M, Yang Y, Zhu S, et al. Towards statistically strong source anonymity for sensor networks. Proceeding of IEEE INFOCOM 27th Conference on Computer Communications, 2008: 51-55.

[28] Lu R, Lin X, Zhu H, et al. TESP2: Timed efficient source privacy preservation scheme for wireless sensor networks. 2010 IEEE International Conference on Communications Communications (ICC), 2010: 1-6.

[29] Mehta K, Liu D, Wright M. Protecting location privacy in sensor networks against a global eavesdropper. IEEE Transactions on Mobile Computing 2012: 320-336.

[30] Ren K, Lou W, Zhang Y. LEDS: Providing location-aware end-to-end data security in wireless sensor networks. Proceedings of IEEE INFOCOM. 25th Conference on Computer Communications, 2006: 585-598.

[31] Liu Y, Fu J, Zhang Z. K-nearest neighbors tracking in wire-less sensor networks with coverage holes. Personal & Ubiquitous Computing, 2016, 20(3): 431-446.

[32] Zhu L, Li C, Wang Y, et al. On stochastic analysis of greedy routing in vehicular networks. IEEE Transactions on Intelligent Transportation Systems, 2015, 16(6): 3353-3366.

[33] Mohseni Z, Reshadi M. A deadlock-free routing algorithm for irregular 3D network-on-chips with wireless links. Journal of Supercomputing, 2018, 74(2): 953-969.

[34] Hao K Shen H, Liu Y, et al. Integrating localization and energy awareness: A novel geographic routing protocol for underwater wireless sensor networks. Mobile Networks and Applications, 2018, 23(5): 1427-1435.

[35] Chen C, Liu L, Qiu T. ASGR: An artificial spider-web based geographic routing in heterogeneous vehicular networks. IEEE Transactions on Intelligent Transportation Systems, 2019, 20(5):1604-1620.

[36] Bose P and Morin P. Online routing in triangulations. SIAM Journal on Computing, 2004, 33(4): 937-951.

[37] Lee D Y, Lam S S. Protocol design for dynamic Delaunay triangulation. Distributed Computing Systems,2007: 26-36.

[38] Berndt D J, Clifford J. Using dynamic time warping to find patterns in time series. Proceedings of the 3rd International Conference on Knowledge. Discovery and Data Mining, 1994: 359-370.

[39] Ester M, Kriegel H P, Sander J, et al. Density-based spatial clustering of applications with noise. Proceedings of the 3rd International Conference on Knowledge.Discovery and Data Mining, 1996: 6-13.

[40] Rath T M, Manmatha R. Word image matching using dynamic time warping. 2003 IEEE Computer Society Conference on Computer Vision and Pattern Recognition, 2003: II-521-II-527.

[41] Su K F, Hou C, Jia H C. Localization with mobile anchor points in wireless sensor networks.IEEE Transactions on Vehicular Technology, 2005, 54(3): 1187-1197.

[42] Cho J J, Ding Y, Chen Y, et al. Robust calibration for localization in clustered wireless sensor networks. IEEE Transactions on Automation Science and Engineering, 2010, 7(1): 81-95.

[43] He Y, Liu Y, Shen X, et al. Noninteractive localization of wireless camera sensors with mobile beacon. IEEE Transactions on Mobile Computing, 2013, 12(2): 333-345.

[44] Intanagonwiwat C, Govindan R, Estrin D, et al. Directed diffusion for wireless sensor networking. IEEE/ACM Transactions on Networking, 2003: 2-16.

[45] Zheng Z, Liu A, Cai L X, et al. Energy and memory efficient clone detection in wireless sensor networks. IEEE/ACM Transactions on Networking, 2016, 11(1): 2-16.

[46] Fan Y, Jiang Y, Zhu H, et al. An efficient privacy-preserving scheme against traffic analysis attacks in network coding. International conference on Computer Communications, 2009: 2213-2221.

[47] Lou W, Liu W, Fang Y. SPREAD: Enhancing data confidentiality in mobile ad hoc networks. International conference on Computer Communications, 2004: 2404-2413.

[48] Liu A, Zheng Z, Zhang C, et al. Secure and energy-efficient disjoint multipath routing for WSNs. IEEE Transactions on Vehicular Technology, 2012: 3255-3265.

[49] Mahmoud M E A, Lin X, Shen X. Secure and reliable routing protocols for heterogeneous multihop wireless networks. IEEE Transactions on Parallel and Distributed Systems, 2015, 26(4): 1140-1153.

[50] Berg M D. Computational geometry: algorithms and applications. Switzerland: Springer, 2000.

第4章　异构无线传感器网络中针对恶意节点的轻量级安全数据传输方案

4.1　引　　言

分布式无线传感器网络[1]是物联网技术中最有发展潜力的技术之一，在诸如工业检测[2]、智能城市环境监测[3]，野生动物监测[4, 5]等领域发挥着重要作用。根据节点结构、能量、功能和键路的异同，可将无线传感器网络分为同构无线传感器网络和异构无线传感器网络。由于异构无线传感器网络中节点数量庞杂，且部署位置往往难以时刻监管，敌手易于腐化其中的某些节点从而破坏网络的可用性，如对传输消息进行篡改、删除等[6]。同时小型廉价的传感器节点拥有诸多限制，如较小的能量储备、较弱的计算与存储能力[7]、短距离的通信能力等。这意味着传感器节点在传输数据前需要轻量级算法对数据加密，并且由于传感器节点无法与终端服务器直接交互，必须经由中继传感器节点进行多跳路由传输，因此对传输路径的优化是平衡网络各节点能耗和延长网络寿命的重要手段[8]。此外，无线信道往往是不安全且不稳定的信道，一方面敌手易于窃听网络信息获取有价值情报，另一方面传输过程中易于丢失部分消息，因此传输的数据必须加密并检验其完整性以保护数据安全。考虑以上因素，在异构无线传感器网络中设计一种抵御恶意节点的轻量且安全的数据传输方案十分必要。

由于无线传感器网络资源受限，研究者提出了许多轻量级的数据传输方案，这些方案能有效延长网络寿命。Aziz 等[9]提出了一种基于压缩感知的无线物联网数据传输方法，能够在保证安全性的前提下，同时执行轻量级的加密和数据压缩，从而减轻网络传输负担。针对无线传感器网络中的数据认证问题，Luo 等[10]提出了一种轻量级的无线传感器网络三因素认证方案，支持网络中安全的实时数据访问，但上述方案都涉及烦琐的密钥交互和管理，从而降低了网络的效率。为此，Yang 等[11]设计了一种轻量级、安全、高效的集群协议，通过使用传输密钥索引而非密钥本身的方法，减少了通信开销，提高了能源效率。上述方案以多种方式降低了节点的计算开销，延长了网络的使用寿命，但是这些方案没有考虑恶意节点的影响，因此它们容易受到攻击，可能会失去网络可用性。

近年来，如何抵御无线网络中恶意节点的不良影响是研究的热点。黑洞攻击[12]是指恶意节点向其邻居报告能量和身份等虚假信息，使其邻居倾向于选择恶意节点作为消息的下一跳中继节点，但这个节点只接受而不转发消息，形成了一个消息"黑洞"。针对无线传感器网络中的黑洞攻击，Liu 等[12]设计了一种基于主动检测的安全路由方案，该方案通过主动创建多条检测路径，平衡了网络的能量消耗。但与传统的路由传播方案相比，这个方案增加了多条路由路径，给网络带来了更多的能量损失，降低了网络的使用寿命。随后，Liu 等[6]在 2018 年提出的PRDSA 方案采用了探测路由方法，综合采用了远端汇聚节点反向路由、等跳路由和最短跳路由，在不增加检测路径的情况下，有效地抵御了黑洞攻击。另外，当网络中接入恶意节点后，网络中的消息数据存在被监听和截获的风险，由于没有网关等物理设备来监视消息流[13]，因此有必要设计一种加密的传输方案，以确保传输数据的保密性。Periyanayagi 等[14]提出了一种基于群的篡改和欺骗攻击模型，该方案在网络中选择一个可信节点，通过群智能识别被篡改或被欺骗的节点。仿真结果表明，该方案能够保证数据传输的完整性。然而尽管上述方法有效地抵御了恶意节点的影响，保护了数据隐私安全，但它们要么引入了大量的探测路径[6,12]，要么为资源紧张的传感器节点[15]引入了巨大的计算开销。

虽然上述方案[6,11]解决了数据传输安全问题，但没有考虑数据传输过程中可能的数据丢失，导致鲁棒性较差。为了解决这一问题，本章提出了一种基于异或操作的轻量级安全多路由传输方案 LSDT，即使数据共享丢失或被篡改，该方案也能安全正确地将数据传输到接收节点。具体来说，源节点分割密文数据后，使用异或操作对其进行加密，并生成多个份额，分别作为消息传输到汇聚节点。汇聚节点只需要获得部分份额，就可以恢复完整的原始数据。此外，为了抵御消息传输过程中的恶意节点，设计了一种完善的恶意节点管理机制。这样中继节点当选择路由路径时，综合考虑了网络负载的平衡和恶意节点的影响，在延长网络生命周期的同时，保证了数据传输的安全性。安全性分析从理论上证明了 LSDT 方案能够有效地保护传输数据的安全性。实验结果表明，与其他类似方案相比，LSDT 不仅平衡了各节点的能耗，延长了网络寿命，而且显著降低了传感器节点的计算成本。此外，恶意节点管理机制有效地防止了黑洞攻击，避免了恶意节点的影响，确保了网络的可用性。方案的创新性与贡献如下。

(1) 设计了一种轻量和安全的异构无线传感器网络数据多路径路由传输方案，创新性地综合使用异或加密与门限秘密共享技术，降低节点计算开销的同时，使得汇聚节点能够在部分共享丢失情况下恢复原数据。

(2) 针对黑洞攻击，设计了一个高效的恶意节点探测与管理机制，能迅速定位恶意节点并使消息传输的过程规避恶意节点，提高了系统的鲁棒性。

(3) 为了平衡网络各部分能量损耗，提升网络寿命，抵抗恶意节点攻击，设计了一种实时决策的路由选择方案，该方案能综合考虑节点能量、节点可信度、传播路径长度等信息选择最优路径传输消息。

(4) 从理论与实验仿真两个角度对方案进行了全面的分析。结果表明，相较同类方案，LSDT 方案在保证方案安全性的同时，展现出了轻量级优势与抵御恶意节点的能力。

本章的其余部分组织如下。第 4.2 节回顾了以前的相关工作，第 4.3 节介绍了预备知识，第 4.4 节描述了系统模型，第 4.5 节阐述了 LSDT 方案的主要内容，第 4.6 节对 LSDT 方案进行了理论上的性能分析，第 4.7 节给出了 LSDT 方案的仿真性能，最后第 4.8 节讨论了结论和今后的工作。

4.2　相关研究工作

在无线传感器网络中，传统的数据传输方案通常通过固定的数据流将传感器节点采集的路由路径传输到接收节点，但是由于能量有限，负载重的节点会过早瘫痪，使通过节点的路由无效，因此由相应的传感器节点采集到的数据将丢失[15,16]。在开放无线通信中，敌手很容易使用黑洞攻击等攻击方法，从而导致恶意节点附近的路由中断，大量节点不能正常工作[17]。一个直接的解决方案是建立多个可行的路由路径，以提高数据传输的鲁棒性，满足每个节点的负载均衡要求。在最早的多数据流拓扑算法[18]中，数据同时通过两条路由路径进行传输，即使在一个路由上存在恶意节点，数据也可以正常地传输到接收节点。现有的多路径路由方案形成两个技术路由分支，即非基于共享的多路径路由协议和基于共享的多路径路由协议。

(1) 非基于共享的多路径路由协议。这种路由协议对上层和底层协议的节能、时间延迟和可靠性进行了优化。在顶级协议设计方面，Sajwan 等[19]提出了一种利用平面和分层路由方案来最大化能源效率的算法，他们采用了多跳路由方案和集群头通信来降低网络中的能源消耗。Fu 等[20]提出了一种环境融合多路径路由协议(EFMRP)，在恶劣环境下提供可持续的消息转发服务。在方案 EFMRP 中，路由决策是基于深度、剩余能源和环境方面的，该方法的基本思想是权衡通信延迟、能耗和路由寿命，从而得到最佳路由。在底层协议设计方面，为使传感器节点收集到的数据信息可以无冲突传输，Liew 等[21]设计了无线传感器网络中多通道多路径数据传输协议。文献[22]中方案利用蚁群算法，根据链路稳定性、剩余能量和丢包率，基于模糊逻辑选择具有高可靠性的路径。Jemili 等[23]提出了一种针对多媒体数据传输的多路径路由协议，主要思想是为数据传输建立节点间不相交的路由路径，从而降低能量消耗，并有效提高网络使用寿命。文献[19]～[23]中方案提供了多种可行的多路径路由协议设计思想，重点关注通信效率、质量和能耗问题，但安全攻击讨论不够，不能保证传输数据的安全性。

(2) 基于共享的多路径路由协议。Lou 等[24]在多路径路由方案中引入了秘密共享机制，提出了混合多路径方案。该方案将数据拆分成多个份额，在建立的多条路由中独立传输。这样，在 (t,n) -门限下，敌手至少需要截获 t 个共享才能恢复原始数据，这极大增加了系统的鲁棒性。虽然这类多路径路由方案显著提高了传输数据的安全性，但是增大了节点计算开销和网络能耗。为了解决这一问题，研究者大多以节能为目标优化路由算法。例如，Liu 等[25]将基于秘密共享的多路径路由问题描述为优化问题，旨在受能源约束前提下，最大限度地提高网络安全性和使用寿命。另外，Liu 等[26]提出了一种基于随机密钥分布的轻量级密钥建立的新方案，该方案采取的是异或运算，优化了传统秘密共享算法的效率。上述基于共享的多路径路由协议方案[24-26]对无线传感器网络中的数据传输过程提供了安全性保障，但在计算效率和网络能耗等方面仍需改进。

基于上述多路径路由协议，研究者针对不同的攻击类型，以抵御恶意节点为目标，开展了大量的研究工作。Qian 等[27]最早利用多路径路由方案检测虫洞攻击，他们提出了一种称为多路径统计分析的方案来检测虫洞攻击并识别恶意节点。之后，Liu 等[12]针对黑洞攻击，提出了一种名为 ActiveTrust 的基于主动检测的安全和信任路由方案，该方案显著提高了数据传输的成功概率和抵抗黑洞攻击的能力，并且可以优化网络寿命。Yin 等[28]提出了一种基于按需距离矢量路由协议(AODV)和多路径方法的能量感知信任算法，通过仿真验证了该算法可以抵御拒绝服务攻击。这些建立在多路径路由技术上的方案[12,27,28]都能够在给定的攻击类型下保证传输数据的安全，但是他们都引入了较长的数据传输路径，网络能量消耗大量增加。

综上所述，目前没有方案能够在抵御恶意节点破坏的同时，做到网络负载均衡，实现数据的轻量和安全传输。为了达到上述目标，本章给出了一种轻量和安全的异构无线传感器网络数据多路径路由传输方案。

4.3　预 备 知 识

为了清楚描述轻量和安全的异构无线传感器网络数据多路径路由传输方案 LSDT，现将方案中使用的参数和基础知识在这一节进行介绍。在4.3.1节中，罗列了文中涉及的主要符号与其含义，然后在4.3.2 节和4.3.3 节中引入了所用到的密码学原语。

4.3.1　符号表

LSDT 方案使用了许多符号，为方便起见，首先将一些具有代表性的参数定义如下。

L —消息长度

Lo_s, ID_s ——汇聚节点 s 位置与身份标识

E_u, Lo_u, ID_u, D_u ——传感器节点 u 的初始能量、位置、身份标识和通信半径

pk, sk ——公钥、私钥

key, key_E ——会话密钥(对称加密密钥)与其密文

G_q —— q 阶循环环群

f ——最大路由跳数计算函数

PPK ——公共参数

SM ——初始化信息

T_u ——传感器节点 u 本地存储的路由表

dat, dat_E ——明文数据与其密文

P ——节点路由最大跳数限制

C ——发送的密文

t ——密文拆分个数

$\{s_1, \cdots, s_{t+1}\}$ ——共享集合

path, $path^*$ ——参考路径与实际路由路径

$E(v)$ ——节点 v 的现有能量

IF —— 中继节点选择参数

4.3.2　加密方案

加密方案分为对称加密方案和非对称加密方案，密码研究者们提出了很多成熟的对称加密方案(如 AES)和非对称加密方案(如 ECC)，他们使用了相同的密码学原语。为方便表述，将系统中涉及的密码学原语用形式化的语言表述如下。

(1) 对称加密方案 $\mathcal{SE}$ 。在系统中，对称加密方案 $\mathcal{SE}$ 用于加密数据传输过程中的数据，包括三个算法： $\mathcal{SE}.\text{Setup}, \mathcal{SE}.\text{Enc}, \mathcal{SE}.\text{Dec}$ ，它们分别为对称加密方案的初始化、加密与解密算法。

$\mathcal{SE}.\text{Setup}(1^\kappa) \to \text{key}$ ：初始化算法，输入安全参数 κ ，随机生成对称加密密钥 key 。

$\mathcal{SE}.\text{Enc}(\text{dat}, \text{key}) \to dat_E$ ：加密算法，输入明文数据 dat 与对称加密密钥 key ，输出密文 dat_E 。

$\mathcal{SE}.\text{Dec}(dat_E, \text{key}) \to \text{dat}$ ：解密算法，输入密文 dat_E 与对称加密密钥 key ，输出明文 dat 。

(2) 非对称加密方案 $\mathcal{AE}$ 。在系统中，非对称加密方案 $\mathcal{AE}$ 用于加密会话密钥，包括三个算法： $\mathcal{AE}.\text{Setup}, \mathcal{AE}.\text{Enc}, \mathcal{AE}.\text{Dec}$ ，它们分别为非对称加密方案的初始化、加密与解密算法。

$\mathcal{AE}.\text{Setup}(1^{\kappa}) \to (\text{pk}, \text{sk})$：初始化算法，输入安全参数 κ，随机生成公私钥对 (pk, sk)。

$\mathcal{AE}.\text{Enc}(\text{key}, \text{pk}) \to \text{key}_E$：加密算法，输入会话密钥 key 与公钥 pk，输出会话密钥的密文 key_E。

$\mathcal{AE}.\text{Dec}(\text{key}_E, \text{sk}) \to \text{key}$：解密算法，输入会话密钥的密文 key_E 与私钥 sk，输出会话密钥 key。

4.3.3　哈希函数

哈希作为一种常用的加密工具，被广泛应用于完整性验证[29]、加密、数字签名等问题[30]中。它是一种空间映射函数，可以从任意长数据中提取定长摘要。方案使用哈希函数来提供传输数据的完整性验证。与基于随机预测[15]的方案相比，该方案中使用的哈希函数只需要满足抗碰撞能力。抗碰撞指找到两个摘要相同的不同消息是困难的。为便于演示，本小节给出了此属性的定义。

定义 4.1　哈希函数 H 具有抗碰撞性当且仅当对于任意消息 m，存在不同的消息 $m' \neq m$ 使得

$$\Pr(H(m') = H(m)) < \varepsilon \tag{4-1}$$

成立。其中，ε 为一个值为任意小的函数。

4.4　问 题 描 述

本章对异构无线传感器网络的数据传输系统进行了阐述，为 LSDT 方案的设计奠定基础。首先，在第 4.4.1 节中给出了 LSDT 系统模型，详细介绍了系统中的异构传感器节点和网络中消息传输的具体过程；然后分别在第 4.4.2 节和第 4.4.3 节中对异构无线传感器网络中的攻击模型和节点能耗模型进行了介绍；最后在第 4.4.4 节给出了 LSDT 方案的设计目标，并在第 4.6 节方案分析和第 4.7 节仿真实验中，验证本方案达到了设计目标。

4.4.1　LSDT 系统模型

本章考虑的背景为异构无线传感器网络，传感器节点随机分布在一定区域内，分为传感器节点和汇聚节点两个角色。系统中的数据通信分为异构无线传感器网络内部消息传输和向外部网络通信两个过程，为了向用户提供异构无线传感器网络采集到的有关数据，网内监测目标周围的传感器节点(即源节点)首先需要收集附近的相关数据并生成对应消息；进而源节点需要建立通向汇聚节点的路由路径，将消息通过中继节点传递至汇聚节点；最后汇聚节点将消息发送给外部网

络，并通过外部网将消息传输到用户端。在这个过程中，主要考虑异构无线传感器网络中的消息传输过程，如图 4.1 所示。

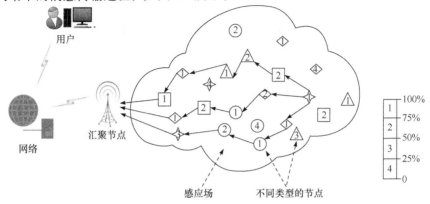

图 4.1　LSDT 系统模型

（1）传感器节点。在感知区域内部署了一组异构传感器节点，节点间的不同形状代表其互相异构，形状内的数字代表节点剩余能量也互不相同，比如 1 表示能量充足，4 表示能量匮乏。每个传感器节点 u 拥有初始能量 E_u，固定传输半径 D_u，唯一身份 ID_u 及固定位置坐标 $\text{Lo}_u = (x_u, y_u, z_u)$。节点 u 具备在 D_u 范围内广播无线电消息的能力并且知道 D_u 范围内邻居节点的位置信息，然后节点 u 负责收集 D_u 范围内的数据并可以向其邻居节点发送消息。需要特别注意的是，每个传感器节点的初始能量与其可传输数据的半径等参数有所不同。

（2）汇聚节点。网络中汇聚节点 s 主要负责与外部网络交互，拥有固定的位置坐标 $\text{Lo}_s = (x_s, y_s, z_s)$。在网络初始化阶段，所有节点都将知道汇聚节点的位置坐标。汇聚节点具有较高能量，能够向全网进行广播。它主要负责接收并汇总网络中收集到的消息，管理整个网络。汇聚节点拥有异构无线传感器网络的最高权限，普通传感器节点没有权限管理其他节点。

（3）内部消息传输。由于传感器节点 u 的通信半径 D_u 远小于汇聚节点的通信半径，不能直接与汇聚节点交互，需要以多跳的方式将消息传给汇聚节点。因此，在网络部署阶段，每个节点 u 都需要按照规定的路由路径初始化算法，建立通向汇聚节点的初始化路由表 T_u，路由表存储了通过中继节点传输至汇聚节点的路由路径。消息传输过程中，u 依据路由表中存储路由作为参考，经多跳转发方式将消息传给汇聚节点。传感器节点在数据传输过程中具有两个身份：作为源节点，需要收集数据并加密，将加密后的数据连同参考路径生成消息传输至邻居节点；作为中继节点，需要为接收到的消息选择合适的下一跳节点，用以将消息转发至汇聚节点。

（4）外部信息传输。汇聚节点拥有全网络广播的能力，能与外部网络交互，用户则通过外部网络从汇聚节点获取整个异构无线传感器网络收集到的数据。

4.4.2　攻击模型

在本章中，假设一种常见的攻击即黑洞攻击。敌手俘获网络中的节点后，向其邻居节点发送错误信息，使得恶意节点通信范围内的所有节点都将消息转发至该节点，从而形成了消息"黑洞"。进而恶意节点可以采取两种模式进行攻击，一种模式是敌手可以选择只接收不转发消息，阻断消息传输，导致恶意节点附近区域的节点通信瘫痪；另外一种模式是敌手篡改接收到的消息再将其转发给邻居节点，此时即使该消息成功传输至汇聚节点，汇聚节点也无法成功解密被篡改的密文数据，导致数据完整性被破坏，本章将上述两种模式相结合的攻击方法称为黑洞攻击。

4.4.3　能耗模型

本章采用常用的能耗模型[31]分析无线传感器网络传输能量损耗。假设节点 u 将数据发送给节点 v 的能量损耗表示如下：

$$E_T(d_{uv}, L) = \begin{cases} LE_{elce} + L\xi_{fs}d_{uv}^2, & d_{uv} \leqslant D_0 \\ LE_{elce} + L\xi_{mp}d_{uv}^4, & d_{uv} \leqslant D_0 \end{cases} \tag{4-2}$$

接收端节点 v 在接收节点 u 的数据所消耗的能量计算公式如下：

$$E_R(d_{uv}, L) = LE_{elce} \tag{4-3}$$

其中，L 为待传输数据长度，单位为比特；E_{elce} 为能量消耗系数，表示每比特数据传输所需要的能量；ξ_{fs}, ξ_{mp} 分别表示自由空间模型和多路径衰减模型下的功率放大器参数；D_0 为距离阈值。当传输距离小于 D_0 时，传输能耗计算以自由空间模型 ξ_{fs} 为参数，且能耗与距离 d_{uv} 的平方呈线性关系；当传输距离大于 D_0 时，传输能耗计算以多路径衰减模型 ξ_{mp} 为参数，且能耗与距离 d_{uv} 的四次方呈线性关系。

4.4.4　设计目标

为了实现轻量和安全的异构无线传感器网络传输方案，LSDT 方案应当满足如下的设计目标。

(1) 数据完整性与保密性。所设计的传输方案应保护源节点发送数据的完整性和保密性，将数据传递到汇聚节点。

(2) 防御恶意节点。所提出的数据传输方案应当能够较好地抵御恶意节点攻击，维护网络可用性。

（3）负载均衡。考虑到能量受限的异构无线传感器网络，所设计的数据传输方案应当是负载均衡的，能综合考虑网络中各个节点的能量损耗，延长网络使用寿命。

（4）低计算开销。由于传感器节点能量有限，数据的产生和处理过程应当是轻量高效的，以降低源节点计算开销。

4.5　LSDT 系统

在第 4.4 节给定的相关模型下，可以将 LSDT 方案按照运行顺序分为四个流程。因此本节依次描述了网络的初始化、数据加密与共享产生、消息传输、数据解密过程，在其中设计了轻量级秘密共享算法和恶意节点管理机制。

4.5.1　初始化

网络的初始化需要所有节点的参与，这一过程分为两个步骤。首先在部署异构无线传感器网络的过程中，整个网络的公钥、汇聚节点位置等公共参数和各个节点的密钥、能量和检测半径等私有参数都需要逐一生成。然后各个节点为了连通汇聚节点，需要建立初始的路由路径，确保所有传感器节点都能接收到汇聚节点广播的公共参数，在参数初始化中，给出了公共参数和节点初始化信息的详细结构。在参考路由路径初始化中，设计了一种最大 P 跳的路由广播算法，构建了初始化的参考路由路径，这样网络中的各个节点都获得了必要信息，整个网络联通起来，完成初始化过程。

1) 参数初始化

假设异构无线传感器网络为二维平面区域内的静态网络，在面积为 $W \times W$ 的目标监测区域中随机部署 N 个节点。在第 4.4.1 节系统模型中提到，节点分为两类，即一组异构的传感器节点和汇聚节点。对于异构的传感器节点，使用了一组参数去表示他们的能力，汇聚节点负责生成整个网络的公共参数，并广播至每个节点。

（1）网络由一组异构的传感器节点组成，每个传感器节点的初始能量与其可传输数据的半径等参数有所不同。假设每个节点拥有 $[E_0, (1+\theta)E_0]$ 区间内不同大小的初始能量，其中，E_0 为基本单位能量；$\theta > 0$ 是系数变量，使节点 u 能够和 D_u 范围内的邻居节点展开通信。需要注意的是，对于通信半径不同的两个邻居异构节点，它们之间的距离必须小于任一节点的通信半径，这样两者才可以互相发现并建立通信。

(2) 参数初始化在系统部署时由汇聚节点进行。汇聚节点 s 需要执行以下操作：获取自身地理坐标 $\mathrm{Lo}_s = (x_s, y_s, z_s)$；运行算法 $\mathcal{AE}.\mathrm{Setup}(1^\kappa)$，产生非对称加密算法的公私钥对 $(\mathrm{pk}, \mathrm{sk})$；设定路由选择因子的权重系数 λ 值、完整性认证哈希函数 H 与最大路由跳数 P 计算函数 f；构造乘法循环群 G_q，q 为一大素数，取 $g \in G_q$ 为生成元，生成初始化信息：

$$\mathrm{PPK} = \{\mathrm{Lo}_s, \mathrm{pk}, f, \lambda, H, G_p, g\}$$

$$\mathrm{SM} = \{\mathrm{PPK}, \mathrm{hop} = 0, R = \{\}\}$$

其中，hop 为网络初始化广播时该初始化信息的跳数记录器，R 则为一个初始为空的列表，负责存储路由路径表。

2) 参考路由路径初始化

汇聚节点生成了公共参数后，需要将其向整个网络广播，以构造所有节点通往汇聚节点的初始路由路径。为了适配多路径路由方案，设计了一种最大 P 跳路由广播，该路由算法旨在为每个节点找到所有通往汇聚节点的最大 P 跳路由，从而为传感器节点收集到的数据建立起多条传输路径。在初始化过程中，节点需要按照三个步骤构建初始化最大 P 跳路由表。

(1) 汇聚节点向距离 D_0 内的节点广播网络初始化信息，接收到初始化信息的节点 u 存储 PPK，将 SM 中的 R 作为新路径添加到本地存储的路由表 T_u 中，并将自身 ID_u 加入 R 中生成新初始化信息 $\mathrm{SM}' = \{\mathrm{PPK}, \mathrm{hop}+1, R \| \mathrm{ID}_u\}$；然后节点 u 将 SM′ 发送给距离自身 D_u 范围内的邻居节点 v，注意节点 v 到汇聚节点 s 的距离需要大于节点 u 到汇聚节点 s 的距离，即 $d_{vs} > d_{us}$。

(2) 经过第一步后，对于广播到的节点 u，设置 n 为 T_u 中存储路由路径的最大跳数，d_{us} 为节点 u 到汇聚节点 s 的距离，则设置 $P = f(n, d_{us}) = n + d_{us}/\mathrm{averd}_s$ 为限制最大跳数，其中参数 averd_s 为距离汇聚节点 D_0 内的节点与汇聚节点的平均距离，随 f 存储在 PPK 中，对于未广播到的节点，设 $P = \mathrm{NULL}$。

(3) 此后，由汇聚节点的邻居节点为起始进行最大 P 跳路由广播构建，如算法 4.1 所示。

算法 4.1　参考路由路径初始化

输入：$\mathrm{PPK}, T_u, T_v, P_v$

1. 节点 v 接收邻居节点发送的路由更新信息 PPK, T_u，设置 change = 0

2. if $P_v = \mathrm{NULL}$

3. 存储公共参数 PPK，置 change = 1

4. 计算 $d_{vs} = \|\mathrm{Lo}_s - \mathrm{Lo}_v\|$

---

5. 取 T_u 中路径最大跳数为 n

6. 计算 $P_v = f(n+1, d_{vs})$

7. 在 T_u 的每条路径前加上 ID_v，存为 T_v

8. 如果 T_u 中存在不属于 T_v，且路由跳数小于 P 的路径集合

9. 将该集合中每条路径前加上 ID_v，更新至 T_v 中并置 change $=1$

10. 如果 change $=1$ 或者第一次接收到路由更新信息

11. 将 PPK,T_v 发送给 v 的除了 u 以外的邻居节点

输出：T_v, P_v

考虑节点 u 向其邻居节点 v 分享路由更新信息 {PPK,T_u} 的过程。若 v 的 P 不为 NULL，则从 T_u 中筛选路由长度小于等于 $P-1$ 的路径加入 T_v，否则依据 T_u 初始化自身 P 与 T_v。具体来说，v 先存储公共参数 PPK，此后使用 PPK 中的汇聚节点位置 Lo_s 计算自身和汇聚节点距离 $d_{vs} = \|\text{Lo}_s - \text{Lo}_v\|$。设 v 收到的路由表 T_u 中路径的最大跳数为 n，则初始化自身最大路由跳数 $P = f(n+1, d_{vs})$。最后，v 将 T_u 的每条路径后加上 ID_v，存为 T_v。v 完成接收过程后，若为第一次接收到路由更新信息或 T_v 发生变动，则 v 将继续向其除了 u 以外的邻居节点分享 {PPK,T_v}。当网络中不再出现路由表更新后，初始化过程结束，此时每个节点均会得到一组较短的路由路径表。

下面通过一个例子详细阐述异构无线传感器网络路由广播构建的过程，如图 4.2 所示。

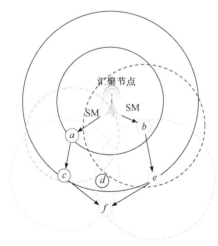

ID	T_{ID}	P
a	$\{(a, s)\}$	2
b	$\{(b, s)\}$	2
c	$\{(c, a, s)\}$	4
d	$\varnothing$	NULL
e	$\{(e, b, s)\}$	4
f	$\{(f, c, a, s), (f, e, b, s)\}$	6

(a)

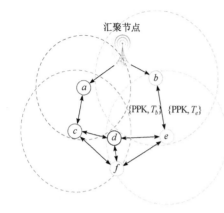

ID	T_{ID}	P
a	$\{(a, s)\}$	2
b	$\{(b, s)\}$	2
c	$\{(c, a, s), (c, d, e, b, s), (c, f, e, b, s)\}$	4
d	$\{(d, c, a, s), (d, e, b, s),$ $(d, f, c, a, s), (d, f, e, b, s)\}$	5
e	$\{(e, b, s), (e, d, c, a, s), (e, f, c, a, s)\}$	4
f	$\{(f, c, a, s), (f, e, b, s), (f, d, e, b, s)$ $(f, d, c, a, s), (f, c, d, e, b, s), (f, e, d, c, a, s)\}$	6

(b)

图 4.2　异构无线传感器网络路由广播构建过程

图中，除汇聚节点外，该网络包含六个传感器节点 a,b,c,d,e,f ，左右两边虚线圆分别表示每个异构节点的信号传输范围 D_u $(u \in \{a,b,c,d,e,f\})$ ，实线圆表示距离汇聚节点的等距线。在该网络上首先运行初始化第一步，汇聚节点向两个邻居节点 a,b 发出初始化信息 SM ，其中路径记录器 $R = \varnothing$ 。此后，a,b 分别将路径 (a,s) 与 (b,s) 加入本地路由表 T 中，并将 R 更新为 $\{a\}$ 或 $\{b\}$ ，并转发更新后的初始化信息 SM 给其各自邻居节点 c,e ，然后 c,e 将初始化信息传播给它们的邻居节点 f 而不是 d 。这是由于算法要求传播方向始终远离汇聚节点，而 d 距离汇聚节点比 c,e 离汇聚节点要近，经过第一步初始化后，除了 d 以外的五个节点均获得了部分到汇聚节点的路由路径与公共参数。第二步计算节点存储的限制最大跳数：

$$P = f(n, d_{us}) = n + \frac{d_{us}}{averd_s}, \ u \in \{a,b,c,d,e,f\} \tag{4-4}$$

经过以上两步，每个节点本地存储的路由表和 P 如图 4.2(a)表格所示。最远节点 f 得到了通往汇聚节点的两条 6 跳路由路径，但是节点 d 没有被邻居节点发现，将在第三步中解决这一问题。第三步继续运行最大 P 跳路由广播构建参考路由路径初始化。汇聚节点向两个邻居节点 a,b 发送路由广播构建信息，每个节点在第一次接收到路由更新信息或自身路由表发生变化时向邻居节点继续发送路由更新信息，邻居节点会选择其中跳数小于等于 P 的路径加入本地存储。上述过程不断进行，直到不再有节点路由表更新为止。最终，初始化结果如图 4.2(b)所示，此时每个传感器节点都获得了通往汇聚节点的所有 P 跳内路由路径，同时接收到了汇聚节点广播的公共参数，整个异构无线传感器网络成功初始化。

4.5.2　数据加密与共享

在初始化参数并生成路由路径后，整个网络的节点都获得了向汇聚节点传输消息的多条路由路径，源节点便可以开始采集数据及并行传输加密数据。首先提出了一种可逆循环矩阵的生成方法并验证了其可行性；然后分三个步骤描述了数据加密和共享生成的过程。源节点将采集到的数据加密成密文，利用可逆循环矩阵将密文映射成一组份额，并通过多条路径传输份额。

1) 可逆循环矩阵生成方法与可行性

为了设计轻量级的秘密共享方案，先生成 $\mathbb{F}_2$ 上的可逆矩阵，然后利用该可逆循环矩阵构造加密所使用的 $\mathbb{F}_2$ 上的向量组，通过异或加密运算降低方案的计算复杂度。在此将利用循环矩阵的特殊性质，给出可逆循环矩阵的生成方法，并证明该方法生成的循环矩阵一定是可逆的，为后面轻量级秘密共享方案提供理论支持。

首先，给出一类循环矩阵 B，设其第一行向量为 $b_1 = (b_{1,1}, b_{1,2}, \cdots, b_{1,t})$。考虑循环矩阵 B：

$$B = \begin{bmatrix} b_{1,1} & b_{1,2} & \cdots & b_{1,t-1} & b_{1,t} \\ b_{1,t} & b_{1,1} & \cdots & b_{1,t-2} & b_{1,t-1} \\ \vdots & \vdots & & \vdots & \vdots \\ b_{1,3} & b_{1,4} & \cdots & b_{1,1} & b_{1,2} \\ b_{1,2} & b_{1,3} & \cdots & b_{1,t} & b_{1,1} \end{bmatrix}$$

设循环矩阵 B 的首行元素为 B 的生成元，则称 $f(x) = b_{1,1} + b_{1,2}x + \cdots + b_{1,t}x^{t-1}$ 为生成多项式。然后通过选取合适的生成多项式，使得循环矩阵 B 一定是可逆的，所使用的定理与证明如下。

定理 4.1　循环矩阵 B 可逆的充要条件为 $\prod_{i=1}^{t} f(x^i) \neq 0$。

证明：考虑范德蒙矩阵

$$\Lambda = \begin{bmatrix} 1 & 1 & \cdots & 1 & 1 \\ x & x^2 & \cdots & x^{t-1} & x^t \\ x^2 & (x^2)^2 & \cdots & (x^{t-1})^2 & (x^t)^2 \\ \vdots & \vdots & & \vdots & \vdots \\ x^{t-1} & (x^2)^{t-1} & \cdots & (x^{t-1})^{t-1} & (x^t)^{t-1} \end{bmatrix}$$

则 $\det(\Lambda)$ 不为 0，矩阵可逆。

考虑对角矩阵：

$$F = \begin{bmatrix} f(x) & & & \\ & f(x^2) & & \\ & & \ddots & \\ & & & f(x^t) \end{bmatrix}$$

则可以得到：

$$B\Lambda = \begin{bmatrix} f(x) & f(x^2) & \cdots & f(x^t) \\ xf(x) & x^2 f(x^2) & \cdots & x^t f(x^t) \\ \vdots & \vdots & & \vdots \\ x^{t-1} f(x) & (x^2)^{t-1} f(x^2) & \cdots & (x^t)^{t-1} f(x^t) \end{bmatrix} = \Lambda F \qquad (4\text{-}5)$$

因此，B 可逆的充要条件是 F 可逆，即

$$\prod_{i=1}^{t} f(x^i) \neq 0 \qquad (4\text{-}6)$$

只要选取合适的生成多项式，得到的循环矩阵 B 一定是可逆的。

最后，为了生成 $\mathbb{F}_2$ 上的 t 维可逆矩阵 B，进一步简化可逆循环矩阵 B 的形式，下面阐述了相关的引理和证明。

引理 4.1　$\mathbb{F}_2$ 上循环矩阵 B 的生成元之和为 1 时，则 B 可逆。

证明：$\mathbb{F}_2$ 上循环矩阵 B 的生成元之和为 1 时，$f(1) = b_{1,1} + b_{1,2} + \cdots + b_{1,t} = 1$，因此：

$$\prod_{i=1}^{t} f(1^i) = 1 \neq 0 \Rightarrow \prod_{i=1}^{t} f(x^i) \neq 0 \qquad (4\text{-}7)$$

为此，依照如下规则生成 $t(t>1)$ 维 $\mathbb{F}_2$ 上可逆矩阵 B。

当 $t=2$ 时，$B = \begin{bmatrix} 0 & 1 \\ 1 & 1 \end{bmatrix}$；

当 $t=3$ 时，$B = \begin{bmatrix} 1 & 1 & 1 \\ 1 & 1 & 0 \\ 1 & 0 & 1 \end{bmatrix}$；

当 $t \geqslant 4$ 时，B 是以 $(1,0,1,0,0,\cdots,0,1)$ 为生成元的循环矩阵。(注意生成元中第一位、第三位和最后一位为 1，其余为 0)。

这样，就得到了在 $\mathbb{F}_2$ 上可逆循环矩阵 B 的生成方法。在下一部分，源节点利用本节给出的可逆循环矩阵 B 将密文拆一组份额，其中任意 t 个份额都可以恢复原密文，下面将介绍这一过程。

2) 数据加密和份额生成过程

首先，源节点需要对采集到的数据进行对称加密。在一定时间周期内，源节点 w 收集数据产生 dat，运行 $\mathcal{SE}.\text{Setup}(1^\kappa)$ 算法生成随机会话密钥 key_w。然后 w 利用 $\mathcal{SE}.\text{Enc}(\text{dat}, \text{key}_w)$ 算法生成对称加密的密文 dat_E。随后 w 利用 PPK 中的汇聚节点公钥 pk 计算 $\mathcal{AE}.\text{Enc}(\text{key}_w, \text{pk})$，最后 w 构造发送的密文：

$$C = \{\mathcal{SE}.\text{Enc}(\text{dat}, \text{key}_w), \mathcal{AE}.\text{Enc}(\text{key}_w, \text{pk})\} \qquad (4\text{-}8)$$

之后，源节点需要利用轻量级秘密共享算法，将密文拆分成多个份额。源节点

w 设置密文的拆分数量 $t(1 \leqslant t < |T_w|)$，并将 C 均匀拆分为 t 段 $C = c_1 \| c_2 \| \cdots \| c_t$，设每段长度 $|c_1| = |c_2| = \cdots = |c_t|$（$c_t$ 位数不够末尾补零）。w 利用前面方法生成 $\mathbb{F}_2$ 上的 t 维可逆矩阵：$B = \left(b_1^{\mathrm{T}}, \cdots, b_t^{\mathrm{T}}\right)^{\mathrm{T}}$，其中 $b_1, \cdots, b_t$ 是 B 的 t 行向量。令这 t 行向量的异或值为 $b_{t+1} = b_1 \oplus b_2 \oplus \cdots \oplus b_t$，因此得到了 $\mathbb{F}_2$ 上的 $t+1$ 个 t 维向量组成的向量组，其中任意 t 个向量均是线性无关的。注意，$b_1, \cdots, b_t$ 是线性无关的，因此剩余的 $t = C_{t+1}^t - 1$ 种 t 个向量排列组合的结果均为 b_{t+1} 替换 $b_1, \cdots, b_t$ 中的一个向量 b_{i^*} 生成的。若替换后的 $b_1, \cdots, b_{i^*-1}, b_{t+1}, b_{i^*+1}, \cdots, b_t$ 线性相关，由于 $b_{t+1} = b_1 \oplus b_2 \oplus \cdots \oplus b_t$，使得 $b_1, \cdots, b_t$ 线性相关，这是矛盾的，所以该向量组中任选的 t 个向量均是线性无关的。然后源节点 w 计算：

$$s_i = b_i[1]c_1 \oplus b_i[2]c_2 \oplus \cdots \oplus b_i[t] \cdot c_t, \quad 1 \leqslant i \leqslant t+1 \tag{4-9}$$

获得 $t+1$ 个份额组成的集合 $\{s_1, \cdots, s_{t+1}\}$，取其中任意 t 个份额均可恢复原密文 C。

最后，源节点需要选择不同的路径分别发送份额，源节点 w 从 T_w 中随机选取 $t+1$ 条路由路径 $\text{path}_1, \cdots, \text{path}_{t+1}$，构造和发送相应的消息：

$$\text{Meg}_i = \{i, s_i, H(i \| s_i), \text{path}_i \in T_w, \text{path}^* = \{\text{ID}_w\}, \text{TS(时间戳)}\} \tag{4-10}$$

这样，源节点就完成了将一个周期内收集到的数据加密并拆分成多个份额的工作，分别通过不同路由路径将份额对应的消息进行传输。在例 4.1 中，详细阐述了一个 15bit 的密文是如何利用可逆循环矩阵 B 被加密成 $t+1$ 个份额的。

例4.1　取 $t = 5$，$C = 110101001011001$，$C = c_1 \| c_2 \| c_3 \| c_4 \| c_5 = 110 \| 101 \| 001 \| 011 \| 001$，因此 $|c_i| = 3$，$c_1 = 110, c_2 = 101, c_3 = 001, c_4 = 011, c_5 = 001$。由于 $t = 5$，所生成 $\mathbb{F}_2$ 上循环可逆矩阵 B 为

$$B = \begin{bmatrix} 1 & 0 & 1 & 0 & 1 \\ 1 & 1 & 0 & 1 & 0 \\ 0 & 1 & 1 & 0 & 1 \\ 1 & 0 & 1 & 1 & 0 \\ 0 & 1 & 0 & 1 & 1 \end{bmatrix}, \quad \det(B) = 1$$

计算 $b_{t+1} = b_1 \oplus b_2 \oplus \cdots \oplus b_t = 11111$，由此得到 $\mathbb{F}_2$ 上 $t+1$ 个向量组成的向量组，其中任意 t 个向量是线性无关的，依据这 $t+1$ 个向量，可以相应的计算如下 6 个份额：

$$s_1 = c_1 \oplus c_3 \oplus c_5 = 110$$
$$s_2 = c_1 \oplus c_2 \oplus c_4 = 000$$
$$s_3 = c_2 \oplus c_3 \oplus c_5 = 101$$

$$s_4 = c_1 \oplus c_3 \oplus c_4 = 100$$
$$s_5 = c_2 \oplus c_4 \oplus c_5 = 111$$
$$s_6 = c_1 \oplus c_2 \oplus c_3 \oplus c_4 \oplus c_5 = 000$$

(4-11)

4.5.3　消息传输

源节点将消息通过随机选取的路径分别发送之后，中继节点需要转发消息，才能将消息传递到汇聚节点。为了找出一条最优路由路径，这个过程中最重要的步骤就是节点如何在其邻居节点中选取合适的下一跳节点作为中继节点，这要求综合考虑恶意节点影响、参考路径、能量负载均衡与距离汇聚节点的距离。同时为了考虑数据的安全性，在中继节点转发消息后，还需要引入恶意节点检测机制。在检测到恶意节点时向汇聚节点报告异常信息，更新节点的安全参数。本节以一轮消息传输为例，首先分 5 步描述节点向其邻居节点转发消息的交互过程和转发策略，然后描述了恶意节点抵御机制。

1) 中继节点选择方法

图 4.3 给出了消息传输过程的流程图。

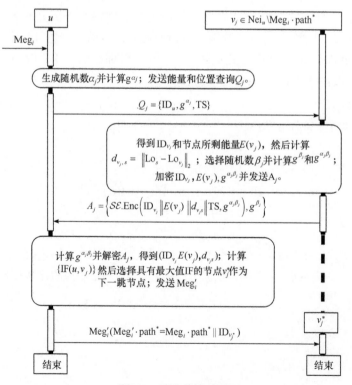

图 4.3　消息传输过程

如图中所示，消息传输过程中，中继节点的选择需要综合考虑多种因素，部分因素如节点现存能量需要节点间交互来实时传递。假设有消息 Meg_i 传输给了节点 u，此时 u 需要选择下一个中继节点传输消息，中继节点的选择方法具体流程如下。

对于节点 u，试图发送 Meg_i 给下一跳节点时，首先向以自身为中心，范围为 D_u 的区域内的所有邻居节点 v_j 发送能量与位置询问 Q_j。注意：

$$v_j \in \text{Nei}_u \backslash \text{Meg}_i \cdot \text{path}^*,\ 1 \leqslant j \leqslant \left| \text{Nei}_u \backslash \text{Meg}_i \cdot \text{path}^* \right|$$

其中 u 的邻居节点集合为 Nei_u，即消息 Meg_i 已经转发过的节点不纳入考虑。询问 Q_j 包含三个元素 $\text{ID}_u, g^{\alpha_j}, \text{TS}$，其中 ID_u 为节点 u 的身份标识，$\alpha_j \in_R Z_q^*$ 为随机数，$\text{TS} = \text{Meg}_i.\text{TS}$ 为消息 Meg_i 的时间戳。最终，u 向 $\text{Nei}_u \backslash \text{Meg}_i \cdot \text{path}^*$ 中的所有邻居节点发送询问：

$$Q_j = \{\text{ID}_u, g^{\alpha_j}, \text{TS}\}$$

邻居节点 v_j 收到 u 的能量与位置询问 Q_j 后，获取自身身份标识 ID_{v_j} 和剩余能量 $E(v_j)$，v_j 根据自身位置 Lo_{v_j} 计算到汇聚节点 s 的距离：

$$d_{v_j s} = \left\| \text{Lo}_s - \text{Lo}_{v_j} \right\|_2 \tag{4-12}$$

然后 v_j 选取随机数 $\beta_j \in_R Z_q^*$ 并计算 g^{β_j} 与 $(g^{\alpha_j})^{\beta_j} = g^{\alpha_j \beta_j}$，最后 v_j 计算能量与位置密文：

$$\mathcal{SE}.\text{Enc}\left(\text{ID}_{v_j} \left\| E(v_j) \right\| d_{v_j s} \| \text{TS}, g^{\alpha_j \beta_j} \right)$$

并将其返回 A_j 给节点 u：

$$A_j = \left\{ \mathcal{SE}.\text{Enc}\left(\text{ID}_{v_j} \left\| E(v_j) \right\| d_{v_j s} \| \text{TS}, g^{\alpha_j \beta_j} \right), g^{\beta_j} \right\} \tag{4-13}$$

节点 u 收到邻居节点 v_j 返回的 A_j 后，利用 α_j 计算：

$$(g^{\beta_j})^{\alpha_j} = g^{\alpha_j \beta_j} \tag{4-14}$$

此后，节点 u 运行解密算法：

$$\mathcal{SE}.\text{Dec}\left(\mathcal{SE}.\text{Enc}\left(\text{ID}_{v_j} \left\| E(v_j) \right\| d_{v_j s} \| \text{TS}, g^{\alpha_j \beta_j} \right), g^{\alpha_j \beta_j} \right) = \left(\text{ID}_{v_j}, E(v_j), d_{v_j s} \right) \tag{4-15}$$

得到 v_j 的当前能量和距离汇聚节点 s 距离 $d_{v_j s}$。当 u 收到所有邻居节点问询对应的答复后，集合它们的能量与位置信息 $\{(E(v_j), d_{v_j s})\}$。若 v_j 没有返回答复，则

说明 v_j 能量耗尽，设置 $E(v_j) = 0$, $d_{v_js} = 1$。

节点 u 为每个邻居节点 v_j 计算中继节点选择参数：

$$IF(u, v_j) = p_{v_j} \cdot p_a \cdot \frac{E(v_j)}{E_T(d_{uv_j}, L)} \cdot \frac{1}{d_{v_js}^2} \tag{4-16}$$

其中，p_{v_j} 为 v_j 的可信度(在第一次转发时，默认所有的邻居节点都是可信的，p_{v_j} 被统一设置为 1。在第一轮消息传输后，该参数会进行更新，在第 4.5.3 小节里有详细描述)，方程(4-16)中 p_a 为参考路径选择参数，表示如下：

$$p_a = \begin{cases} \lambda, & v_j \in \text{Meg}_i.\text{path} \\ 1, & v_j \notin \text{Meg}_i.\text{path} \end{cases} \tag{4-17}$$

式中，$\lambda(\lambda > 1)$ 表示路由选择因子的权重系数，该项使得 u 选择下一跳节点时，倾向于沿着消息 Meg_i 附带的参考路径进行选择。此后，u 从邻居节点集合 $\text{Nei}_u \backslash \text{Meg}_i.\text{path}^*$ 中选择 $IF(u, v_j)$ 值最大的节点 v 作为中继节点，节点 u 依据 Meg_i 向中继节点 v 发送更新后的消息 Meg_i'：

$$\text{Meg}_i' = \{i, s_i, H(i \| s_i), \text{path}, \text{path}^* \| ID_v, TS\} \tag{4-18}$$

这五个步骤描述了节点转发消息给中继节点的策略。节点在转发消息时参考了消息 Meg_i 附带的参考路径，同时，节点通过权衡其邻居节点的本轮消息传输能耗比：

$$E(v_j) / E_T(d_{uv_j}, L) \tag{4-19}$$

其中，距离参数为 $1/d_{v_js}^2$、可信度为 p_{v_j}，参考路径选择参数为 p_a，计算中继节点选择参数 IF 值。然后，节点选择 IF 值最大的邻居节点作为中继节点并向其转发消息，之后节点依次转发消息。若汇聚节点收到至少 t 个份额，就能够恢复原始密文。

2) 恶意节点管理

在第 4.4 节攻击模型中提到方案面临的攻击类型是黑洞攻击。为了抵御黑洞攻击，方案引入了恶意节点管理机制。节点在转发消息之后，会在一定时间内监测邻居节点，在触发阈值条件时向汇聚节点报告网络异常，然后各节点更新安全参数。遵循该管理机制，系统能够有效抵御黑洞攻击，具体实现过程如下。

(1) 攻击方式

如果某恶意节点 v 故意谎报其能量值 $E'(v)$，使得 $E'(v) \gg E(v)$，这将使得其邻居节点 u 计算两者的 IF 值：

$$IF' = p_v \cdot p_a \cdot \frac{E'(v)}{E_T(d_{uv}, L)} \cdot \frac{1}{d_{vs}^2} \gg IF \tag{4-20}$$

因此，u 总是将 v 作为中继节点进行消息转发，形成了消息"黑洞"。v 可以采取两种模式进行攻击，一种模式是 v 只接收不转发消息，网络中的消息转发至恶意节点 v 附近时就会消失，使得 v 节点附件区域通信中断；另外一种模式是 v 篡改接收到的消息 Meg_i，构造新的共享 $\{i, s_i\}' \neq \{i, s_i\}$ 并生成：

$$\text{Meg}_i' = \{\{i, s_i\}', H(\{i, s_i\}'), \cdots\} \tag{4-21}$$

然后，v 发送篡改后的消息 Meg_i'，称这两种模式相结合的攻击方法为黑洞攻击。

(2) 恶意节点检测机制

在无线传感器网络中，消息传播是全向的。当中继节点 u 向 v_j 转发消息后，v_j 同样需要向下一条跳节点转发消息，这需要 v_j 向通信范围内广播该消息。因此中继节点 u 同样能接收到 v_j 广播的消息，这意味着 u 在转发信息后，能够监测下一跳节点的行为。利用这种机制设计了一种针对恶意节点的监测与管理系统，具体机制如下。

如图 4.4 所示，设 u 将 Meg 发送给 v 后，u 将会监测 v 的行为。若 v 在时间间隔 TD 内未将对应 Meg′ 发出，则 u 会标记 v 为可疑节点。若 v 在时间间隔 TD 内发出了对应 Meg′，但是 Meg′ 中 $H(\{i, s_i\}')$ 与 $\text{Meg}. H(i, s_i)$ 不相同，则 u 也会标记 v 为可疑节点，u 通过不途经 v 的多跳路由发送 $M = \{\text{"black hole"}, \text{ID}_v, \text{Lo}_v, \text{TS} = \text{Meg}. \text{TS}\}$ 给汇聚节点。

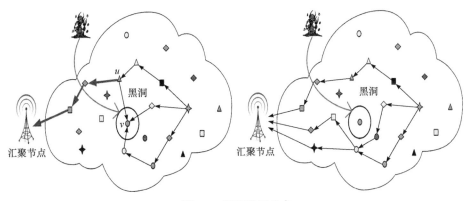

图 4.4　抵御黑洞攻击

(3) 可信度更新机制

汇聚节点接收到恶意节点汇报 M 后，会验证接收到的 $\text{Meg}_i(\text{Meg}_i. \text{TS} = M. \text{TS})$。如果汇报属实，则重新计算可疑节点 v 的可疑度基础值 $\gamma_v = \gamma_v + 1$（γ_v

初始为 1)；否则，视汇报节点为可疑点。

如果汇聚节点求解不同组合的 t 个份额，通过对比发现某次传输时其中一个子消息 Meg_i 出现错误，则标记 $\text{Meg}_i.\text{path}^*$ 为可疑路径，设 l 为 $\text{Meg}_i.\text{path}^*$ 中路径的节点个数，则

$$\gamma_v = \gamma_v + \frac{1}{l}, \forall v \in \text{Meg}_i.\text{path}^* \tag{4-22}$$

每个节点 v 的可信度 $p_v = \gamma_v^{-k}$，其中 k 为被标记为可疑节点的次数，γ_v 初始值为 1。每隔一定周期 T_c，汇聚节点将可信度发生变化的节点 ID 和更新后的可信度进行全网广播，每个节点 u 均会检查自身的邻居节点列表 Nei_u，更新对应可信度值。

当一轮数据传输过程中出现了恶意节点，根据恶意节点检测机制会将其标记为可疑节点并更新其可信度。此时，恶意节点对应的 IF 值小于其他邻居节点，当进行下一轮数据传输时，节点将消息转发给 IF 值最大的邻居节点，使其成功避开了 IF 值小的恶意节点。

4.5.4　汇聚节点恢复原数据

汇聚节点接收到一定数量的消息后，将这些消息中的份额通过计算加密矩阵的逆矩阵从而恢复完整的密文 C，然后它通过解密密文 C 中用公钥加密的密文 $\mathcal{AE}.\text{Enc}(\text{key}_w, \text{pk})$ 获取会话密钥，进而恢复原消息，这一过程的详细表述如下。

汇聚节点接收到 $\text{Meg}_1, \cdots, \text{Meg}_{t+1}$ 中的任意 t 条消息 $\{\text{Meg}_{i_j} | 1 \leqslant j \leqslant t\} \subset \{\text{Meg}_1, \cdots, \text{Meg}_{t+1}\}$ 后，由于每条消息 Meg_{i_j} 中包含消息序号 i_j 和对应份额 s_{i_j}，因此汇聚节点得到 t 对值：

$$\{(i_j, s_{i_j})\} \subset \{(i, s_i)\} \tag{4-23}$$

汇聚节点同样使用第 4.5.2 节中的方法生成对应的 t 维可逆矩阵 $B = \left(b_1^\text{T}, \cdots, b_t^\text{T}\right)^\text{T}$，并计算 $b_{t+1} = b_1 \oplus b_2 \oplus \cdots \oplus b_t$，得到向量组 $b_1, b_2, \cdots, b_{t+1}$。注意汇聚节点与传感器节点采用同样算法，生成的 $\mathbb{F}_2$ 上向量组 $b_1, b_2, \cdots, b_{t+1}$ 是相同的，这使得汇聚节点得到每 t 个份额对应的加密矩阵，取 $\{b_1, \cdots, b_{t+1}\}$ 中对应 $\{i_j\}$ 的 t 个向量组成 t 维 $\mathbb{F}_2$ 上可逆方阵：

$$\Gamma = \left(b_{i_1}^\text{T}, \cdots, b_{i_t}^\text{T}\right)^\text{T} \tag{4-24}$$

汇聚节点计算 $\mathbb{F}_2$ 上 Γ 的逆矩阵 Γ^{-1}，此后汇聚节点在 $\mathbb{F}_2$ 上计算：

$$\begin{bmatrix} c_1 \\ c_2 \\ \vdots \\ c_t \end{bmatrix} = \Gamma^{-1} \begin{bmatrix} s_{i_1} \\ s_{i_2} \\ \vdots \\ s_{i_t} \end{bmatrix} \tag{4-25}$$

通过公式(4-25)恢复出原密文 $C = \{\mathcal{SE}.\mathrm{Enc}(\mathrm{dat}, \mathrm{key}_w), \mathcal{AE}.\mathrm{Enc}(\mathrm{key}_w, \mathrm{pk})\}$，其中 $c_i = \Gamma_i^{-1}[1]s_{i_1} \oplus \cdots \oplus \Gamma_i^{-1}[t]s_{i_t}$，汇聚节点通过私钥 sk 解出会话密钥 key_w 后，便可解出明文数据 dat。

例 4.1 中详细阐述了如何将加密的数据进行份额分发，同样在这里接着例 4.1 进一步阐述汇聚节点收到份额后如何利用循环矩阵性质获取对应加密矩阵的逆，进而恢复原密文。

例 4.2　假设汇聚节点接收到 $s_1 = 110$, $s_2 = 000$, $s_3 = 101$, $s_5 = 111$, $s_6 = 000$ 共 5 个份额，汇聚节点首先使用同传感器节点相同的方法生成 $t = 5$ 对应的加密矩阵 B，并采用相同方法计算出 $b_6 = b_1 \oplus b_2 \oplus \cdots \oplus b_5$；由于生成的加密矩阵 B 与传感器节点加密时使用的矩阵相同，这样得到的向量组 $b_1, b_2, \cdots, b_{t+1}$ 与传感器节点加密时使用的加密向量相同。因此，汇聚节点根据接收到的份额 s_1, s_2, s_3, s_5, s_6 序号可知对应加密矩阵为

$$\Gamma = \left(b_1^{\mathrm{T}}, b_2^{\mathrm{T}}, b_3^{\mathrm{T}}, b_5^{\mathrm{T}}, b_6^{\mathrm{T}}\right)^{\mathrm{T}}$$

$$= \begin{bmatrix} 1 & 0 & 1 & 0 & 1 \\ 1 & 1 & 0 & 1 & 0 \\ 0 & 1 & 1 & 0 & 1 \\ 0 & 1 & 0 & 1 & 1 \\ 1 & 1 & 1 & 1 & 1 \end{bmatrix} \tag{4-26}$$

由此，汇聚节点获取 $\mathbb{F}_2$ 上 Γ 的逆 Γ^{-1}：

$$\Gamma^{-1} = \begin{bmatrix} 1 & 1 & 0 & 0 & 1 \\ 0 & 1 & 1 & 0 & 1 \\ 1 & 1 & 0 & 1 & 0 \\ 1 & 1 & 1 & 0 & 0 \\ 1 & 0 & 0 & 1 & 1 \end{bmatrix} \tag{4-27}$$

此后，汇聚节点计算如下：

$$c_1 = s_1 \oplus s_2 \oplus s_6 = 110$$
$$c_2 = s_2 \oplus s_3 \oplus s_6 = 101$$
$$c_3 = s_1 \oplus s_2 \oplus s_5 = 001 \tag{4-28}$$
$$c_4 = s_1 \oplus s_2 \oplus s_3 = 011$$
$$c_5 = s_1 \oplus s_5 \oplus s_6 = 001$$

最后，汇聚节点恢复出原密文 $C = c_1 \| c_2 \| c_3 \| c_4 \| c_5 = 110101001011001$。

4.6　LSDT 方案安全性分析

LSDT 方案作为一个完备的系统，在具备高可用性的同时，还能够保障数据的完整性和机密性。可用性已经在上一节提出，本节聚焦于方案的完整性和机密性保护。

4.6.1　数据完整性

在消息传输过程中，数据份额可能遭到篡改或发生传输错误，因此需要保护方案中的数据完整性。总的来说，LSDT 方案为数据的完整性提供了双重保护。

(1) 第一层保护。每个份额 (i, s_i) 被传感器节点发送时，消息 Meg_i 中还包含份额的哈希值 $H(i \| s_i)$，汇聚节点通过计算 Meg_i 中 $i \| s_i$ 的哈希值是否与 Meg_i 中传递的 $H(i \| s_i)$ 相同，来判断数据是否被篡改。下面，给出数据完整性定义。

定义 4.2　设存在某概率多项式时间(probabilistic polynomial-time，PPT)敌手 $\mathcal{A}$，将数据 m 篡改为 $m' \neq m$，则称该方案中数据被完整性保护，当且仅当下式成立：

$$\Pr(H(m') = H(m)) < \sigma \tag{4-29}$$

其中，σ 为一个值为任意小的数。

通过第 4.3.3 节中给出的哈希函数抗碰撞定义，给出如下数据完整性保护定理。

定理 4.2　当方案采用的哈希函数具有抗碰撞性，则本方案中数据被完整性保护。

证明：在消息传输过程中，Meg 包含 m 本身(此处 $m = i \| s_i$)与对应哈希值 $H(m)$。假设敌手 $\mathcal{A}$ 能够在不被检测到的前提下破坏方案数据的完整性，则说明敌手 $\mathcal{A}$ 存在不可忽略的优势 $\eta > 0$，找到 $m' \neq m$ 使得 $H(m) = H(m')$，即有下式成立：

$$\Pr(H(m') = H(m)) > \eta, \; m' \neq m \tag{4-30}$$

这与哈希函数 H 具有抗碰撞性矛盾，因此本方案用哈希函数的性质来保证数据完整性。

(2) 第二层保护。即使敌手攻破了所选择哈希函数的抗碰撞性，使得某一份额 s_i 遭到篡改，本章的秘密共享方案仍能恢复出原密文数据。若敌手篡改某消息 Meg_i，根据方案的恶意节点检测机制，恶意节点的上游节点将向汇聚节点汇报 Meg_i 发生篡改的消息。然后汇聚节点利用其余 t 个消息 $\mathrm{Meg}_1,\cdots,\mathrm{Meg}_{i-1},\mathrm{Meg}_{i+1},\cdots,$ Meg_{t+1} 对应的份额解密出原密文数据。如果恶意节点的上游节点没有汇报恶意节点信息，汇聚节点解密包含篡改消息 Meg_i 的对应份额的集合获得数据 dat，但由于对称加密的混淆扩散机制，使得最终解密出的明文数据为乱码，进而汇聚节点将会发现消息遭到篡改。此时汇聚节点通过解密收到的 $t+1$ 个消息 $\mathrm{Meg}_1,\cdots,\mathrm{Meg}_{t+1}$ 中任意 t 个份额的排列组合得到 $C_{t+1}^t = t+1$ 个可能原数据，从中找出符合数据规范的那个便为原明文数据。

综上所述，LSDT 方案采用的多种机制能够高效保护传输数据的完整性。

4.6.2　数据机密性

首先给出 LSDT 方案中的数据机密性定义。

定义 4.3　对于任意 PPT 敌手 $\mathcal{A}$，如果

$$\mathrm{adv}[\mathrm{dat} \leftarrow \mathcal{A}(\{(i,s_i)\})] < \varepsilon \tag{4-31}$$

成立，则称该方案中的数据满足机密性。其中，ε 是值为任意小的数。

此外，依据 Herranz 等[32]的工作，LSDT 中加密数据 dat 为密文 C 的方式是公钥加密(PKE)的一种，给出如下的引理。

引理 4.2　若 $\mathcal{AE}$ 是 NM–CPA 安全的，$\mathcal{SE}$ 是 NM–OT 是安全的，则 PKE 是 NM–CPA 安全的，也是 IND–CPA 安全的[32]。

定理 4.3　如果 PKE 是 IND–CPA 安全的，则所提出的数据传输方案能够保护数据机密性。

证明：假设 $\mathcal{A}$ 获得的数对集合 $\{(i,s_i)\}$ 中元素数量 $t' = |\{(i,s_i)\}|$ 小于 t 的概率为 p，$\mathcal{A}$ 获得的数对集合 $\{(i,s_i)\}$ 中元素数量大于等于 t 的概率为 $1-p$。依据这两种假设，首先分析敌手 $\mathcal{A}$ 获取不同数量份额的情况，并分别讨论两种情况下敌手解密出原数据的概率。最后，通过定理 4.3 将 LSDT 方案的安全性规约到 PKE 的 IND–CPA 安全性上。

情况 1　假设在概率 $p < 1$ 下，$\mathcal{A}$ 获得的数对集合 $\{(i,s_i)\}$ 中元素数量 $t' = |\{(i,s_i)\}|$ 小于 t，不妨设获得的数对集合为

$$\{(i,s_i)\}, 1 \leqslant j \leqslant t' \tag{4-32}$$

则 $\mathcal{A}$ 可得到方程组：

$$\begin{cases} b_{i_1}[1]c_1 \oplus b_{i_1}[2]c_2 \oplus \cdots \oplus b_{i_1}[t]c_t = s_{i_1} \\ b_{i_2}[1]c_1 \oplus b_{i_2}[2]c_2 \oplus \cdots \oplus b_{i_2}[t]c_t = s_{i_2} \\ \qquad\qquad\qquad\vdots \\ b_{i_{t'}}[1]c_1 \oplus b_{i_{t'}}[2]c_2 \oplus \cdots \oplus b_{i_{t'}}[t]c_t = s_{i_{t'}} \end{cases} \tag{4-33}$$

由于上面的方程组(4-33)至少有 $(2^{t-t'})^{|c_i|} = 2^{(t-t')|c_i|}$ 个可能解，则敌手选出正确解的可能性为

$$\varepsilon_1 = 1/2^{(t-t')|c_i|} \tag{4-34}$$

情况 2　在概率 $1-p$ 下，$\mathcal{A}$ 获得的数对集合 $\{(i,s_i)\}$ 中元素数量 $t' = |\{(i,s_i)\}|$ 大于等于 t ，则它可以解得正确密文：

$$C = \{\mathcal{SE}.\mathrm{Enc}(\mathrm{dat},\mathrm{key}_w), \mathcal{AE}.\mathrm{Enc}(\mathrm{key}_w,\mathrm{pk})\}$$

假设 $\mathrm{Adv}(\mathrm{dat} \leftarrow \mathcal{A}(C)) = \varepsilon_C$ ，有 $\mathrm{Adv}[\mathrm{dat} \leftarrow \mathcal{A}(\{(x_i,L_i,s_i)\})] \leqslant [p\varepsilon_1 + (1-p)]\varepsilon_C$ 。

设敌手 $\mathcal{A}$ 有 ε_M 的概率优势从 $\{(x_i,L_i,s_i)\}$ 中获得原明文数据 dat ，则敌手 $\mathcal{A}$ 从 C 中获得原明文数据 dat 概率优势为

$$\varepsilon_C = \frac{\varepsilon_M}{p\varepsilon_1 + (1-p)} \tag{4-35}$$

下面通过反证法来证明这一结论。假设在 PKE 中有一个 PPT 敌手 $\mathcal{A}_E$ ，挑战者 $\mathcal{C}_E$ 生成非对称加密 $\mathcal{AE}$ 的公私钥对 $\{\mathrm{pk},\mathrm{sk}\}$ ，并将 pk 公布。此后，$\mathcal{A}_E$ 和 $\mathcal{C}_E$ 玩下面这个游戏。

(1) $\mathcal{A}_E$ 选择两个明文数据 $\mathrm{dat}_0, \mathrm{dat}_1$ ，将其发给 $\mathcal{C}_E$ 。

(2) $\mathcal{C}_E$ 随机选择 $\mathcal{SE}$ 的密钥 key_w ，并随机选择 $b \in_R \{0,1\}$ ，并计算 $C = \{\mathcal{SE}.\mathrm{Enc}(\mathrm{dat}_b,\mathrm{key}_w), \mathcal{AE}.\mathrm{Enc}(\mathrm{key}_w,\mathrm{pk})\}$ 发送给 $\mathcal{A}_E$ 。

(3) $\mathcal{A}_E$ 将 C 发给 $\mathcal{A}$ ，$\mathcal{A}$ 返回一个 dat 。

(4) $\mathcal{A}_E$ 生成一个猜测 $b' \in_R \{0,1\}$ ，若 dat=dat_1 ，则 $b'=1$ ；若 dat=dat_0 ，则 $b'=0$ ；若 dat 与 $\mathrm{dat}_0, \mathrm{dat}_1$ 均不同，则从 $\{0,1\}$ 中随机选取 $b' \in_R \{0,1\}$ 。

$\mathcal{A}_E$ 赢得该游戏的概率为 $\dfrac{1+\varepsilon_C}{2}$ ，所以 $\mathcal{A}_E$ 拥有赢得该游戏的优势为

$$\frac{\varepsilon_C}{2} = \frac{\varepsilon_M}{2[p\varepsilon_1 + (1-p)]} \tag{4-36}$$

这与 PKE 是 IND−CPA 安全的结论矛盾，故得证。

4.7　LSDT 方案性能评估

本章设计了一个安全、抵御恶意节点、能量负载均衡、轻量高效的数据传输方案 LSDT，具体细节如第 4.5 节所示。为了验证 LSDT 方案满足了设计目标，在本节开展了大量实验，全面评估方案的性能。首先在第 4.7.1 节介绍实验环境和参数设置；在第 4.7.2 节分析多个不同恶意节点攻击实验下网络的数据传输成功率指标，进而评估网络的恶意节点抵御能力；然后在第 4.7.3 节中分析网络能耗，验证方案显著提升了网络寿命；在第 4.7.4 节中验证了 LSDT 方案的数据传输效率优势；最后在第 4.7.5 节中给出了实验总结。

4.7.1　实验环境和参数设置

方案的实验参数设定如表 4.1 所示。

表 4.1　实验参数设定

参数名称	参数取值
部署节点数 N	100
区域大小 $W \times W$	1000m×1000m
汇聚节点位置	(0,0)
节点初始单位能量 E_0	0.5J
能量异构参数 θ	0.5
E_{elce}	50 nJ/bit
ξ_{fs}	10 pJ/bit/m^2
ξ_{mp}	0.0013pJ/bit/m^4
D_0	$\sqrt{\xi_{\text{fs}} / \xi_{\text{mp}}}$

在本节进行了大量实验来评估 LSDT 方案的性能。实验平台使用 OMNeT++ 6.0，实验设备拥有 16GB 内存，CPU 为 i7-10710U，在实验中，100 个节点随机分布在 1000m×1000m 的监测区域内，汇聚节点固定在中心位置，同时随机设置每个传感器节点通信半径大于 100m 小于 140m。定义所有源节点将一个周期内收集到的数据转发至汇聚节点的过程为一轮数据传输，以数据传输轮次为仿真的基本单位，每一轮网络中所有传感器节点均会向汇聚节点发送 4096bit 的数据。

4.7.2　数据传输安全性

为了定量分析 LSDT 的鲁棒性，定义了数据成功传输率 γ ：

$$\gamma = \frac{m}{\mathfrak{M}} \tag{4-37}$$

其中，m 表示每轮汇聚节点能成功恢复的数据数量，$\mathfrak{M}$ 表示每轮所有节点发出的总数据数量。当网络存在恶意节点时，数据成功传输率 γ 能有效反映网络可用性受损情况。如果在一轮数据传输过程中，数据成功传输率 γ 较低，说明该数据传输方案受恶意节点影响较大，否则方案能够有效抵御恶意节点影响。当 $\gamma \leqslant 50\%$ 时，表示网络中一半节点无法向汇聚节点汇报数据，说明恶意节点的攻击造成了异构无线传感器网络瘫痪。

本章的路由路径选择算法引入了恶意节点抵御机制。为了展示方案抵御恶意节点的能力，将 LSDT 方案与 Jurado-Lasso 的方案[33]进行对比实验，分别将数据轮数和恶意节点数量作为自变量，用以展示本方案抵抗恶意节点攻击的能力。

首先是引入相同恶意节点的对比实验，结果如图 4.5 所示。

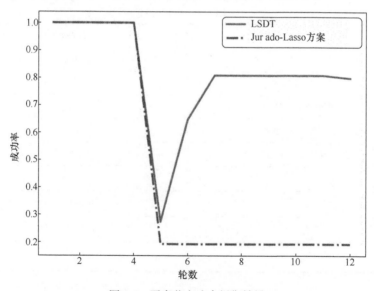

图 4.5　恶意节点攻击抵御效果

图中显示，前四轮数据传输正常，汇聚节点恢复原数据的概率为 100%。此后，在第 5 轮数据传输中引入了五个恶意黑洞节点，这五个黑洞节点可以吸引周围节点将消息转发给自己，并阻断消息进一步传播。实验结果表明，第 5 轮中网络的数据传输成功率下降到 20%左右，系统陷入不可用状态。Jurado-Lasso 的方案[33]无法定位恶意节点，并且无法使得之后的消息传输规避恶意节点。因此，在之后的数据传输轮次中，数据传输成功率始终维持在20%，系统完全瘫痪。由于设计了恶意节点抵御机制，在第 5 轮传输中出现的恶意节点将被探测出来，可信度将被降低。因此，从第 6 轮开始，方案中的消息传输路径将选择绕过恶意节点，将消息发送给汇聚节点。这样方案的数据传输成功率迅速回升，并在第 7 轮时恢复到80%，网络恢复可用状态。

此外，详细比较了 LSDT 与 Jurado-Lasso 的方案在引入不同数量恶意节点稳定后网络的数据传输成功率，如图 4.6 所示。

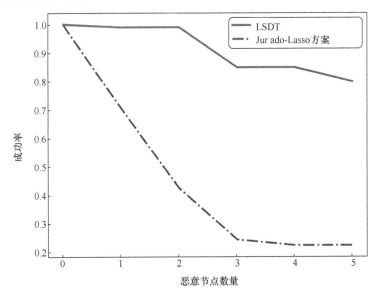

图 4.6　不同恶意节点数量下网络的数据传输成功率

从图中可以看到，随着恶意节点数量增加，网络的数据传输成功率均呈下降趋势。尤其是 Jurado-Lasso 方案的数据传输成功率呈现迅速下降趋势。当网络中存在三个恶意节点时，网络的数据传输成功率已下降到接近20%。然而，当恶意节点数量增加时，本章提出的 LSDT 方案的数据传输成功率始终超过 80%。因此，本章设计的恶意节点抵御机制能够高效抵御恶意节点侵害，保证网络的鲁棒性与可用性。

4.7.3　网络寿命

为了定量分析 LSDT 的能量负载与网络寿命情况，可以利用数据成功传输率 γ。当节点能量有限时，该指标能有效反映部分节点能量消耗过大导致无法转发消息对整个网络的影响，因此数据成功传输率 γ 维持得越高，说明负载均衡越优秀。当出现 $\gamma \leqslant 50\%$ 时，代表网络中一半节点无法向汇聚节点汇报数据，网络寿命终止。为了延长 LSDT 方案中的网络寿命,在第 4.5 节里提出了一种包含参考路径的能量均衡路由选择算法。为了评估该算法性能,本节分别展示了整个网络空间的能耗分布和存活节点比率,直观体现该算法实现了网络能耗均衡。然后,以数据成功传输率为指标,定量验证了 LSDT 方案中网络寿命得到了有效延长。

(1) 网络能耗均衡。主要与 Jovith 等[34]提出的路由路径选择算法 DOSPA 进行比较,该算法将动态选择最短的数据传输路由路径,以降低能耗、提高效率。但是由于没有考虑节点的能量负荷,因此每个节点的能量负荷可能是高度可变的。下面将本章方案中提出的路由算法与 DOSPA 最短路径路由算法进行了比较,该实验在节点不会耗尽能量的假设下,进行了 30 轮的数据传输,并记录了每个节点的能量消耗,如图 4.7 所示。需要注意的是,在比较实验中,网络中各节点发送的数据总量是相同的。

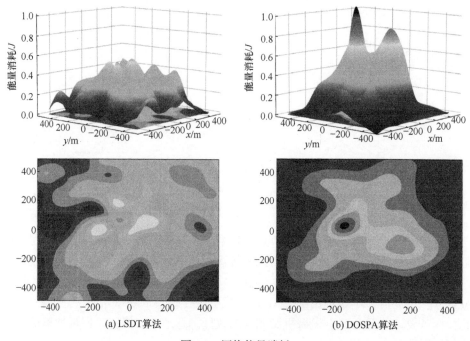

(a) LSDT算法　　　　　　　　(b) DOSPA算法

图 4.7　网络能量消耗

图 4.7(a)是本方案所设计的路由路径算法在整个网络向汇聚节点发送 30 轮数据网络各部分的能量损耗,图 4.7(b)是 DOSPA 算法[34]的表现。通过实验对比发现,方案[34]中最短路由路径算法的异构无线传感器网络能量损耗集中在汇聚节点周围,形成了两个峰值。随着节点远离汇聚节点,能量消耗迅速下降,超过一半的节点利用率较低,能量损耗不足峰值一半。而本章方案设计的路由算法总体来说没有明显峰值,除网络最边缘节点能量负载较小外,其余大部分节点能量

损耗较为均匀，展现了网络负载均衡，如图 4.7(a)所示。这归功于本章设计的路由选择算法能综合平衡"最短路径传输"与"能量负载均衡"，保证了系统的高可用性。

通过将整个空间的能耗情况制成热力图，图 4.7 非常直观地展示了在 LSDT 方案下整个 1000m × 1000m 异构无线传感器网络能耗在空间上分布均匀的情况。为了进一步展现本方案对于平衡网络能耗的优势，本章将讨论各个节点间的能耗分布，证明数据传输过程中节点间负载较为均衡。已知节点耗能过大时会无法继续转发消息，影响网络数据传输，因此实验将聚焦于能够正常传输数据的节点数量。定义能量超过 20%的节点为存活节点，并定义网络节点存活率为存活节点占总网络节点的比例，如图 4.8 所示。

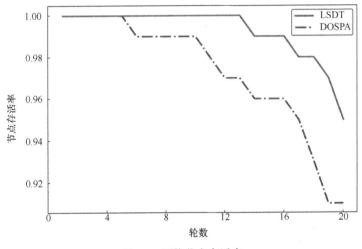

图 4.8　网络节点存活率

图中展示了不同数据发送轮次下，LSDT 方案及 Jovith 等[34]方案中网络中存活节点数量比例。可以看到，随着数据传输轮次增加，无论是 LSDT 方案还是 Jovith 等[34]的方案，网络节点存活率均在下降。但本章设计的 LSDT 方案在前 13 轮中网络节点存活率始终维持 100%，而 Jovith 等的方案在第 6 轮就出现了非存活节点。总体来说，同等数据传输轮次下，Jovith 等的方案[34]非存活节点数是 LSDT 的 2 倍以上，这同样证明了 LSDT 方案能有效均衡节点间的能量负载，延长网络寿命。

(2) 网络寿命延长。对比实验，展示了本章方案的显著优势。为了定量地显示网络的使用寿命，让网络中的所有传感器节点在每轮测试中向接收节点发送 4096bit 的数据，这些数据均由本章提出的轻量级秘密共享方案加密并进行分片并行传输(图 4.8)。通过计算每一轮数据传输后网络的数据传输成功率，来展示本章方案延长网络寿命的优势。总体来说，随着数据轮数逐渐增多，网络中部分节点能量损耗殆尽无法完成转发功能，数据传输成功率会逐步下降。

虚线折线是采用 Jovith 等[34]方案的数据传输成功率变化趋势图(图 4.9)。

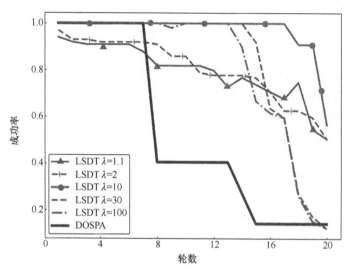

图 4.9　不同网络能耗模式下的数据传输成功率

通过观察图 4.9 发现，前 7 轮数据传输中没有节点能量耗尽。从第 8 轮开始，某些负载较大的节点能量不足，无法转发消息，网络的数据传输成功率迅速下降，跌破 50%，而本章方案设计的路由算法在 17 轮之前都保持了 50%以上的数据传输成功率。特别的，当 $\lambda=10$ 时，本章方案在前 17 轮均保持了 100%的数据传输成功率，直到网络中大部分节点能量耗尽后数据传输成功率开始下降，并在第 20 轮时网络的数据传输成功率跌破 50%。值得注意的是，λ 取 1.1 或 2 时，由于参考路径对节点选择下一跳的影响较小，主要考虑能量和与下一跳节点的距离，导致部分消息迷失在网络中无法传递到汇聚节点。因此，λ 取较小值时，消息传输效果不佳；λ 过大时，会过于倾向选择最短路径，出现和 Jovith 等[34]方案相似的问题。因此，在 $\lambda=10$ 时，本章的方案能有效平衡能量与路由路径长度，保持较高的数据传输成功率，网络寿命是 Jovith 等[34]方案的 2.7 倍以上。

4.7.4　网络数据传输效率

在网络运行过程中，对于源节点 u 收集到的消息，其传输耗时主要由数据加密和转发耗时组成，设数据加密用时 t_e，平均每跳的通信延时 t_c，则 h 跳路由下消息传输耗时为

$$t = t_e + h \cdot t_c \tag{4-38}$$

在相对均匀的无线传感器网络中，每跳转发耗时都是相近的，因此消息的转发耗时和消息在传输过程中的路由长度呈线性关系。本节分别针对数据加密耗时和平均路由长度这两个指标开展对比实验，验证方案在节点计算开销和数据传输效率上的优势。

1) 轻量级秘密共享方案加密耗时

首先对方案 LSDT 采用的轻量级秘密共享方案进行仿真对比实验，相比 Huang 等[35]提出的在 $\mathbb{Z}_p$ 上基于 Shamir 的秘密共享方案，本章的方案中所有加解密运算均为异或运算，而这种按位进行的异或加解密操作将显著加速共享的生成与原数据的恢复。

下面对不同数据量下秘密共享方案耗时进行了仿真对比实验，如图 4.10 所示。

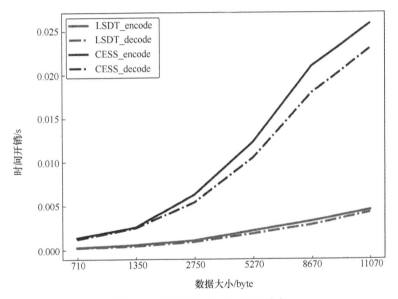

图 4.10　网络数据生成与恢复效率

图 4.10 中的下方实线和虚线分别表示本章方案采用的轻量级秘密共享算法加密与解密所耗时间，图 4.10 中的上方实线和虚线代表方案[35]中基于改进的 Shamir 方案表现，通过实验表明，随着数据量的增大，本章提出的方案 LSDT 和方案[35]的加解密耗时均在增加。但值得注意的是，本章的轻量级秘密共享方案生成份额与恢复原数据耗时始终远小于 Huang 等的方案[35]，且随着数据量增加耗时优势逐渐增大。当数据长度由 710bit 增加到 11070bit 时，本章的 LSDT 方案平均数据加解密耗时是方案[35]的1 / 7，实验表明 LSDT 方案减轻了传感器节点的计算负担，这显著体现了本章方案的超轻量级优势。

2) 消息传输路径长度

理论上，最短路径路由算法生成的最短路由长度必须是最短路由，如图 4.11 所示。

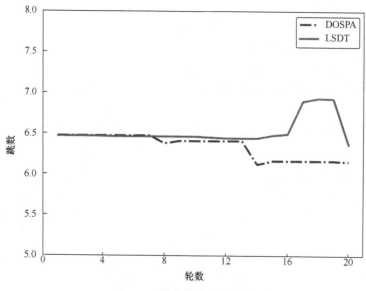

图 4.11　消息传输路径长度

本章方案为了权衡安全性和能源消耗，可能需要更长的路由将消息传递到接收节点。本章将方案的参数设置成 $\lambda=10$，并与 DOSPA 最短路径算法进行实验对比。每一轮网络中所有节点均向汇聚节点发送一次消息，并计算每一轮的平均消息跳数，即每条消息平均经过几跳到达汇聚节点。从图 4.11 可以看到，两种算法的消息平均跳数在前 7 轮都保持稳定，注意到 DOSPA 最短路径算法选择中继节点的方法不会考虑下一节点的能量储备，因此可能会出现所选择的中继节点无法继续传输的问题，导致消息被截断；只有靠近汇聚节点的消息才能被汇聚节点接收，使得平均路由长度下降。然而，考虑能量负载均衡的路由算法会尝试绕开低能量节点以将消息成功发送到汇聚节点，因此平均路由长度略有上升。但总体来说，本章的方案并没有显著增加路由的平均跳数，因此不会给网络引入较大的通信延时。

4.7.5　仿真实验总结

本节针对抵御恶意节点、负载均衡、数据传输效率高三个目标设计了多个实验，首先将本章提出的 LSDT 与 Jurado-Lasso 的方案[33]进行对比，计算引入恶意节点后的数据传输成功率。结果表明引入恶意节点后，本章的 LSDT 方案仍然能够保持较高的数据传输成功率和鲁棒性；之后针对网络寿命延长问题，分别从能量负载均衡、数据传输成功率、存活节点比例等方面将 LSDT 方案与 Jovith 等[34] 提出的方案进行对比，通过实验结果表明，本章方案能有效实现网络负载均衡，当 $\lambda = 10$ 时，本章方案的网络寿命为 DOSPA 方案的 2.7 倍；最后为了展示本章方案的轻量级优势，将 LSDT 中设计的异或运算的秘密共享方案与 Huang 等[35] 的 CESS 方案进行仿真对比，本章方案的平均数据共享加解密耗时是 CESS 的 1/7。此外，还将 LSDT 与 DOSPA 最短路由算法进行比较，统计了每轮数据传输中的平均消息转发跳数，分析了消息传输耗时。总的来说，本章设计的 LSDT 方案能够满足在第 4.4 节提出的异构无线传感器网络数据传输方案设计目标。

4.8　本 章 小 结

本章研究了异构无线传感器网络中数据传输存在的问题，从而建立了针对恶意节点的轻量级和安全数据传输方案 LSDT。首先，本章设计了一个使用异或操作的轻量级秘密共享方案，显著降低了传感器节点的计算开销，同时提供了部分冗余，提高了消息传输的鲁棒性；其次提出了一种动态、高效的恶意节点检测和管理机制，该机制能够快速地检测和有效地定位恶意节点，并动态地管理节点的信誉程度，允许路由路径绕过恶意节点，避免了干扰；最后通过考虑节点能量、传输消耗和节点信誉度，设计了一种基于参考路径的数据传输方案，平衡了节点的能量损失，提高了网络寿命。安全性分析证明，本章的 LSDT 方案能够有效地保护数据安全。仿真实验结果表明，LSDT 方案成功地抵御了黑洞攻击，在多个恶意节点存在的条件下，数据传输成功率保持在 80%以上。同时，LSDT 方案实现了网络负载平衡，网络寿命达到了 DOSPA 方案的 2.7 倍。在 LSDT 方案中生成加密数据子份额的时间消耗为现有方案的 1/7，反映出本方案显著的效率优势。在未来的工作中，将探索更多新的攻击模型，并提出更低成本的机制来抵御更多的网络攻击。

参 考 文 献

[1] Rawat P, Singh K D, Chaouchi H, et al. Wireless sensor networks: A survey on recent developments and potential synergies. The Journal of Supercomputing, 2014, 68(1): 1-48.

[2] Lu C, Saifullah A, Li B, et al. Real-time wireless sensor-actuator networks for industrial cyber-physical systems. Proceedings of the IEEE, 2015, 104(5): 1013-1024.

[3] Lv Z, Hu B, Lv H. Infrastructure monitoring and operation for smart cities based on iot system. IEEE Transactions on Industrial Informatics, 2019, 16(3): 1957-1962.

[4] Wang H, Han G, Hou Y, et al. A multi-channel interference based source location privacy protection scheme in underwater acoustic sensor networks. IEEE Transactions on Vehicular Technology, 2021, 71(2): 2058-2069.

[5] Khalaf O I, Romero C A T, Hassan S, et al. Mitigating hotspot issues in heterogeneous wireless sensor networks. Journal of Sensors, 2022: 1-14.

[6] Liu Y, Ma M, Liu X, et al. Design and analysis of probing route to defense sink-hole attacks for internet of things security. IEEE Transactions on Network Science and Engineering, 2020, 7(1): 356-372.

[7] Naranjo P G V, Shojafar M, Mostafaei H, et al. P-sep: A prolong stable election routing algorithm for energy-limited heterogeneous fog-supported wireless sensor networks. The Journal of Supercomputing, 2017, 73(2): 733-755.

[8] Deghbouch H, Debbat F. Improved bees algorithm for the deployment of homogeneous and heterogeneous wireless sensor networks. International Journal of Sensor Networks, 2022, 38(4): 254-262.

[9] Aziz A, Singh K. Lightweight security scheme for internet of things. Wireless Personal Communications, 2019: 577-593.

[10] Luo H, Wen G, Su J. Lightweight three factor scheme for real-time data access in wireless sensor networks. Wireless Networks, 2020, 26(2): 955-970.

[11] Yang G, Wu X W. A lightweight security and energy-efficient clustering protocol for wireless sensor networks. International Conference on Ad Hoc Networks, 2019, 258: 237-246.

[12] Liu Y, Dong M, Ota K, et al. Activetrust: Secure and trustable routing in wireless sensor networks. IEEE Transactions on Information Forensics and Security, 2016,11(9): 2013-2027.

[13] Butun I, Morgera S D, Sankar R. A survey of intrusion detection systems in wireless sensor networks. IEEE Communications Surveys & Tutorials, 2014, 16(1): 266-282.

[14] Periyanayagi S, Sumathy V. Swarm-based defense technique for tampering and cheating attack in WSN using cphs. Personal and Ubiquitous Computing, 2018, 22(5-6): 1165-1179.

[15] Li X, Niu J, Bhuiyan M Z A, et al. A robust ecc-based provable secure authentication protocol with privacy preserving for industrial internet of things. IEEE Transactions on Industrial Informatics, 2017: 3599-3609.

[16] Radi M, Dezfouli B, Bakar K A, et al. Multipath routing in wireless sensor networks: Survey and research challenges. Sensors, 2012, 12(1): 650-685.

[17] Mpitziopoulos A, Gavalas D, Konstantopoulos C, et al. A survey on jamming attacks and countermeasures in WSNs. IEEE Communications Surveys & Tutorials, 2009, 11(4): 42-56.

[18] Sun H M, Chen C M, Hsiao Y C. An efficient countermeasure to the selective forwarding attack in wireless sensor networks. TENCON 2007-2007 IEEE Region 10 Conference. 2007: 1-4.

[19] Sajwan M, Gosain D, Sharma A K. Hybrid energy-efficient multi-path routing for wireless sensor networks. Computers & Electrical Engineering, 2018, 67: 96-113.

[20] Fu X, Fortino G, Pace P, et al. Environment-fusion multipath routing protocol for wireless sensor networks. Information Fusion, 2020, 53: 4-19.

[21] Liew S Y, Tan C K, Gan M L, et al. A fast, adaptive, and energy-efficient data collection protocol in multi-channel-multi-path wireless sensor networks. IEEE Computational Intelligence Magazine, 2018, 13(1): 30-40.

[22] Sakthidasan K, Gao X Z, Devabalaji K, et al. Energy based random repeat trust computation

approach and reliable fuzzy and heuristic ant colony mechanism for improving qos in WSN. Energy Reports, 2021, 7: 7967-7976.

[23] Jemili I, Ghrab D, Belghith A, et al. Cross-layer adaptive multipath routing for multimedia wireless sensor networks under duty cycle mode. Ad Hoc Networks, 2020: 102292.

[24] Lou W, Kwon Y. H-spread: A hybrid multipath scheme for secure and reliable data collection in wireless sensor networks. IEEE Transactions on Vehicular Technology, 2006, 55(4): 1320-1330.

[25] Liu A, Zheng Z, Zhang C, et al. Secure and energy-efficient disjoint multipath routing for WSNs. IEEE Transactions on Vehicular Technology, 2012, 61(7): 3255-3265.

[26] Liu W, Harn L, Weng J. Lightweight key establishment with the assistance of mutually connected sensors in wireless sensor networks. IET Communications, 2022, 16(1): 58-66.

[27] Qian L, Song N, Li X. Detecting and locating wormhole attacks in wireless ad hoc networks through statistical analysis of multi-path. IEEE Wireless Communications and Networking Conference, 2005, 4:2106-2111.

[28] Yin H, Yang H, Shahmoradi S. EATMR: An energy-aware trust algorithm based the AODV protocol and multi-path routing approach in wireless sensor networks. Telecommunication Systems, 2022, 81(1): 1-19.

[29] Wang S Li C. Discrete double-bit hashing. IEEE Transactions on Big Data, 2019, 8(2): 482-494.

[30] Wang Y, Li X, Zhang X, et al. Arplr: An all-round and highly privacy-preserving location-based routing scheme for vanets. IEEE Transactions on Intelligent Transportation Systems, 2021, 23(9): 16558-16575.

[31] Heinzelman W B, Chandrakasan A P, Balakrishnan H. An application-specific protocol architecture for wireless microsensor networks. IEEE Transactions on Wireless Communications, 2002, 1(4): 660-670.

[32] Herranz J, Hofheinz D, Kiltz E. Some (in) sufficient conditions for secure hybrid encryption. Information and Computation, 2010, 208(11): 1243-1257.

[33] Jurado-Lasso F F, Clarke K, Cadavid A N, et al. Energy-aware routing for software-defined multihop wireless sensor networks. IEEE Sensors Journal, 2021, 21(8): 10174-10182.

[34] Jovith A A, Raja S, Sulthana A R. Interference mitigation and optimal hop distance measurement in distributed homogenous nodes over wireless sensor network. Peer-to-Peer Networking and Applications, 2020, 13(4): 1109-1119.

[35] Huang W, Langberg M, Kliewer J, et al. Communication efficient secret sharing. IEEE Transactions on Information Theory, 2016, 62(12): 7195-7206.

第5章 基于区块链和秘密共享的网络数据安全存储方案

5.1 引　　言

物联网作为分布式智能传感器网络的一种重要应用，在安全存储方案相关研究中备受关注。随着物联网的普及，网络中产生的数据也呈爆炸式增长，数据存储与安全问题成为各行业关注的焦点。然而，由于物联网设备的本地存储空间严重受限，现有方案[1,2]选择将产生的数据存储在云服务器等远程设备上。云计算[3]因其具备按需服务、可扩展性和稳定性等有价值的特性，受到广泛关注。同时，5G/6G的发展使物联网数据能及时连续传输到云存储系统，云计算是推动物联网发展的一个有前途的工具[4]，它们共同构成了一个新的模式，称为物联网云[5]。目前已经有相当多的基于云平台[6,7]的物联网数据存储方案被提出，这些方案大致分为几类，包括关系型物联网数据库管理系统[8]，物联网数据存储系统[9]，基于Hadoop的物联网数据存储系统[10]，基于图形的物联网数据存储系统[11]，以及基于资源描述框架的物联网数据存储方案[12]。相应的，目前研究者还开发了一些基于云的商用物联网数据存储平台，如AWS物联网平台[13]、阿里云物联网平台[14]和Azure物联网平台[15]等。值得注意的是，云存储平台具有"诚实但好奇"的属性，为此物联网数据云存储方案应当保护外包数据的安全。

然而，上述基于云的物联网数据存储平台并没有做到完全的分布式存储，整个系统的管理是一个中心化的主体，只需要攻破主体服务器，数据的安全性就无法得到保障。因此，亟须为物联网设计更安全的数据存储方案。为了在机密性、完整性和可用性方面适当保护物联网数据安全，存储系统应具有以下属性。

(1) 每个物联网消息应分布式存储在多个存储实体中，而不是一台服务器中，即使某些实体被敌手破坏，消息的整体机密性也可以得到保护。

(2) 未经授权的存储系统或敌手无法修改物联网设备上传的任何信息，存储节点不能拒绝数据接收行为。

(3) 物联网数据应有一定的冗余度存储，即使存储系统中的某些节点发生故障，也可以准确地恢复原始物联网消息。

(4) 授权数据用户可以有效地从存储系统检索感兴趣的物联网数据，同时他们可以检查数据的正确性。

为了提高物联网数据云存储方案的机密性、完整性和可用性，已经有相当多的解决方案被提出[16, 17]。针对数据传输过程的安全性，Farhadi 等[18]提出了一种在物联网中存储聚合数据的新方法，该方法利用门限秘密共享方案将原数据加密后分割成 n 个份额，并将其分别存储，方案具有可扩展性和可追溯性，但存储效率较低。在完成数据安全传输后，需要考虑数据的安全存储与高效可用性。分布式的存储方式在云节点受损时能有效保护数据安全，且需要对外包存储的数据进行完整性认证以防恶意篡改和存储错误，这与区块链技术高度匹配。区块链系统[19]被视为具有防篡改属性的分布式分类账，每个事务都完全存储在分类账中。区块链系统中的每个节点都维护一个分类账的副本，因此系统不受任何集中式实体的控制。然而，现有的结合物联网和区块链[20]的区块链方案需要改进，以实现安全存储。

针对区块链技术存在的秘密共享、计算开销、大资源消耗、低吞吐量等问题，我们创造性地设计了一种安全的分布式物联网数据存储方案。在我们的系统中，使用了一组异构的云节点，而不是一个云节点。每个节点都有三个角色，即一个物联网数据存储节点、区块链节点和数据检索服务器。通过相互协作，这些节点构成了一个完整的系统，可以提供一组安全的服务，包括物联网数据的收集、存储和检索。具体来说，我们首先设计了一个基于同余方程的超轻量级秘密共享方案，其中一个消息被映射到 n 个较短长度的份额。原始消息可以通过它们的任何 t 个或以上份额进行恢复，而通过小于 t 的份额则无法进行恢复。

对于使用区块链的分布式存储方案而言，区块链共识的效率和安全性很大程度上决定了系统的效率和安全性。早期的公有区块链系统如比特币中使用工作量证明(Proof of Work，PoW)作为共识算法，该算法具有较高的安全性，但是对节点性能要求很高。为了避免 PoW 的这些弊端，以以太坊 2.0 为代表的第二代区块链系统使用权益证明(Proof of Stake，PoS)进行区块链共识，这种算法对比 PoW 极大降低了性能需求，但是相应地带来了"无利害关系攻击"问题。另一些区块链系统则选择牺牲一定的去中心化性质来换取更高性能的共识算法，如超级账本 Fabric 使用的实用拜占庭容错，它能带来很高的交易吞吐量，但如上所述它是中心化的。

然而，现有的物联网数据存储方案很难同时满足上面四个安全属性，并且大多数方案没有考虑对存储效率和检索效率的优化。针对上述问题，本章设计了一个基于秘密共享和区块链的安全分布式物联网数据存储方案。方案采用了一组异质的云节点，每个节点有三个角色，即物联网数据存储实体、区块链节点和数据检索服务器。通过相互合作，这些节点构成一个完整的系统，可以提供一整套安全服务，包括物联网数据的收集、存储和检索。具体来说，首先，设计了一个基于同余的 (t,n)-超轻量级秘密共享方案，将物联网产生的信息加密后映射成一组

长度较短的 n 个份额，若用户拥有任意不少于门限值的 t 个份额，则可以恢复原信息；否则，不能恢复原信息。然后，将 n 个份额分别发送给 n 个云存储节点，并由这些节点分布式存储份额。本章采用了实验中表现最好的 (4,7) -秘密分享方案，为了分布式地存储这些份额，引入了数量大于 n 的 10 个分布式的云存储节点。由于每个节点至多存储一个消息的份额，如果敌手无法篡改 $n-t$ 个以上云节点中的份额，用户仍然可以根据秘密共享方案恢复原始信息。因此即使敌手可以攻破部分云节点，物联网数据的安全性也可以得到保证。私有链是存在一定中心控制的区块链结构。本章的方案在分布式节点上设计并部署一种私有区块链系统，记录份额的位置和哈希值，使得各个节点无法否认接收到的消息，且可以验证所存储消息的完整性。当部分节点损坏时，可以按照区块链上存储的位置，找到损失的其他份额，从而恢复消息。共识机制是一种同步更新不同节点所有区块链，保持一致性的算法。本章设计了一种新型区块链共识机制，节点相互协作挖掘新区块，而非传统区块链的竞争关系，显著提高了方案的整体存储效率。最后，索引树是一种常用于快速查找海量数据的树状索引结构。为存储节点设计了一种可以平衡检索效率和存储空间的搜索结构——平衡索引树，满足用户快速查找数据的需求。

与现有方案相比，这项工作的新颖性如下。

(1) 创新性地提出了一种基于区块链技术和秘密共享技术的物联网数据高效云存储方案，相比传统集中式存储方案提升了安全性与存储效率，并平衡了各个存储实体的负担。

(2) 在数据存储系统中，设计了一种新型私有区块链系统以确保存储数据的可靠性与不可篡改性。引入流动令牌机制，使区块链节点之间通过合作而不是竞争的方式生成新区块，提升了数据存储效率。

(3) 针对海量分布式存储数据，设计了一个与区块链存储匹配的索引树结构和相应的深度优先算法，极大提高了检索效率，进而提高了方案的可用性。

以下是本章的研究贡献。

(1) 为资源有限的物联网应用场景设计了一个超轻量级的秘密共享方案，降低了计算复杂度和份额值的平均长度。

(2) 设计了一个新的存储共享的分布式区块链系统，很容易检测和定位份额的任意改动，同时披露份额的位置信息。

(3) 提出了一个物联网数据检索方案，通过该方案数据用户可以有效地查询物联网终端设备在一个时期内产生的数据。

(4) 进行了理论分析和模拟仿真实验，证明了方案的安全性和效率。

本章的其余部分组织如下。第 5.2 节中介绍了相关的工作，第 5.3 节介绍了整体系统模型、威胁模型和设计目标，在第 5.4 节、第 5.5 节和第 5.6 节分别讨论了系统的各个模块，包括超轻量级的秘密共享、物联网数据共享的区块链和高效的物联网数据检索，在第5.7节分析了系统的安全性，并在第5.8节评估其效率，最后在第5.9节对本章进行了总结。

5.2　相关研究工作

云存储能够提供低成本的海量数据外包存储服务，已经有大量基于云平台的物联网数据存储方案被提出[21-24]。Wang 等[21]研究了一种安全的云辅助物联网数据管理方法，在收集、存储和访问物联网数据时可以保护数据的机密性。然而，该方案中的数据容易受到篡改攻击。为了确保存储数据的完整性，Rashmi 等[22]提出了基于同态哈希算法的云存储方案，使用 Merkle 哈希树来帮助找到每个物联网数据动态操作的位置，该方案能抵御恶意服务器发起的替换攻击。在考虑接入成本的情况下，Wu 等[24]提出了一个具有负载平衡云存储数据分布优化系统的物联网终端节点，他们的方法提高了可用性和数据处理速度。对于扩展应用，Jiang 等[25]设计了一个面向物联网的云计算平台数据存储框架，不仅高效存储大量物联网数据，还集成了结构化和非结构化数据。此外，Lin 等[26]提出了一种云存储中的高效树状存储方案，该方案以结构化的方式存储非结构化物联网数据。

然而，如果一个主服务器被破坏，一个集中式的系统并不能保证数据安全。为了提高数据的安全性，许多解决方案[19,27,28]都采用了区块链的思想。Uthayashangar 等[1]将云与区块链技术相结合，设计出一种安全的文件存储系统，此系统可以抵御暴力破解等攻击，但其区块链系统非常复杂。Kim 等[19]研究了在物联网环境中的区块链压缩共识算法，通过在每个物联网设备中压缩区块链以提升存储容量，实现在轻量级设备上分布式存储大量信息，但上述方案对系统安全性的保护不足。Mohammed 等[27]设计了一个介于区块链和物联网设备之间的混合框架，目的是利用区块链技术保护物联网中的数据传输安全，防范拒绝服务攻击。同时，Xu 等[28]提出了一种基于区块链的非可信存储物联网数据保护框架，可以解决物联网中的数据安全问题。

为了能够同时满足物联网数据云存储的安全与高效的要求，Wiraatmaja 等[29]提出了一种分层的 BBAC 架构，将区块链与防篡改的去中心化存储相结合，通过将元数据从区块链迁移到分布式的数据库中存储，在保持区块链的防篡改功能的同时，实现经济高效的访问控制。Zhang 等[30]为基于区块链的移动边缘计算提出了一种安全高效的数据存储和共享方案，该方案可以实现对终端用户的低延迟消息响应。Huang 等[31]也为物联网云存储审计与数据交易方案引入了区块链技术，所提出的 EVA 方案能够在确保数据安全的前提下，支持通过区块链进行高效的数据交易。除了理论研究，现在已经有相当多的基于区块链的数据存储技术被应用到了商业中，包括 AWS Blockchain[32]，IBM blockchain[33]和 Microsoft Azure Blockchain[13]。例如，沃尔玛设计的从农场到超市的跟踪系统 FoodTrust[34]及马士基设计的海运集装箱物流区块链 TradeLens[35]就建立在这些商业区块链平台上，而大数据区块链平台 BurstIQ[36]为物联网数据外包云存储和共享问题提供了一个成熟的解决方案。

不幸的是，若上述方案中的少量节点被攻破，遭到损坏的物联网数据将无法恢复。因此，在基于区块链的物联网云存储方案中数据上传过程的鲁棒性至关重要。Farhadi 等[37]利用云存储中的 (t,n)-门限秘密共享方案，提出了一种在物联网中存储聚合数据的新方法，显著提高了数据的鲁棒性，但方案未考虑云是一个"好奇"的实体，可能试图从上传数据中获取敏感信息。为此，Galletta 等[38]评估了解决远程服务中存储文件的隐私和安全问题的两种最常见的秘密共享算法，以确定它们对不同环境的适用性，但方案可能面临篡改攻击从而丧失系统可用性。Tan 等[39]设计了一个基于区块链和 Shamir 秘密共享的物联网数据保护方案。该方案可以有效地防止攻击者窃取数据，并保护加密密钥。

虽然上述方案解决了大部分的安全问题，但其中多数方案将数据直接存储在区块链上，使得方案的存储效率和检索效率不足。Li 等[40]首次提出了基于区块链的物联网数据云存储方案，能够在无须证书的前提下高效完成云存储数据的完整性审计和数据交易，确保了数据的存储安全，该方案通过利用区块链矿工在无证书密码的帮助下执行"交易"验证和记录审计，有效且高效地实现物联网数据存储并记录交易信息。通过这种链下存储海量数据、链上存储交易信息的方式，能够在利用区块链卓越的安全性质的同时，保证较好的运行效率。Lin 等[26]针对物联网数据上传至云服务器后的组合放置问题，提出了一种自下向上的树形存储方案，能较为有效地提升数据存储与检索效率。另外，Wan 等[41]提出了一种节能和省时的多维数据索引方案，利用分层索引结构和二进制空间分区(BSP)技术，显著降低了数据查询延迟。

尽管现在提出的方案都能从不同维度解决物联网数据存储领域的安全和效率问题，但是没有一个整体的方案能够在较强的安全模型下，同时兼顾大型物联网系统中海量数据的检索效率和存储效率。针对数据上传与云端存储中的安全问题，本章分别设计了一种轻量级门限秘密共享传输方案及合作而非竞争的区块链存储结构，能提供高效和安全的数据存储服务。此外，为了提高数据检索效率，本章还设计了一个基于时间戳的检索树结构和深度优先搜索算法。

5.3　问 题 描 述

5.3.1　系统模型

整个系统中主要有三类实体，即物联网设备、数据存储系统和数据用户，如图 5.1 所示。每个实体都有自己的责任，不同实体的相关数据处理阶段各有不同。为简单起见，以秘密共享方案为例。

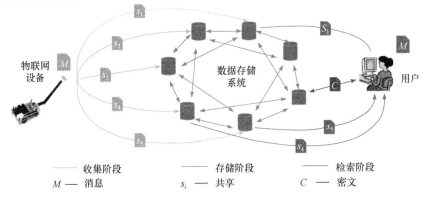

图 5.1　物联网数据存储系统框架

如图 5.1 的左边部分所示，物联网设备定期生成有关监测环境的信息，包括数字数据、音频甚至视频。每个物联网节点都被分配了一个唯一的标识符。在部署阶段，它与一个数据用户绑定，他们共享一个对称密钥来加密和解密所传递的信息。一旦信息产生，物联网节点首先用秘钥对其进行加密，然后将其映射到一组长度较短的份额 $s_1, s_2, \cdots, s_5$，这些份额代替消息 M 被存储在数据存储系统中。

在数据存储系统中，如图 5.1 的中间部分所示。每个块代表一组异质的云节点，每个节点拥有三个角色，即物联网数据存储实体、区块链节点和数据检索服务器。首先，作为数据存储节点，一个信息 M 的共享分散存储在不同的节点中。在理想情况下，不同节点上的数据存储量应该是彼此大致相等的，这样可以提高整个系统的安全性和效率。为了使存储的数据不被篡改，物联网数据共享和相应的信息映射成一个固定长度的哈希值。然后，此哈希值被用来构建区块，最后将其附加到区块链上，但是份额并不反映在区块链中，它们与现有区块链的交易不同，区块链的确切结构和更新过程将在第 5.5 节介绍。

在物联网数据查询过程中，如图 5.1 的右边部分所示。考虑到区块链是由系统中的所有节点共享的，数据用户首先向系统中的任意区块链节点请求感兴趣的共享位置，即 $l_1, l_2, \cdots, l_5$；然后他们向存储共享的节点申请获取份额，一旦收到至少 3 个份额，如 s_1, s_4, s_5，就可以恢复原始信息。物联网数据查询的细节将在第 5.6 节讨论。

5.3.2   威胁模型

威胁模型分为以下几种。

(1) 云服务器威胁模型。本章采用多个属于不同所有者的云节点，云节点内部没有一个集中的管理者，并假设这些云节点之间不能相互勾结。每个节点都有一些漏洞，可以被敌手低概率地挖掘和利用，此外本章假设不同的云有不同且独立的漏洞。

除了安全漏洞，云本身也试图收集和推断物联网的数据。与文献[2]、[3]中方案的威胁模型类似，每个云节点被认为是"诚实但好奇"的，该假设广泛使用在基于云的加密数据存储领域中。在这种假设下，云服务器可以诚实地执行预设指令。然而，它也好奇地访问原始物联网信息，以推断和分析物联网用户的隐私信息。

(2) 敌手威胁模型。假设敌手对存储在系统中的所有物联网数据都感兴趣，体现为试图窃取、篡改和破坏存储的数据。他们首先挖掘漏洞，然后利用漏洞攻击系统。本章在系统模型中提到，一个云服务器节点具有数据存储节点、区块链节点和检索节点三重身份。敌手攻破云服务器产生的威胁可以从这三点展开：作为存储系统被破坏时，敌手可以直接获取、修改其中存储的数据；作为区块链节点被破坏时，敌手可以伪造交易信息，构造假区块；作为检索节点被破坏时，敌手可以直接获取用户的共享请求。在本章中，数据存储系统中的所有节点都被认为是异质的，它们的漏洞彼此不同，敌手不能以相似的机制来攻击一组节点。

敌手获得物联网数据的另一种方法是捕获共享份额，用于恢复原始信息。此外，敌手还可以通过拒绝服务攻击阻止系统提供数据查询服务，一旦一组存储节点受到攻击，所有的数据用户都无法与之连接。

(3) 数据用户威胁模型。恶意的数据用户也可能试图未经授权访问数据，具体来说，他们假装自己是授权用户，从存储系统中检索物联网数据。

(4) 物联网设备威胁模型。预先存储系统由于更加高效、计算量更低的特点，尤其适合物联网场景，系统的相关系数会预先存储在物联网设备中，比如选取的门限值 (t, n) 和物联网设备的对称加密密钥。但是，物联网设备制造商通常会存储相同的系数或来自缺乏整体随机性的较小群体的系数，以实现成本效益，这会对消息恢复造成威胁。另外，通过对物联网节点进行逆向分析，可能破解其中存储的相关系数信息。

第 5.7 节详细讨论了这几种威胁模型对于方案安全性的影响。本章将从系统三元组入手，分析在各个威胁模型下的方案安全性表现，证明本章的方案可以在这几种威胁模型下保持良好的安全性质。

5.3.3　设计目标

本章物联网数据存储框架的设计目标总结如下。

(1) 物联网数据的保密性。系统可以限制只有经授权的数据用户可以访问和公开物联网信息，以及防止未经授权的用户访问或公开这些信息。

(2) 物联网数据的完整性。系统可以保证物联网信息的可信度和真实性。

(3) 物联网数据的可用性。可用性指的是物联网数据的可用性损失。例如，在集中式数据存储系统中，一旦服务器被敌手摧毁，数据可能完全丢失。

(4) 物联网数据的检索效率。系统允许数据用户以高效的方式访问存储的物联网数据。

5.4　云中的分布式物联网数据存储

5.4.1　基于轻量级秘密共享技术将物联网消息映射成份额

(t,n) -秘密共享方案将信息 M 映射到 n 个份额 $\{s_1,s_2,\cdots,s_n\}$，其中任何 $t(t \leqslant n)$ 个份额都可以恢复秘密 M，否则 M 无法恢复。文献中提出了许多经典的秘密共享方案[42-44]，Shamir[42]首先设计了一个基于多项式插值的秘密共享方案，假设秘密是一个秘密数字 M，为了将其划分为一组份额 $\{s_1,s_2,\cdots,s_n\}$，随机挑选一个次数为 $t-1$ 的多项式 $q(x)=a_o+a_1x+\cdots+a_{k-1}x^{k-1}$，其中 $a_o=M$ 且 $s_1=q(1),\cdots,s_i=q(i),\cdots,s_n=q(n)$。然后，给定任何 t 个份额，可以首先构建多项式 $q(x)$，最后通过计算 $q(0)$ 得到 M。

在本章的方案中，将物联网节点生成的原始数据表示为 V，并将其加密如下：

$$V_e = E_k(V) \tag{5-1}$$

其中，V_e 是 V 的密文，E 是一种适当的加密算法，k 是物联网节点和其数据用户之间的对称密钥。每个消息 M 包括三个部分，即物联网节点的标识符、数据生成的时间戳和加密的数据 V_e。为简单起见，本节将这三部分分别表示为 ID，T 和 V_e。

为了提高数据的安全性和存储效率，本章存储消息份额而不是消息 M。如图 5.2 所示，信息 M 被映射到 7 个份额，其中任何 4 个份额都可以恢复 M。每个份额包括四个部分，即物联网节点的标识符、出生时间戳、份额的序列号和秘密 V_e 的份额，标识符 ID 和时间戳 T 直接来源于 M。份额依次从 1 到 7 中选择序列号，最后采用一个 $(4,7)$ 秘密共享方案来构建 V_e 的秘密份额。

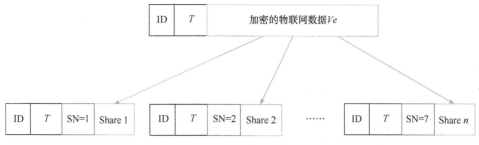

图 5.2　秘密共享框架

本章将 V_e 视为一个长度为 L 的比特流，首先将其分为四个部分，即等 $L/4$ 长的 $\{x_1, x_2, x_3, x_4\}$。如果不能被 4 分割，在 V_e 末尾添加一组 0，基于 x_1, x_2, x_3 和 x_4，构建 7 个秘密份额 $\{s_1, s_2, s_3, s_4, s_5, s_6, s_7\}$，如下所示：

$$s_i = x_1 + a^{i-1} \cdot x_2 + b^{i-1} \cdot x_3 + c^{i-1} \cdot x_4 \bmod p \tag{5-2}$$

其中，a,b,c 是三个大于 1 的不同整数，并且 p 是一个大于 $2^{L/4}$ 的大素数。

在物联网中，终端设备的资源受到严格限制，如计算、通信和能源。为方便起见，公式(5-2)中的系数可以预先计算并存储在设备中。为了构建份额，本方案需要总共执行 21 次乘法运算，21 次加法运算和 7 次模子运算，与大多数现有的方案[42, 45]相比，本章的方案在构建秘密份额方面是相当轻便的。

素数 p 的长度决定了份额的平均长度，素数越小，份额越短；素数越大，份额越长。为了提高数据传输效率，选择大于 $2^{L/4}$ 的最小素数，在这种情况下，份额的平均长度约为 $L/4$，比原始信息短得多。

5.4.2　秘密共享方案正确性验证

定理 5.1　给定一个至少有 4 个份额的集合，可以通过解决一个方程组得到 $\{x_1, x_2, x_3, x_4\}$，并恢复 V_e。

证明：在不失一般性的前提下，首先随机选择四个份额 s_i, s_j, s_k, s_l，其中 $1 \leqslant i < j < k < l \leqslant 7$。然后，构建 4 个带有变量 x_1, x_2, x_3, x_4 的方程，它们可以用矩阵的形式表示如下：

$$\begin{pmatrix} s_i \\ \vdots \\ s_l \end{pmatrix} = \begin{pmatrix} 1^{i-1} & \cdots & c^{i-1} \\ \vdots & & \vdots \\ 1^{l-1} & \cdots & c^{l-1} \end{pmatrix} \begin{pmatrix} x_1 \\ \vdots \\ x_4 \end{pmatrix} = B \begin{pmatrix} x_1 \\ \vdots \\ x_4 \end{pmatrix} \tag{5-3}$$

当且仅当 B 的行列式为非零时，即 $|B| \neq 0$，可以从方程组中得到唯一解。假设 a,b,c 是三个不同的正整数，需要证明的是：

$$\begin{vmatrix} 1 & 1 & 1 & 1 \\ a^i & a^j & a^k & a^l \\ b^i & b^j & b^k & b^l \\ c^i & c^j & c^k & c^l \end{vmatrix} \neq 0 \tag{5-4}$$

为计算行列式(5-4)的数值，令

$$A = \frac{b^k - b^i}{a^j - a^i} \cdot \left(\frac{a^j - a^i}{a^k - a^i} - \frac{b^j - b^i}{b^k - b^i} \right) \cdot \frac{c^k - c^i}{a^j - a^i} \left(\frac{a^j - a^i}{a^k - a^i} - \frac{c^j - c^i}{c^k - c^i} \right) \tag{5-5}$$

然后，计算

$$\begin{aligned} D &= \begin{vmatrix} 1 & 1 & 1 & 1 \\ a^i & a^j & a^k & a^l \\ b^i & b^j & b^k & b^l \\ c^i & c^j & c^k & c^l \end{vmatrix} \\[2mm] &= \begin{vmatrix} \dfrac{b^k - b^i}{a^k - a^i} - \dfrac{b^j - b^i}{a^j - a^i} & \dfrac{b^l - b^i}{a^l - a^i} - \dfrac{b^j - b^i}{a^j - a^i} \\[4mm] \dfrac{c^k - c^i}{a^k - a^i} - \dfrac{c^j - c^i}{a^j - a^i} & \dfrac{c^l - c^i}{a^l - a^i} - \dfrac{c^j - c^i}{a^j - a^i} \end{vmatrix} \\[4mm] &= \left(\frac{b^k - b^i}{a^k - a^i} - \frac{b^j - b^i}{a^j - a^i} \right) \left(\frac{c^k - c^i}{a^k - a^i} - \frac{c^j - c^i}{a^j - a^i} \right) \times \left(\frac{\dfrac{c^l - c^i}{a^l - a^i} - \dfrac{c^j - c^i}{a^j - a^i}}{\dfrac{c^k - c^i}{a^k - a^i} - \dfrac{c^j - c^i}{a^j - a^i}} - \frac{\dfrac{b^l - b^i}{a^l - a^i} - \dfrac{b^j - b^i}{a^j - a^i}}{\dfrac{b^k - b^i}{a^k - a^i} - \dfrac{b^j - b^i}{a^j - a^i}} \right) \\[4mm] &= \frac{b^k - b^i}{a^j - a^i} \left(\frac{a^j - a^i}{a^k - a^i} - \frac{b^j - b^i}{b^k - b^i} \right) \frac{c^k - c^i}{a^j - a^i} \left(\frac{a^j - a^i}{a^k - a^i} - \frac{c^j - c^i}{c^k - c^i} \right) \\[4mm] &\quad \times \left(\frac{\dfrac{c^{l-i} - 1}{a^{l-i} - 1} - \dfrac{c^{j-i} - 1}{a^{j-i} - 1}}{\dfrac{c^{k-i} - 1}{a^{k-i} - 1} - \dfrac{c^{j-i} - 1}{a^{j-i} - 1}} - \frac{\dfrac{b^{l-i} - 1}{a^{l-i} - 1} - \dfrac{b^{j-i} - 1}{a^{j-i} - 1}}{\dfrac{b^{k-i} - 1}{a^{k-i} - 1} - \dfrac{b^{j-i} - 1}{a^{j-i} - 1}} \right) \end{aligned} \tag{5-6}$$

则有

$$D = A \left(\frac{\dfrac{c^{j-i} - 1}{a^{l-i} - 1}}{\dfrac{c^{j-i} - 1}{a^{k-i} - 1}} \right) \left(\frac{\dfrac{c^{l-i} - 1}{c^{j-i} - 1} - \dfrac{a^{l-i} - 1}{a^{j-i} - 1}}{\dfrac{c^{k-i} - 1}{c^{j-i} - 1} - \dfrac{a^{k-i} - 1}{a^{j-i} - 1}} - \frac{\dfrac{b^{l-i} - 1}{b^{j-i} - 1} - \dfrac{a^{l-i} - 1}{a^{j-i} - 1}}{\dfrac{b^{k-i} - 1}{b^{j-i} - 1} - \dfrac{a^{k-i} - 1}{a^{j-i} - 1}} \right)$$

$$= A\left(\frac{a^{k-i}-1}{a^{l-i}-1}\right)\left(\frac{\dfrac{c^{l-i}-1}{c^{j-i}-1}-\dfrac{a^{l-i}-1}{a^{j-i}-1}}{\dfrac{c^{k-i}-1}{c^{j-i}-1}-\dfrac{a^{k-i}-1}{a^{j-i}-1}}-\dfrac{\dfrac{b^{l-i}-1}{b^{j-i}-1}-\dfrac{a^{l-i}-1}{a^{j-i}-1}}{\dfrac{b^{k-i}-1}{b^{j-i}-1}-\dfrac{a^{k-i}-1}{a^{j-i}-1}}\right) \tag{5-7}$$

现在令

$$a^{j-i}=\tau, b^{j-i}=t, c^{j-i}=s$$
$$a^{k-i}=\tau^{\beta}, b^{k-i}=t^{\beta}, c^{k-i}=s^{\beta} \tag{5-8}$$
$$a^{l-i}=\tau^{\alpha}, b^{l-i}=t^{\alpha}, c^{l-i}=s^{\alpha}$$

其中，$\alpha=\dfrac{l-i}{j-i}>\beta=\dfrac{k-i}{j-i}>1$ 且 $s>t>\tau$。可以得到：

$$D=A\left(\frac{\tau^{\beta}-1}{\tau^{\alpha}-1}\right)\left(\frac{\dfrac{s^{\alpha}-1}{s-1}-\dfrac{\tau^{\alpha}-1}{\tau-1}}{\dfrac{s^{\beta}-1}{s-1}-\dfrac{\tau^{\beta}-1}{\tau-1}}-\frac{\dfrac{t^{\alpha}-1}{t-1}-\dfrac{\tau^{\alpha}-1}{\tau-1}}{\dfrac{t^{\beta}-1}{t-1}-\dfrac{\tau^{\beta}-1}{\tau-1}}\right) \tag{5-9}$$

因此，仅需要证明 $f(t)=\dfrac{\psi_{\alpha}(t)}{\psi_{\beta}(t)}$ 是一个单调递增的函数，其中

$$\psi_{\alpha}(t)=\frac{t^{\alpha}-1}{t-1}-\frac{\tau^{\alpha}-1}{\tau-1},\ \psi_{\beta}(t)=\frac{t^{\beta}-1}{t-1}-\frac{\tau^{\beta}-1}{\tau-1} \tag{5-10}$$

现在求 $f(t)$ 的导数，可以得到：

$$f'(t)=\frac{1}{\psi_{\beta}^2(t)}\left(\psi_{\alpha}'(t)\int_{\tau}^{t}\psi_{\beta}'(s)\mathrm{d}s-\psi_{\beta}'(t)\int_{\tau}^{t}\psi_{\alpha}'(s)\mathrm{d}s\right)$$
$$=\frac{1}{\psi_{\beta}^2(t)}\int_{\tau}^{t}(\psi_{\alpha}'(t)\psi_{\beta}'(s)-\psi_{\beta}'(t)\psi_{\alpha}'(s))\mathrm{d}s \tag{5-11}$$

需要证明 $f'(t)>0$。换句话说，需要证明：

$$\psi_{\alpha}'(t)\psi_{\beta}'(s)>\psi_{\beta}'(t)\psi_{\alpha}'(s), s>t>\tau \tag{5-12}$$

即

$$\frac{\psi_{\alpha}'(t)}{\psi_{\beta}'(t)}>\frac{\psi_{\alpha}'(s)}{\psi_{\beta}'(s)}, s>t>\tau \tag{5-13}$$

考虑到

$$\frac{\psi'_\alpha(t)}{\psi'_\beta(t)} = \frac{(\alpha-1)t^\alpha - \alpha t^{\alpha-1} + 1}{(\beta-1)t^\beta - \beta t^{\beta-1} + 1} = \frac{\varphi_\alpha(t)}{\varphi_\beta(t)} \tag{5-14}$$

取

$$\varphi'_\alpha(t) = (\alpha-1)\alpha t^{\alpha-1} - \alpha(\alpha-1)t^{\alpha-2} = \alpha(\alpha-1)t^{\alpha-2}(t-1) > 0 \tag{5-15}$$

并且

$$\varphi'_\beta(t) = \beta(\beta-1)t^{\beta-2}(t-1) > 0 \tag{5-16}$$

由于

$$\frac{\varphi'_\alpha(t)}{\varphi'_\beta(t)} = \frac{\alpha(\alpha-1)t^{\alpha-2}(t-1)}{\beta(\beta-1)t^{\beta-2}(t-1)} = \frac{\alpha}{\beta}\frac{\alpha-1}{\beta-1}t^{\alpha-\beta} > 0 \tag{5-17}$$

因此

$$\frac{\psi'_\alpha(t)}{\psi'_\beta(t)} > 0 \tag{5-18}$$

通过上述的证明可知，任何 4 个份额都可以用来重建原始信息，证明完毕。

根据定理 5.1 可以推断出，即使一些份额被敌手丢失或破坏，原始信息仍然可以被恢复，提高了数据的鲁棒性。

5.4.3　共享消息恢复机制

在信息恢复过程中，至少需要收集 4 个份额，然后根据方程(5-2)构建以 x_1，x_2,x_3,x_4 为变量的 4 个方程。在 5.4.2 节中已经证明，通过解决方程组，总是可以得到 x_1,x_2,x_3,x_4，进而恢复 V_e，下面通过一个例子进行详细描述。

假设 x_1,x_2,x_3,x_4 为 7，3，2，5，并且 p 等于 13，那么根据方程(5-2)可以计算出 7 个份额 $s_1,s_2,s_3,s_4,s_5,s_6,s_7$，它们分别是 4，0，0，2，2，2 和 11。当物联网数据用户收到至少 4 个份额时(如前 4 个份额为 4，0，0，2)，可以构建如下 4 个方程：

$$\begin{cases} 4 = x_1 + x_2 + x_3 + x_4 \bmod 13 \\ 0 = x_1 + 2x_2 + 3x_3 + 4x_4 \bmod 13 \\ 0 = x_1 + 4x_2 + 9x_3 + 16x_4 \bmod 13 \\ 2 = x_1 + 8x_2 + 27x_3 + 64x_4 \bmod 13 \end{cases} \tag{5-19}$$

通过 Gauss-Jordan 消除算法，可以消除变量 x_1,x_2,x_3 并得到：

$$6x_4 \bmod 13 = 4 \tag{5-20}$$

考虑到 x_4 小于 13，可以准确地恢复为 5。通过把 x_4 代入方程(5-19)，可以得到 x_1，x_2，x_3 分别为 7，3，2。这样原始加密信息就被恢复了，通过依次组合 x_1，x_2，x_3，x_4，可以得到 V_e。

5.4.4　节点间物联网数据存储的平衡性

如图 5.1 所示，系统中的每个数据存储节点可以在本地存储大量的物联网数据。一旦为一条信息构建了一组 7 个份额，物联网设备就会独立地将它们发送到一组不同的数据存储节点。具体来说，首先从 1 到 10 中随机选择 7 个不同的序列号，然后将每个份额交付给具有相应序列号的存储节点。通过这种方式，存储系统中各节点的工作负荷得到平均平衡，整体存储效率得到提高。

对于每个数据存储节点，消息份额是根据生成时间和物联网节点标识符，按顺序存储的。首先根据从参数 T 中提取的生成时间对份额进行排序，如果一组份额具有相同的生成时间，它们将根据从参数 ID 中提取的物联网节点标识符进行排序。事实上，上述过程效率非常高，因为在数据收集过程中，物联网消息份额大约是按照其生成时间的顺序被接收的。因此，通过访问一小部分物联网消息份额，新收到的份额可以很容易地插入到现有条目中，这种机制可以极大地提高物联网数据的检索效率，具体细节在第 5.6 节讨论。

5.5　通过区块链实现数据完整性保护和位置信息显露

为了保护物联网数据份额的完整性，并在所有节点之间显露位置信息，专门为数据存储系统设计了一个新的区块链。在此区块链系统中，各节点一旦收到足够的份额，就会轮流形成区块。新生成的区块被附加到区块链上，然后在所有区块链节点之间更新。系统中的节点相互协作，生成新的区块。这个想法与现有的区块链完全不同，在现有的区块链中，节点之间相互竞争，以挖掘新的区块并更新链。这样一来，本章的区块链系统的成本就极大降低了，整体效率也提高了，此外建立共识的过程也得到了简化。

本节首先在第 5.5.1 节中讨论了区块的结构，然后在第 5.5.2 节中讨论了区块链的更新过程。

5.5.1　构建新区块

图 5.3 展示了一个区块的结构。

区块头
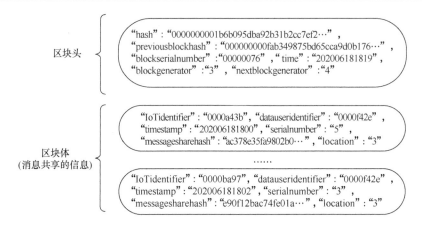

"hash"："0000000001b6b095dba92b31b2cc7ef2…"，
"previousblockhash"："000000000fab349875bd65cca9d0b176…"，
"blockserialnumber"："00000076"，"time"："202006181819"，
"blockgenerator"："3"，"nextblockgenerator"："4"

区块体
(消息共享的信息)

"IoTidentifier"："0000a43b"，"datauseridentifier"："0000f42e"，
"timestamp"："202006181800"，"serialnumber"："5"，
"messagesharehash"："ac378e35fa9802b0…"，"location"："3"

……

"IoTidentifier"："0000ba97"，"datauseridentifier"："0000f42e"，
"timestamp"："202006181802"，"serialnumber"："3"，
"messagesharehash"："e90f12bac74fe01a…"，"location"："3"

图 5.3　区块链结构

图中，每个区块包括两个模块，即区块头和区块体，存储消息份额的信息。在区块头中，区块的哈希值是由 SHA-256 哈希算法计算的，下一个条目是前一个区块的哈希值。通过这种方式，所有的区块都被串联起来，任何前一个区块都不能被篡改。考虑到它们的哈希值也被存储在区块的主体中，存储的物联网数据也不能被修改。因此基于区块链的特性，所有物联网数据在完整性方面是安全的，为了控制区块生成的顺序，下一个区块生成者的标识符被存储在区块中。通过这种方式，节点轮流形成新的区块，且区块的序列号和生成时间也被存储在标题中。

物联网消息份额的信息位于区块头的后面，区块中存储的数据交易信息对应负责建立该区块的数据存储节点，从上一次负责建块开始到此次建块中所接受到的所有存储在此节点的份额数据。对于每个消息份额，采用 6 个条目来形成区块中的交易，第 1 个条目是物联网标识符，表示产生消息份额的物联网节点。数据用户标识表示哪些用户组可以访问消息份额，数据标识符 Timestamp 是该份额的生成时间。在本方案中，一个份额的序列号范围是 1 到 7，消息份额的哈希值也被整合到块中。最后一个条目是位置信息，表示份额的存储位置，然后将一个区块中所有的份额信息组织成默克尔树结构，以便其他节点检验区块是否以正确的方式构造。在本节中，采用了 10 个存储节点，因此一个份额的位置范围是 1 到 10，在一个区块中，所有份额的位置都是相同的，因为它们都存储在一个云节点中。

5.5.2　更新区块链

在区块链中，每个节点可以形成一个区块，然后将其附加到链上。为了同步更新不同节点的所有区块链，在现有的区块链系统中提出了几种共识算法，如工

作证明、权益证明、实用拜占庭容错等。在现有的区块链中，由于成员之间的竞争和工作负载的不平衡，在所有成员之间达成共识需要消耗大量的资源。显然，考虑到物联网数据量非常大，这些机制不能适应物联网数据存储的场景，需要一种更有效的方式。

与现有的区块链不同，在本章系统中，所有的节点都会从物联网节点收到类似数量的信息份额，而且它们的工作量也是类似的。同时方案采用的是类似于私有链的架构，每个节点都需要经过严格的审查，会在系统部署前规定好成员节点，并将部分信息写入物联网设备硬件中，因此每个节点都是相当可信的。在PoS 方案中，所有的区块链节点可以通过公开选举，根据每个节点对区块链系统做出的贡献，来推举出构造新区块的节点。可以进一步简化这一推举过程，在相信每个节点都是可信的前提下，认为每个节点都有相同的权益。在这种情况下，本章设计了一个基于令牌的机制来有效地更新区块链，如图 5.4 所示。在区块链系统中，只存在一个令牌，它按顺序在各节点之间游走。当且仅当一个节点持有该令牌，该节点可以构建一个新的区块，并将其追加到区块链中。当构建一个新的区块时，所有收到的尚未附加到该节点的区块链上的消息份额都被采用。考虑到各节点的信息份额数量可能略有不同，区块的大小也可能彼此不同。

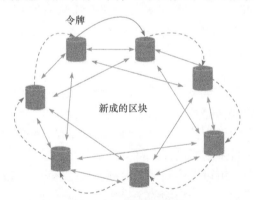

图 5.4　区块链系统更新过程

具体的更新过程在算法 5.1 中提出。其中，参数 P 用来控制区块生成的速度，有了预设的区块大小，即一个区块中的份额数量，如果物联网份额的生成速度小，系统可以放大 P；相反，如果物联网份额的生成速度大，系统可以减小 P。当收到令牌时，节点开始构建新的区块，每个收到的物联网份额被映射到区块中的一个条目。一旦所有条目被构建，节点就可以最终计算出区块的哈希值，并生成一个新的区块。

算法 5.1　共识建立算法

输入:区块链中的所有节点 $N = \{N_1, \cdots, N_m\}$，令牌 Token，周期 P 的参数

1. For 每个节点 $N_i \in N$ 接收令牌 Token

2. 使用多线程并行检索各个子树，并合并检索结果

3. 基于份额信息构建交易条目

4. 基于所有交易条目计算块的哈希值，并形成新的块 NB

5. 将区块 NB 附加到区块链

6. 向所有节点成员广播更新信息

7. 在周期 P 结束时将令牌 Token 传递给 N 中的下一个节点

输出:在所有节点之间建立共识

通过将新区块附加到链的末端来更新区块链，节点需要将更新信息广播给系统中的所有成员。当收到一个新的区块时，每个存储节点均会将本地存储的份额信息与新块中的数据进行对比，如果相同，则将该块加至链的末尾，并从本地删除该块对应的所有数据交易信息，通过这种验证机制，可以确保恶意节点无法篡改数据交易信息。最后在周期结束时，令牌被交付给下一个节点。通过重复上述过程，区块链随着物联网数据的产生而增长。

采用这种基于令牌的机制，各个区块链节点将轮流生成新区块，无须像 PoW 一样通过工作量竞争新区块的构造权力，或者像 PoS 一样证明自己的权益。相比其他传统共识方案，基于令牌的共识机制极大提升了区块的更新速度，满足了物联网中数据高速产生对更新效率的要求。本章也针对区块链的更新效率开展了详细的仿真实验，具体的实验数据将在后续中详细介绍。

5.5.3　检验完整性

在数据检索过程中，份额的哈希值与它们的位置一起返回给数据用户，这将在第 5.6 节讨论。因此当收到一个消息份额时，数据用户可以通过计算其哈希值，然后将其与收到的哈希值进行比较，轻松地检查其完整性。下面将详细介绍完整性检验过程。

首先，需要检验新区块的完整性。如果敌手攻破持有令牌的节点，他会伪造存储错误信息的新区块。按照区块更新机制，每个节点需要在网络中广播收到的份额"交易"信息，这样在新区块生成后，每个节点都可以通过对比同一交易在网络广播和区块存储的哈希值是否相同来检验该区块的完整性。如果其他节点发现新生成的区块是错误的，他们将拒绝同步该区块，并由下个节点根据广播信息在原有的链上继续生成新区块。

接下来，用户可以通过区块链系统校验接收到份额的完整性。一个区块记录

了在一定时间内存储节点接收到的所有消息份额，取其中消息 M 的一个份额 S 为例，在收到份额 S 后，区块链节点构造如图 5.3 所示的区块信息，其中共享 S 对应的信息为共享 S 的哈希值、存储节点、时间戳、序列号等。当用户从存储节点获取了份额 S 时，他需要在区块链上找到公开的存储份额 S 相关信息的区块，并按照规定的哈希算法去计算自己接收到的份额 S 对应的哈希值 hash'。如果 hash' 和区块链上存储的对应哈希值相同，则说明在存储节点接受这一份额以来，该份额并没有被修改。

如果数据用户发现一些消息份额被篡改，他可以请求其他份额来准确恢复原始消息。此外，如果一个份额的完整性被破坏，数据用户可以将异常情况上传到系统的监管机构，如此可以很容易地找到该份额的存储节点，然后检查该存储节点的可靠性。

5.5.4　成员管理

实际情况中，由于系统数据随时间增加，可能需要插入新的存储节点来平衡其他节点的存储开销，同时旧的节点也可能由于故障或者被证明不诚实而被删除。下面以区块链系统增加新节点这一操作为例，介绍插入新节点流程。

首先，系统的所有者需要审核并认证新节点的身份，对该云服务器的性能、安全性等指标进行考核，经过管理者授权后方能允许各节点互相发现，并根据赋予其唯一的身份标识，标注其为新加入的存储节点。

然后，在私有链网络中，原先的节点探查发现网络中加入了新成员，并收到了新节点的广播信息，和新节点建立了可信连接。此时新节点可以正常同步区块链数据，并上传交易信息。

最后，按照共识机制，下一个构造新区块的节点为当前区块头中所标识的"nextBlockgenerator"，该条目数据指示的为下个新区块的构造者。当上个区块的构造节点收到了节点更新广播后，该条目的取值便包含了新加入的节点。这样当令牌传递到新节点时，新节点便会负责新区块的构建，区块链系统正式接纳了具有写入数据权限的新节点。

前面提到，一些旧节点可能由于故障等原因被删除，事实上节点删除操作和节点增加操作流程是相同的，都需要按照私有链的操作规范，在网络中广播节点删除信息，从而删除出现错误的旧节点。

5.6　安全高效的物联网数据检索

在安全的分布式物联网数据存储系统中，数据用户的一个基本操作是搜索感兴趣的物联网数据。如图 5.3 所示，对于一个份额，物联网标识符、序列号、哈希值和位置等信息都由区块链显露。因此每个云节点都知道系统中任何份额的位置，他们可以帮助数据用户检索物联网数据。

5.6.1　物联网数据检索框架

在本章中，物联网用户通过提供两个参数来检索物联网终端设备的数据，即物联网设备的标识 ID 和时间段 (T_i, T_j)。给定参数为 ID 和 (T_i, T_j) 的数据请求，系统需要返回由具有 ID 的物联网节点生成的所有物联网数据，作为时间段 (T_i, T_j) 的标识符。需要注意的是，虽然每个存储节点都可以拥有以 ID 和 T 作为搜索参数的份额位置，但在本系统中它不能访问其他存储节点的份额。

整个物联网数据检索过程的框架包括两个子过程，即在系统中定位感兴趣的份额节点和在大量份额中由一个存储节点定位份额。具体来说，一旦产生查询请求，数据用户将其发送给系统中的任何一个存储节点，然后存储节点将搜索到的份额的位置和哈希值都发送给数据用户。根据收到的位置，数据用户可以与相应的存储节点进行通信以请求份额，对于每个搜索到的物联网信息，一旦收到至少 T_i 个份额，数据就可以恢复它，并且数据检索过程完成。

下面首先为份额向量设计了一个索引树，然后提出一个深度优先的物联网数据检索算法，以有效地定位感兴趣的份额，同时组织和搜索存储节点中的物联网数据。

5.6.2　定位目标份额的存储节点

1) 平衡索引树的结构

为了返回搜索到的份额的位置和哈希值，每个节点需要构建和维护一个关于份额的索引结构。首先将每个份额映射为一个份额向量 SV，SV 有 5 个元素，即物联网设备的标识符 ID、生成时间 T、序列号 SN、其存储位置和哈希值。对于每个份额，所有上述信息都可以在区块链中找到，因此可以很容易地提取存储节点中所有份额的向量。

如图 5.5 所示，这些向量被组织成一棵平衡的索引树，两个分支参数 B_1 和 B_2 被用来控制树的形状。具体来说，当一个叶子节点中的份额向量的数量大于 B_1，本方案生成一个新的叶子节点来存储新到达的向量；同样对于非叶子节点，当其子节点的数量大于 B_2，需要构建一个新的节点。随着 B_1 和 B_2 的增加，树的高度减少，树的宽度增加，反之亦然。为了权衡份额到达速度和数据搜索频率，需要仔细分配这两个参数。

索引树的另一个重要属性是节点中的向量之间是相似的，一对向量之间的相似性可以根据数据检索模式灵活地定义，它可能包括一组独立的维度。考虑到本方案中的基本检索模式，树中的每个节点只保留一个时间段条目，即(T_m, T_n)，表明该节点下的所有份额都是在(T_m, T_n)时期内产生的。此外，如图5.5所示，叶子节点中的所有份额向量都是以升序方式排序的，因此在树中具有相同深度节点的时间段条目是相互不相交的，它们是按顺序排序的，这一特性极大提高了搜索效率，在下面会进行讨论。

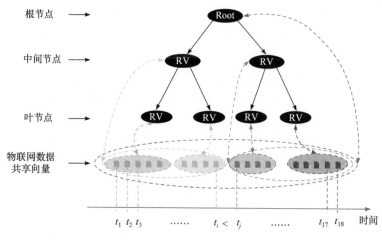

图 5.5 份额向量索引树结构

2) 索引树的构建

考虑到物联网数据是连续产生的，需要以递增的方式构建索引结构。作为生成时间T的份额向量SV，与作为时间(T_m, T_n)入口的节点N_s之间的距离定义如下：

$$\mathrm{dist}(SV, N_s) = \begin{cases} 0, & T \text{ 在 } (T_m, T_n) \text{ 中} \\ \min(|T - T_m|, |T - T_n|), & \text{其他} \end{cases} \tag{5-21}$$

其中，|*|是*的绝对值。

基于该定义，索引树可以通过五个步骤动态构建。

(1) 定位叶子节点。当一个新的份额向量到来时，通过连续选择其时间段包含份额的生成时间T的子节点，在树中向下遍历搜索该向量。如果没有任何子节点覆盖，选择最接近T的子节点。

(2) 检查叶子节点的状态。一旦找到最近的叶子节点，需要首先向叶子节点插入矢量。如果找到的叶子节点是最新的叶子节点，即图5.5中代表t_{17}, t_{18}的叶子节点，并且叶子节点的子节点的数量小于B_1，则将SV插入到叶子节点，否则分割该节点。此外如果找到的叶子节点不是最新的叶子节点且子节点的数量大于$\rho * B_1 (\rho \geq 1)$，也分割此节点。

(3) 分割叶子节点。对于具有一组份额向量的最新叶子节点，通过将具有最大生成时间的份额向量放到一个新构建的叶子节点中来分割它，在其他叶子节点的分裂过程中，选择距离最大的两个份额向量作为根节点，然后将其他向量分配给较近的根节点。最后，这两个向量簇形成两个新的叶子节点。

(4) 更新叶子节点中的条目。一旦叶子节点吸收了一个份额向量或它们被分割，叶子节点中的条目就需要被更新。基于时间段条目的定义，更新过程非常简单。

(5) 更新到根节点路径上的中间节点。一旦一个叶子节点被更新，通往根节点路径上的所有中间节点都需要以自下而上的方式被更新，同样如果一个中间节点包含多于 B_2 个子节点，它也需要被拆分，这个过程与叶子节点的过程类似。拆分过程不断重复，直到产生一个新的根节点，在这种情况下，索引树的高度会增加 1。

在方案中，索引结构随着越来越多的份额向量被插入树中而动态地增加，除了把相似的向量放到附近的簇中，还遵守另一个原则，即试图保持叶子节点的稳定，这与大部分将新收到的份额向量插入到最新的叶子节点中的主流情况不同。虽然有一部分向量需要插入到其他一些叶子节点中，但由于子节点的数量近似平衡，树的搜索效率也近似最佳。因此，一旦最新的叶子节点的数量超过其子节点的数量，就根据前述分割叶子节点步骤拆分该组最新叶子节点，直到其子节点的数量大于 $\rho \cdot B_1$。

为了使索引树更紧凑，需要根据份额向量的随机延迟来仔细预设参数ρ。如果所有份额向量的时间延迟都完全相同，ρ可以设置为 1。随着延迟随机性的增加，应该逐渐增加ρ，为延迟的份额向量提前保留一些位置，份额向量的时间延迟ρ与随机性之间是正相关关系。

3) 基于索引树的深度优先物联网数据份额向量检索

可以基于索引树根据深度优先搜索算法有效地返回感兴趣的份额向量，如算法 5.2 所示。给定一个索引树和一个带有参数 ID 和 (T_i, T_j) 的查询请求，返回感兴趣的份额的确切位置和哈希值。在初始阶段，需要在树上搜索只包含根节点的节点集 S_{node}；然后，通过向下检索索引树持续更新 S_{node}，直到 S_{node} 为空或 S_{node} 中所有的节点都是叶子节点，通过扫描叶子节点中的份额向量，最后得到搜索到的份额向量。考虑到本章首先将索引树向下遍历到叶子节点，然后在水平方向上扩大搜索范围，本章提出的算法被称为深度优先向量检测算法。

算法 5.2　深度优先向量检索

输入：以 Root 为根节点的份额向量的索引结构，参数为 ID，(T_i, T_j) 的请求查询

1. $S_{\text{node}} = \{\text{Root}\}$，$S_{\text{result}} = \{\varnothing\}$

2. 当 S_{node} 至少包含一个非叶节点

3. for 在 S_{node} 中的每个非叶节点 n

4. 将 n 的时间段条目 (T_m, T_n) 和 (T_i, T_j) 进行比较

5. 如果 $(T_m, T_n) \cap (T_i, T_j) \neq \varnothing$

6. 从 S_{node} 中删除节点 n

7. 对于 n 的每个孩子节点 n'

8. 如果 $(T_{m'}, T_{n'}) \cap (T_i, T_j) \neq \varnothing$

9. 将 n' 插入的 S_{node} 头部

10. end for

11. 否则从 S_{node} 中删除 n

12. 对于在 S_{node} 中的每个叶节点 n_f

13. 通过二分搜索算法搜索生成时间位于 (T_i, T_j) 的 n_f 中的所有份额向量

14. 将标识符为 ID 的份额向量插入到 S_{result}

输出：所有感兴趣的份额的位置和哈希值

如算法 5.2 所示，在初始阶段，检查根节点的时间段条目是否与 (T_i, T_j) 相交，如果不相交，搜索结果为空集，否则从 S_{node} 中删除根节点，并将所有合法的子节点放入 S_{node} 中。当且仅当一个节点的时间段条目与 (T_i, T_j) 相交时，该节点是合法的；然后向下遍历到下一级的子节点，并检查它们与 (T_i, T_j) 的条目之间的关系。下一级的合法节点也会被插入 S_{node}，它们会取代父节点。通过重复上述过程，最终可以得到一个节点集合 S_{node}，根据上述算法，可以得到 S_{node} 中为空集或全部为叶子节点。

在得到一组叶子节点后，需要首先过滤掉定位在 (T_i, T_j) 中的份额向量，然后比较候选份额向量的标识符和 ID，得到最终的搜索结果。最后，感兴趣的消息份额的位置和哈希值都会返回给数据用户。

4) 在一个存储节点中找到一个特定的份额

一旦数据用户知道感兴趣的份额在系统中的存储位置，他就可以向一个特定的存储节点请求份额。正如第 5.4 节中所讨论的，存储节点中的物联网份额是根据生成时间的顺序组织的。可以采用二进制搜索算法来定位一个节点中的份额，显然，复杂度为 $O(\log N)$，其中 N 是节点中的份额数量。一旦为一个物联网信息收集了一组至少 t 个份额，数据用户就可以根据第 5.4 节中讨论的秘密共享方案最终恢复原始信息。

5.7　系统安全分析

物联网数据安全主要包括三个方面，即保密性、完整性和可用性，本节将在第 5.3.2 节提出的威胁模型下分别对其进行分析，此外本节还简要讨论了如何恢复完全被破坏的存储节点及方案的整体安全性能。

5.7.1　物联网数据的保密性

秘密共享方案在保护物联网数据安全方面起着关键作用，首先提供一个重要的属性。

定理 5.2　给定任何小于 t 个份额的集合，敌手不能恢复 V_e。

证明：在不失一般性的情况下，假设敌手得到了 $t-1$ 个份额。显然，如果敌手不能用 $t-1$ 份额恢复 V_e，他也不能用小于 $t-1$ 份额恢复 V_e。设 F 是一个有限域，$H_{n \times t} = (H_1, H_2, \cdots, H_n)^{\mathrm{T}}$ 是一个关于 F 的矩阵，给出 t 个变量 $x_1, x_2, \cdots, x_t$ 和 n 个数字 $s_1, s_2, \cdots, s_n$，考虑以下方程：

$$H_{n \times t} \begin{pmatrix} x_1 \\ x_2 \\ \vdots \\ x_t \end{pmatrix} = \begin{pmatrix} s_1 \\ s_2 \\ \vdots \\ s_n \end{pmatrix} \Leftrightarrow H_{n \times t} X_{t \times 1} = S_{n \times 1} \tag{5-22}$$

其中，$X_{t \times 1} = (x_1, x_2, \cdots, x_t)^{\mathrm{T}}$ 和 $S_{n \times 1} = (s_1, s_2, \cdots, s_n)^{\mathrm{T}}$。需要证明，如果矩阵 $H_{n \times t}$ 秩为 $t-1$，方程(5-22)没有解或有 $|F|$ 个解，其中 $|F|$ 是域 F 中的元素数。

考虑矩阵定义如下：

$$\bar{H} = \begin{pmatrix} H_1 \, s_1 \\ H_2 \, s_2 \\ \vdots \\ H_n \, s_n \end{pmatrix} \tag{5-23}$$

如果矩阵 H 的秩不等于 $\bar{H}$ 的秩，则方程(5-22)无解，敌手无法恢复 V_e。另一方面，如果 H 的秩等于 $\bar{H}$ 的秩，方程(5-22)有一个特解 $A = (a_1, a_2, \cdots, a_t)^{\mathrm{T}}$，满足：

$$HA = S \tag{5-24}$$

同时，矩阵方程 $HX = 0$ 有一个向量空间 F 上由矢量 $Y_{t \times 1}$ 生成的一维空间的解。那么可以推断出 $HX = S$ 有一组解 $kY + A$，其中 k 是 F 中的元素。通过对上述两种情况的梳理，定理 5.2 可以被证明。

根据定理 5.2 可以推断，当且仅当至少有 $t-1$ 份额被泄露时，原始信息才能被恢复。在本章框架中，每个云服务器只存储一个消息的份额，因此如果没有另一个至少 $t-1$ 个云服务器的帮助，他们无法恢复原始物联网数据，因此在云服务器的威胁模式下，物联网数据是安全的。

为了获得原始信息，敌方需要突破 2 个挑战：①他需要拿到一个消息的至少 t 个份额；②根据这些份额，他可以恢复加密的信息，最后他需要获得秘密密钥来解密原始信息。在第 5.3 节的威胁模型中提到，当节点的存储节点角色和检索节点角色被破坏时，敌手可以拿到部分份额，但获取份额的数量要视敌手能力而定，考虑到存储节点之间的异质性，敌手面临着巨大的挑战。假设破坏一个存储节点的概率在 0 到 0.5 之间，物联网数据泄露概率的模拟结果如图 5.6 所示。

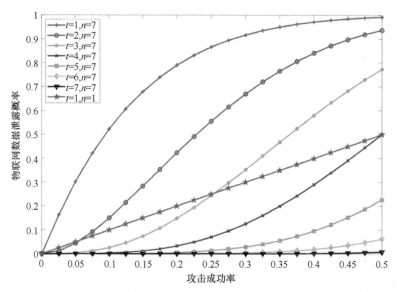

图 5.6   在不同攻击成功率下的物联网数据泄露概率

从图中可以看出，随着攻击成功率的增加，集中式方案的物联网数据泄露概率呈线性增长，即参数为 $t=1,n=1$ 的方案。在不同的参数下，本章方案的数据泄漏概率是非常不同的。对于恒定的 n，随着参数 t 的增加，数据泄漏概率极大降低，方案的数据保密性增加。显然，本章方案极大优于集中式方案，特别是在攻击成功率较小的情况下。当系统设定攻击成功率为 0.1 时，集中式方案的数据泄漏概率也是 0.1，而本章方案中参数为 $t=1,n=1$ 的数据泄漏概率只有 0.001 左右。即使敌手恢复了加密的原消息，他也需要得到物联网设备的对称加密密钥，才可以得到原始的物联网数据。

此外，参数 n 越大会导致更短的信息份额，这也增加了方案的数据存储效率。然而，此方案的鲁棒性会随着 t 的增加而下降，而本章合理折中了数据保密性、存储效率和鲁棒性。

最后，物联网设备对于数据保密性带来的安全威胁也需要讨论。第 5.3 节的物联网设备威胁模型中提到，物联网设备中预先存储的系数面临着一定的泄露风险。为了提高安全性，可以将系数通过混淆技术和数据隐藏技术处理，进而提高逆向分析难度，另外还可以将系数存储于底层硬件芯片来保证安全。根据定理 5.2 的安全性证明可知，即使个别设备中预先存储的系数泄露，在无法获取足够的消息份额的情况下，数据的安全性也不会受影响。

5.7.2　物联网数据的完整性

本章方案为物联网数据共享设计了一个区块链，共享的哈希值也被添加到区块中。正如第 5.6 节中所讨论的，在物联网数据检索过程中，消息份额和它们的哈希值都会返回给数据用户。因此，检查份额的完整性是非常直接的，即使一个份额被存储节点稍加修改，物联网数据用户也可以很容易地识别。下面将给出本章方案适用的完整性定理与证明。

定义 5.1　弱抗碰撞性。对于一个哈希函数 h，设某消息 M 对应哈希值为 $h(M)$。若对于任意多项式时间敌手 $\mathcal{A}$，均无法以不可忽略的优势 $\varepsilon(\varepsilon > 0$ 是值为任意小的数)，找到对应的 $M' \neq M$ 使得 $h(M) = h(M')$，即

$$\Pr(h(M) = h(M' := \mathcal{A}(M))) < \varepsilon \tag{5-25}$$

成立，则称该哈希函数具有弱抗碰撞性。

定义 5.2　数据完整性保护。当对于任意物联网消息 M 的任一份额 S，任意多项式时间内敌手 $\mathcal{A}$ 找到与 S 相异的 S' 使得 $h(S) = h(S')$ 的优势为 $\delta(\delta > 0$ 是任意小的数)，即

$$\Pr(h(S) = h(S' := \mathcal{A}(S))) < \delta \tag{5-26}$$

成立，则称一个物联网数据云存储方案是数据完整性保护的。

定理 5.3　设当本方案采用的哈希函数 h 具有弱抗碰撞性，则本方案具有数据完整性保护能力。

证明：一个区块记录了在一定时间内存储节点接收到的所有消息份额，考虑消息 M 的一个份额 S。在收到份额 S 后，区块链节点构造图 5.3 所示的区块信息，其中份额 S 对应的信息为份额 S 的哈希值 $h(S)$、存储节点、时间戳、序列号等。当用户从存储节点获取了份额 s' 时，他需要在区块链上找到公开的存储份额 S 相关信息的区块，并按照规定的哈希算法去计算自己收到的份额 s' 对应的哈希值 $h(S')$。若 $h(S) = h(S')$，则用户认为收到的份额是完整的。若敌手能成功地破坏方案的完整性，说明存在不为零的优势 $\sigma > 0$ 使得 $S' \neq S$ 的情况下 $h(S) = h(S')$，即

$$\Pr(h(S) = h(S' := \mathcal{A}(S))) > \sigma \tag{5-27}$$

成立，则就有 σ 的优势找到消息对 $M \neq M'$ (取 $M = S$, $M' = S'$)，使得：

$$\Pr(h(M) = h(M' := \mathcal{A}(M))) > \sigma \tag{5-28}$$

从而敌手成功地攻破了所采用哈希函数的弱抗碰撞性，这与假设矛盾，因此本方案能有效地保证存储数据的完整性。

但是，如果该节点在接受份额 S 之前就已经被敌手攻破，那么敌手可以做到在修改份额 S 的同时，构造的新区块上存储被修改过的 S 的哈希值 $h(S)$，那么上述的完整性验证将失去作用，但本章方案所设计的(4,7)秘密共享方案能有效抵御对于所存储份额的篡改攻击。如 5.4.3 节的秘密共享方案分析所示，只要敌手同时篡改的份额不超过 3 份，则用户通过比较依旧可以恢复出原先的完整消息。具体来说，考虑用户拿到消息 M 中 V_e 的全部 7 个份额 $S_1, \cdots, S_2$，则用户可以获得 7 个线性方程：

$$\begin{cases} s_1 = x_1 + 1 \cdot x_2 + 1 \cdot x_3 + 1 \cdot x_4 \bmod p \\ \quad\quad\quad\quad\quad\quad \vdots \\ s_7 = x_1 + a^6 \cdot x_2 + b^6 \cdot x_3 + c^6 \cdot x_4 \bmod p \end{cases} \tag{5-29}$$

通过从中选取 4 个方程组成方程组共可获得 C_7^4 个解，在这 C_7^4 个解中，其中至少有 1 个是可用的原消息。考虑到敌手不知道 a,b,c，因此对分享 s_i 的篡改是随机的，包含被篡改份额的方程组的解将是不符合数据规范的乱码。故用户可以从中分辨哪些解是可用的哪些解是遭到篡改的，从中可以找到哪些方程遭到了篡改从而锁定恶意节点，在锁定恶意节点后，可以按照消息重建方案，重建一个新节点来替换恶意节点。

在其他现有方案中，存储数据的完整性完全取决于云平台的可靠性，因此如果云不被信任或被敌手攻击，数据的完整性就不能得到保证。

5.7.3　物联网数据的可用性

正如敌手威胁模型中所讨论的，他可以通过漏洞破坏系统或执行拒绝服务攻击来降低数据存储系统的可用性。幸运的是，即使一些存储节点被攻击或一些存储的份额丢失，系统仍然可以根据秘密份额的属性恢复原始物联网数据。但是在第 5.3 节的物联网设备威胁模型中提到，物联网设备制造商出于节省成本考量，会选择较小的系数，对消息重建造成消极影响。因此，需要通过探索不同参数对消息重建概率的影响，证明方案在不同参数条件下，都能具有良好的安全性质，成功恢复原始信息。如第 5.3 节所述，假设存储节点的故障是相互独立的，对于不同的平均节点故障概率，恢复原始物联网信息的成功率如图 5.7 所示。

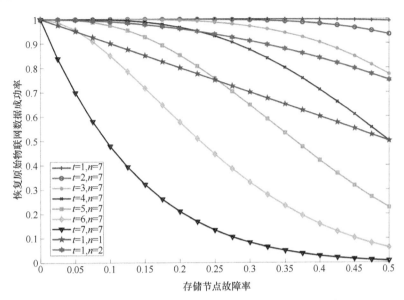

图 5.7　在不同的存储节点错误率下恢复数据的成功率

可以看出，随着节点故障概率的增加，恢复物联网数据的成功率逐渐下降，这是由于较大的故障概率会导致更多的故障节点。事实上可以把存储节点的故障概率表示为 p，然后恢复信息的成功概率可以用数学方法计算如下：

$$P(\text{successful recovery}) = \sum_{m=t}^{n} C_n^m (1-p)^m p^{n-m} \tag{5-30}$$

其中，C_n^m 是从 n 个节点中选择 m 个存储节点时不同结果的数量。根据上述公式可以很容易地推断出，较大的 p 导致信息恢复的成功率较小，理论分析结果证明了仿真结果的正确性。

将本章方案与现有的集中式方案进行比较。在集中式方案中，原始信息只存储在一个节点上，如果该节点发生故障，原始信息就会丢失。理论上讲，当本方案设定 $t=1$, $n=1$ 时，集中式方案等同于本方案。从图 5.7 可以看出，当节点故障概率小于 50%时，本方案在 $t=1,2,3,4$ 时比集中式方案表现得更好。当故障概率小于 25%时，本方案在 $t=1,2,3,4,5$ 时比集中式方案的表现好得多。如果把故障概率进一步降低到 5%，那么本方案总是表现得更好，除非 $t=7$。因此，即使物联网设备制造商考虑成本因素，会在一定程度上缩小 (t,n) 间的差值，方案的安全性还是要优于集中存储的情况。

集中式方案的可靠性可以通过在两个存储节点中独立存储物联网信息来提高，这种方式可以为系统提供一个备份。从理论上讲，这种方法等同于参数为 $t=2$, $n=2$ 的本方案，并且图 5.7 中也给出了仿真结果。虽然新方案的可靠性极大提高了，但当节点故障概率小于 20%时，它的表现比本方案在参数为 t=1,2,3,4 时差。

　　在本方案中，t 被设定为 4，考虑到存储节点的故障是小概率事件，假设故障概率为 5%。那么，本方案的故障概率为 0.02%，同时现有集中式方案的故障概率为 5%，显然本方案在数据可用性方面极大优于集中式方案。

5.7.4　恢复被完全破坏的存储节点

　　如果一个存储节点被破坏或在某些极端情况下被完全摧毁，需要恢复该节点中所有存储的份额。这个恢复过程不能在本地实现，它需要整个系统的帮助。具体来说，丢失的份额可以根据秘密共享的属性进行重建，即一些冗余信息被分布式地存储在份额中。因此用户可以恢复原始信息，然后计算出一个新的份额，同时区块链可以根据其他节点上生成区块链的副本来恢复。

5.7.5　安全性讨论

　　如第 5.3 节所述，方案最重要的目标是提高物联网数据的安全性，通过理论分析证明了本方案可以为物联网提供非常安全的数据存储服务。综上所述，分布式数据存储方式和存储节点的异质性提高了攻击的难度，因此数据的保密性得到了保护。区块链的使用使数据不被非法修改，物联网数据的完整性得到保护。在数据分发过程中，设计并采用了一个超轻量级的秘密共享方案，将原始信息映射到一组份额，基于秘密共享的特性将一些冗余的信息隐藏在份额中。通过这种方式，物联网数据的可用性得到了提高。

5.8　效　率　评　估

5.8.1　效率评估

　　本章仿真模块使用 Python 软件实现了物联网数据存储系统。图 5.1 中的整个框架被分解为 7 个子模块，包括物联网数据采集模块、秘密共享模块、数据传输模块、数据存储模块、区块链模块、数据检索模块和数据用户模块。仿真是在一台拥有两个 intel CPU 和 128G 内存的 DELL 塔式服务器上进行的。为了仿真模拟真实的物联网环境，本章部署了一个分布式 P2P 的网络，使用 Python 软件仿真模拟了节点间的通信等步骤。区块链系统基于 Hyperledger Fabric 1.1 框架开发，重写了其共识和区块结构，并为节点规定了和区块链系统交互的 API 接口。网络中的节点类型分为物联网设备节点和云服务器节点，其中云服务器节点同时承担了数据存储节点、区块链节点和数据检索节点的身份。在该分布式网络中，物联网设备和云服务器间的通信采用 OPC UA 协议[46]，其平均延迟为 300ms，而区块链 P2P 网络的实现依赖于框架中的 Gossip 协议。为保持一致，各个节点之间的通信延迟也设为 300ms。系统中共采用了 10 个存储节点，秘密共享方案中设置 (t,n) 为(4,7)。系统中采用了一个温度物联网终端设备，它每秒钟产生一个数字温度。温度编码为 64bit 长度的浮点数，每组 16 个温度数字被编码为一个消息，总长度为 1024bit。一个信息和一个份额的头被设定为 80bit，一天的温度数据总共产生了 5400 条原始信息。将这些消息映射到 37800 个消息份额中，这些份额分布在 10 个节点中。每个份额从物联网设备发送到存储节点时，存储节点都会收集此份额的位置信息，并在每 480 秒产生一个如图 5.3 所示结构的区块，每个块记录了大约 21 个消息份额的信息，单个块的平均大小约为 4k。

在索引树中，参数 B_1 设置为 20，即每个叶子节点最多包含 20 个份额向量，参数 B_2 设置为 8，即每个非叶子节点最多包含 8 个子节点。在收集物联网数据的同时动态地评估数据检索效率，这样可以测试不同规模的数据集的数据查询效率。在数据检索过程中，数据用户每 2 小时向系统发送一组 10 个查询请求，查询过程持续一天。在每次查询中，参数 (T_i,T_j) 是随机选择的，但 $|T_i - T_j|$ 总是被设定为 600s，本章仿真实验提出并分析了 100 次模拟的平均结果。

为方便起见，所有的模拟参数都总结在表 5.1 中。在这些假设条件下，实验主要从份额构建效率、数据存储效率、区块链效率和数据检索效率等方面评估方案的性能。

表 5.1 仿真参数

参数	参数值
上次模拟	86400s
物联网节点数量	1
消息生成周期	16s
原始邮件总数	5400
消息的长度	1024bit
头部长度	80bit
(t,n)秘密共享方案	t=4,n=7
存储节点数	10
区块生成周期	480s
区块的大小	21 块
索引树中的参数 B_1	20
索引树中的参数 B_2	8

续表

参数	参数值
数据用户数量	1
查询的 $\lvert T_i - T_j \rvert$	600s
数据查询间隔	2 小时
数据查询请求数	120 次

5.8.2　秘密共享份额构建效率

秘密共享的整体效率包括两部分，即秘密分发和秘密恢复效率。在现实生活中，物联网终端设备往往是资源有限的，然而物联网数据用户往往有足够的资源，本章主要关注评估消息份额构建的效率。

构建物联网份额的计算复杂性极大地影响了物联网终端设备的资源消耗。实验采用时间效率的指标来比较本方案与经典的 Shamir 秘密共享方案的效率，如图 5.8 所示。

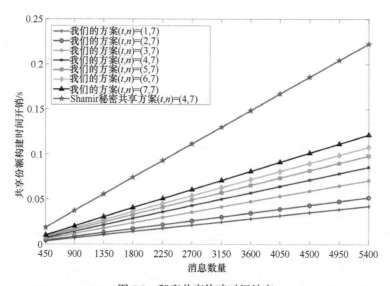

图 5.8　秘密共享构建时间效率

图中，每个收集到的信息被映射到 7 个份额。可以看出，本方案和 Shamir 秘密共享方案的时间消耗都随着信息的增加而线性增加，此外本方案极大优于 Shamir 的秘密共享方案。

本方案在不同参数下的时间消耗也在图 5.8 中显示，实验设定 n 为 7，然后从 {1,2,3,4,5,6,7} 选择 t，可以看出随着 t 的增加，时间消耗逐渐增加，显然当 $t=1$

时，由于原始信息被直接复制了 7 次，因此该方案消耗的时间最少。随着 t 的增加，方案的时间消耗也在增加，这是由于较大的 t 导致了更多的数学运算。

5.8.3　物联网数据存储效率

本节将本方案与现有方案在数据存储效率方面进行比较，为了存储基于云平台的物联网数据，可以采用以下三种方法。

(1) 集中式方案。与现有的物联网平台类似，加密后的信息 M_e 存储在集中的云服务器数据库中，占用的存储空间等同于加密信息 M_e 的大小。

(2) 有重复的集中式方案。为了提高集中式方案的鲁棒性，也可以存储一些重复的数据。在本章的模拟中，只考虑一个重复的数据，即同一个服务器中存储加密信息 M_e 和其备份数据，总共占据了 $2M_e$ 大小的存储空间。

(3) 基于区块链的方案。直接将加密的信息 M_e 放入现有区块链的交易中，在这里对比使用的区块链方案采用了比特币的区块结构[47]。需要注意到，对比的区块链方案 10 个节点都需要同步存储加密消息 M_e，总共占据 $10M_e$ 大小的存储空间。

对于不同数量的生成消息，不同方案的模拟结果如图 5.9 所示。

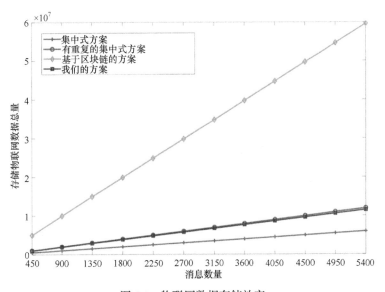

图 5.9　物联网数据存储效率

从图中可以很直观地看出，随着消息数量从 450 条增加至 5400 条，所有方案所需的存储空间逐步上升。对于不同的方案，集中式方案的存储效率是最高的。对于 n 个 1024bit 长的明文，其存储空间约为 $n \times 10^6$bit，由于存储数据的每一个比特都不可缺少，并且没有多余的信息被输入到系统中。有重复的集中式方案会消耗另一个空间来存储重复的内容，因此存储空间大约是集中式方案的两倍，基于如比特币等区块链的方案则需要远多于其他三种方案的存储开销，至多达到 6×10^7bit，平均是其他方案的7倍以上。基于区块链的方案需要比集中式方案多得多的存储空间，由于每条信息都需要存储在所有的区块链节点中，而且系统中存储了相当多的冗余数据。由于对比使用的区块链方案总共有 10 个节点，区块头设置为 80bit，可以看到存储同样大小的消息集合，区块链方案所需的存储空间约为集中存储的 11 倍。

相比于传统区块链方案，本章的方案减少了至少 80%的存储开销，而本方案所需的存储空间比有重复的集中式方案略少，这是由于一些冗余信息是由秘密共享方案产生的，本方案以存储效率换取数据安全。总的来说，在数据存储效率方面，本方案的性能与集中式方案相似，而且极大优于现有的基于区块链的系统。

5.8.4　区块链生成效率

在本方案中，区块链节点轮流生成区块，并不断追加到区块链的末端。构建区块的时间消耗极大地影响了本方案在效率和安全方面的表现。对于低更新速度，物联网数据被缓慢地附加到链上，它为敌手提供了更多的时间来篡改数据。

随着区块中份额长度的增加，时间消耗也略有增加，尽管也存在一些例外情况，这可以解释为计算一个份额的哈希值与它的长度关系不大，如图5.10所示。

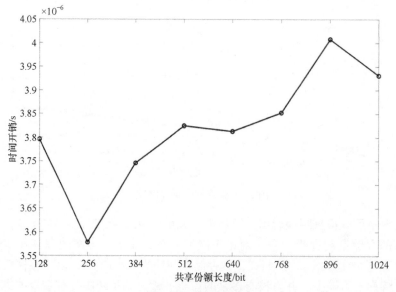

图 5.10　区块构建效率

但是，从图中可以看到，构造区块的时间基本可以控制在 4×10^{-6} s，这是一个非常小的数字，因此在计算机环境中，一些随机因素的影响会对实验结果产生较大改变，有限数据集下的测试结果就会呈现图 5.10 的波动性。因为本方案不需要挖掘比特币，所以区块构建的效率自然高于现有的区块链。

在所有区块链节点之间建立共识是区块链系统的另一个挑战。本章方案采用的区块链方案为私有链方案，成员节点数目被严格控制，交易速度非常快，在本方案的链中，建立共识的过程很简单，即把新生成的区块传递给所有其他节点。由于理论上构建区块的速度在 4×10^{-6} s 之内，这相比于通信时延是一个非常小的数字，因此各节点一致更新新区块的耗时实际上取决于通信延迟。在主流的 Iot 网络协议 OPC UA 中，从物联网设备到云服务器的平均延迟为 300ms。由于区块链节点没有协商的过程，只有数据传输的过程，将通信延迟设置为 300ms，大量测试了构造新区块过程的耗时，结果全部在 1s 之内。即使节点之间的距离很远，时间效率也可以控制在 1s 内。然而，比特币的共识建立过程最近消耗了大约 10min，可以看出，本方案区块链的消耗时间在大多数时间内保持稳定，而且比现有的区块链要高效得多。这可以解释为，与现有的算法相比，基于代币的共识建设要简单得多。考虑到本章中的区块链是专门为物联网数据存储系统设计的，区块链被简化了，因此其效率极大增加。

5.8.5　物联网数据检索效率

在物联网数据检索过程中，最大的挑战是在巨大的数据存储系统中准确地获得感兴趣的份额的位置和哈希值。本节将本章提出的索引结构与文献[3]中的 MRSE 结构和文献[2]中的关键词平衡二进制(KBB)树的搜索效率进行比较。

在模拟中，采用两个指标，即向量的搜索率和搜索时间来评估数据检索效率，向量的搜索率由搜索过的向量与所有向量的数量来衡量。显然，搜索率越小，该方案的效率越高。数据搜索的时间消耗是数据查询请求的平均搜索时间，仿真结果分别见图 5.11(a)和图 5.11(b)。从图 5.11(a)可以看出，由于所有的份额向量都需要被扫描以准确得到搜索结果，因此 MRSE 方案的数据搜索率最高，可以达到100%。与 MRSE 相比，KBB 树的数据搜索率有所下降，搜索率随着份额向量的增加而保持稳定，始终为 90%左右。这是由于所有的向量在 KBB 树中被随机组织成集群，在数据检索过程中，如果集群中的所有向量都不是候选结果，那么一些集群就会被忽略。

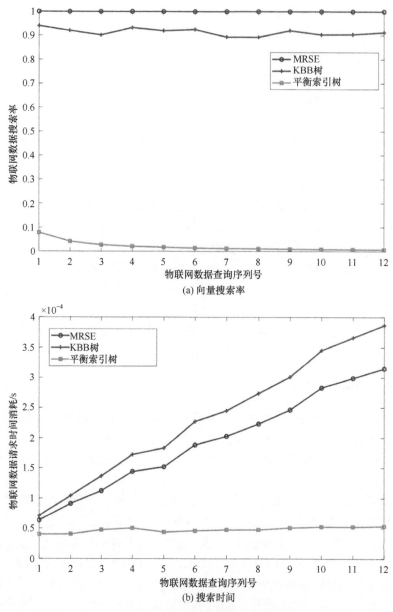

图 5.11　物联网数据检索效率

　　本章提出的平衡索引树的数据搜索率最低，其性能大大超过了其他两种方案。基于算法 5.2，树中大部分不相关的分支都被清除了，因此检索效率极大提升。与 KBB 树不同的是，在本章提出的索引树中，一个簇中的向量是相互相似的，同一层次中两个节点的时间条目是相互排斥的。因此，物联网数据的检索效

率得到进一步提高。此外，随着份额向量的增加，搜索率逐渐下降，由于所有的份额向量都是按顺序组织的，在仿真实验模拟中参数 $|T_i - T_j|$ 保持稳定。从图 5.11(b) 可以看出，MRSE 和 KBB 树的时间消耗随着份额向量的增加而逐渐增加，考虑到搜索更多的路径和份额向量需要消耗更多的时间，KBB 树的表现比 MRSE 方案差。这是由于叶子节点中的份额向量是混乱的，索引树不能有效地指出候选者。显然，本章提出的平衡树极大优于其他两个方案，这与数据搜索率的原因相似。

5.9　本 章 小 结

在存在不信任或脆弱的云服务器的背景下，本章提出了一个新颖的安全和分布式物联网数据存储框架。在该系统中，智能设备首先将原始信息映射到一组长度较短的信息份额，这些份额代替原始信息被随机和分布式地存储在存储节点中，在每个节点中，存储的份额被用来构建链在一起的区块。区块链的特性保护了份额的完整性，同时份额的位置信息在整个系统中被显露。为了提高物联网数据搜索效率，本章提出了一个平衡索引树和深度优先的数据检索算法，一旦收到至少 t 个份额，数据用户就可以恢复原始物联网信息，一系列的理论分析和模拟证明了本方案可以为物联网提供一个安全高效的数据存储服务。

未来的工作讨论如下。首先，为了简单起见，整个系统在模拟中只采用了一个物联网节点和一个数据用户，然而在现实生活中，大量的物联网节点和数据用户共存于框架中，本章将在未来彻底评估此方案的可扩展性。其次，在本方案中，只向数据用户提供一种物联网数据检索模式，即在一个时期内搜索一个物联网节点的感兴趣的数据，在现实生活中，物联网数据用户可能希望在一个时期内获得最大、最小或中间值，而本方案无法支持，将在未来更新本方案。

参 考 文 献

[1] Uthayashangar S, Dhanya T, Dharshini S, et al. Decentralized blockchain based system for secure data storage in cloud. 2021 International Conference on System, Computation, Automation and Networking (ICSCAN), 2021:1-5.

[2] Xia Z, Wang X, Sun X, et al. A secure and dynamic multi-keyword ranked search scheme over encrypted cloud data. IEEE Transactions on Parallel and Distributed Systems, 2015, 27(2): 340-352.

[3] Cao N, Wang C, Li M, et al. Privacy-preserving multi-keyword ranked search over encrypted cloud data. IEEE Transactions on Parallel and Distributed Systems, 2013, 25(1): 222-233.

[4] Fu J S, Liu Y, Chao H C, et al. Secure data storage and searching for industrial IoT by integrating fog computing and cloud computing. IEEE Transactions on Industrial Informatics, 2018, 14(10):

4519-4528.

[5] Alrawahi A S, Lee K, Lotfi A. A multiobjective QoS model for trading cloud of things resources. IEEE Internet of Things Journal, 2019, 6(6): 9447-9463.

[6] Yaish H, Goyal M, Feuerlicht G. Multi-tenant elastic extension tables data management. Procedia Computer Science, 2014, 29: 2168-2181.

[7] Curé O, Kerdjoudj F, Faye D, et al. On the potential integration of an ontology-based data access approach in NoSQL stores. International Journal of Distributed Systems and Technologies (IJDST), 2013, 4(3): 17-30.

[8] Kaoudi Z, Manolescu I. Cloud-based RDF data management. Proceedings of the 2014 ACM SIGMOD International Conference on Management of Data, 2014: 725-729.

[9] Li M, Zhu Z, Chen G. A scalable and high-efficiency discovery service using a new storage. 2013 IEEE 37th Annual Computer Software and Applications Conference, 2013: 754-759.

[10] Wang C, Huang X, Qiao J, et al. Apache IoTDB: Time-series database for Internet of Things. Proceedings of the VLDB Endowment, 2020, 13(12): 2901-2904.

[11] Tärneberg W, Chandrasekaran V, Humphrey M. Experiences creating a framework for smart traffic control using AWS IOT. Proceedings of the 9th International Conference on Utility and Cloud Computing (UCC), 2016: 63-69.

[12] Zhou T, Zhang J. Design and implementation of agricultural Internet of Things system based on Aliyun IoT platform and STM32. Journal of Physics: Conference Series, 2020, 1574(1): 1742-6596.

[13] Microsoft Azure Blockchain Solutions.2017. https://azure.microsoft.com/en-in/solutions/blockchain [2023-04-10].

[14] Xue K, Gai N, Hong J, et al. Efficient and secure attribute-based access control with identical sub-policies frequently used in cloud storage. IEEE Transactions on Dependable and Secure Computing, 2022, 19(1): 635-646.

[15] Asharov G, Lindell Y. A full proof of the BGW protocol for perfectly secure multiparty computation. Journal of Cryptology, 2017, 30(1): 58-151.

[16] Chen H, Chang C C. A novel (t, n) secret sharing scheme based upon Euler's theorem. Security and Communication Networks, 2019: 1-7.

[17] Wu L, Miao F, Meng K, et al. A simple construction of CRT-based ideal secret sharing scheme and its security extension based on common factor. Frontiers of Computer Science, 2022, 16(1): 1-9.

[18] Xie J, Tang H, Huang T, et al. A survey of blockchain technology applied to smart cities: Research issues and challenges. IEEE Communications Surveys and Tutorials, 2019, 21(3): 2794-2830.

[19] Kim T, Noh J, Cho S. SCC: Storage compression consensus for blockchain in lightweight IoT network. 2019 IEEE International Conference on Consumer Electronics (ICCE), 2019: 1-4.

[20] Ratta P, Kaur A, Sharma S, et al. Application of blockchain and Internet of Things in healthcare and medical sector: Applications, challenges, and future perspectives. Journal of Food Quality, 2021: 1-20.

[21] Wang W, Xu P, Yang L T. Secure data collection, storage and access in cloud-assisted IoT. IEEE Cloud Computing, 2018, 5(4): 77-88.

[22] Rashmi R P, Gandhi Y, Sarmalkar V, et al. RDPC: Secure cloud storage with deduplication technique. 2020 the 4th International Conference on I-SMAC (IoT in Social, Mobile, Analytics and Cloud)(I-SMAC), 2020: 1280-1283.

[23] Cao R, Tang Z, Liu C, et al. A scalable multicloud storage architecture for cloud-supported medical Internet of Things. IEEE Internet of Things Journal, 2019, 7(3): 1641-1654.

[24] Wu J, Xu W, Xia J. Load balancing cloud storage data distribution strategy of Internet of Things terminal nodes considering access cost. Computational Intelligence and Neuroscience, 2022: 1-11.

[25] Jiang L, Xu L D, Cai H, et al. An IoT-oriented data storage framework in cloud computing platform. IEEE Transactions on Industrial Informatics, 2014, 10(2): 1443-1451.

[26] Lin J W, Arul J M, Kao J T. A bottom-up tree based storage approach for efficient IoT data analytics in cloud systems. Journal of Grid Computing, 2021, 19(1): 1-19.

[27] Mohammed M H S. A hybrid framework for securing data transmission in Internet of Things (IoTs) environment using blockchain approach. 2021 IEEE International IOT, Electronics and Mechatronics Conference (IEMTRONICS), 2021: 1-10.

[28] Xu T, Fu Z, Yu M, et al. Blockchain based data protection framework for IoT in untrusted storage. 2021 IEEE 24th International Conference on Computer Supported Cooperative Work in Design (CSCWD), 2021: 813-818.

[29] Wiraatmaja C, Zhang Y, Sasabe M, et al. Cost-efficient blockchain-based access control for the Internet of Things. 2021 IEEE Global Communications Conference (GLOBECOM), 2021: 1-6.

[30] Zhang L, Peng M, Wang W, et al. Secure and efficient data storage and sharing scheme for blockchain-based mobileedge computing. Transactions on Emerging Telecommunications Technologies, 2021, 32(10): e4315.

[31] Huang K, Zhang X, Mu Y, et al. EVA: Efficient versatile auditing scheme for IoT-based datamarket in jointcloud. IEEE Internet of Things Journal, 2020, 7(2): 882-892.

[32] Huang B, Li J, Lu Z, et al. BoR: Toward high-performance permissioned blockchain in RDMA-enabled network. IEEE Transactions on Services Computing, 2020, 13(2): 301-313.

[33] IBM Blockchain.2016. https://www. ibm.com/blockchain[2023-04-10].

[34] Tan B, Yan J, Chen S, et al. The impact of blockchain on food supply chain: The case of walmart. Smart Blockchain: First International Conference, SmartBlock, 2018: 167-177.

[35] Jensen T, Hedman J, Henningsson S. How TradeLens delivers business value with blockchain technology. MIS Quarterly Executive, 2019, 18(4): 221-243.

[36] Srivastava G, Parizi R M, Dehghantanha A, et al. Data sharing and privacy for patient IoT devices using blockchain. International Conference on Smart City and Informatization, 2019, 1122: 334-348.

[37] Farhadi M, Bypour H, Mortazavi R. An efficient secret sharing-based storage system for cloud-based IoTs. 2019 the 16th International ISC (Iranian Society of Cryptology) Conference on Information Security and Cryptology (ISCISC), 2019: 122-127.

[38] Galletta A, Taheri J, Villari M. On the applicability of secret share algorithms for saving data on IoT, edge and cloud devices. 2019 International Conference on Internet of Things (iThings) and IEEE Green Computing and Communications (GreenCom) and IEEE Cyber, Physical and Social

Computing (CPSCom) and IEEE Smart Data (SmartData), 2019: 14-21.

[39] Tan L, Yu K, Yang C, et al. A blockchain-based Shamir′s threshold cryptography for data protection in industrial Internet of Things of smart city. Proceedings of the 1st Workshop on Artificial Intelligence and Blockchain Technologies for Smart Cities with 6G, 2021: 13-18.

[40] Li R, Song T, Mei B, et al. Blockchain for large-scale Internet of Things data storage and protection. IEEE Transactions on Services Computing, 2019, 12(5): 762-771.

[41] Wan S, Zhao Y, Wang T, et al. Multi-dimensional data indexing and range query processing via Voronoi diagram for Internet of Things. Future Generation Computer Systems, 2019, 91: 382-391.

[42] Shamir A. How to share a secre. Communications of the ACM, 1979, 22(11): 612-613.

[43] Wang N, Fu J, Li J, et al. Source-location privacy protection based on anonymity cloud in wireless sensor networks. IEEE Transactions on Information Forensics and Security, 2020, 15: 100-114.

[44] Beime A. Secret-sharing schemes: A survey. International Conference on Coding and Cryptology, 2011, 6639:11-46.

[45] Eslami Z, Ahmadabad J Z. A verifiable multi-secret sharing scheme based on cellular automata. Information Sciences, 2010, 180(15): 2889-2894.

[46] Ferrari P, Flammini A, Rinaldi S, et al. Evaluation of communication delay in IoT applications based on OPC UA. 2018 Workshop on Metrology for Industry 4.0 and IoT, 2018: 224-229.

[47] Nakamoto S. Bitcoin: A Peer-to-Peer Electronic Cash System. https://bitcoin.org/bitcoin.pdf [2023-04-10].

第6章 基于双线性映射的分布式网络数据层次加密技术

6.1 引　言

云计算集合和组织了大量的信息技术资源，提供安全、高效、灵活的按需服务[1]。受这些优势的吸引，越来越多的企业和个人用户倾向于将本地文档外包给云。一般来说，为防止数据泄露，文件在外包之前需要加密。如果数据拥有者希望与授权数据用户共享这些文档，则使用可搜索加密技术[2-7]或保护隐私的多关键字文档搜索方案[8-11]来实现这一目标。然而，所有这些方案都不能为加密文档提供细粒度的访问控制机制。

Sahai 等首次引入基于属性的加密(attribute-based encryption, ABE)概念，实现了细粒度的访问控制保护加密的敏感数据。基于属性的加密方案可以用于复杂的系统，使数据用户的访问控制多样化。在 ABE 方案中，每个文档都单独加密。访问结构指对数据进行访问控制过程中，被授权的用户属性集合需要满足的结构，如与门、树等。如果数据用户的属性集与文档的访问结构匹配，则可以对文档进行解密。现有的 ABE 方案可分为密钥策略属性加密(key policy attribute based encryption, KP-ABE) 方案 [11-18,20,24-26,28]和密文策略属性加密 (ciphertext policy attribute based encryption, CP-ABE)方案[1,7,10,19,21-23,27,29]。在 KP-ABE 方案中，每一个加密文件与一个属性集合相关，每一位数据用户的私钥与一个访问策略相关。当且仅当与密文相关的属性集合满足与用户私钥相关的访问策略时，该用户才能解密密文。在 CP-ABE 方案中，属性集合和访问策略的作用互换，即加密文件与访问策略相关联，数据用户私钥与属性集合相关联。与 KP-ABE 方案相比，CP-ABE 方案更灵活，更适合于一般应用。本章首先详细分析了现有的 ABE 方案，并进一步介绍了本章提出的 CP-ABHE 方案的新颖性和创新性。为了方便起见，预备知识部分分别选择文献[9]和文献[12]中的方案作为 KP-ABE 方案和 CP-ABE 方案的典型示例。

由于以下原因，KP-ABE 和 CP-ABE 方案都无法对大型文档集进行加密。首先两个方案中的加密过程都执行了 N 次，导致计算复杂度高，另外内容密钥的密文大小和数据用户的密钥大小之间需要权衡。其次，在 KP-ABE 方案中，对于文档集合来说，数据用户密钥中的秘密值数量非常大，给数据用户带来了沉重的负担。在 CP-ABE 方案中，庞大的密文增加了云服务器和数据用户之间的数据传输量，这对网络来说是一个巨大的挑战，但考虑到每个文档的访问结构必须嵌入到密文或密钥中，这是可以接受的。最后，考虑到每个文档都是单独加密的，解密密文也很耗时[30-32]。最近，Wang 等[33]试图提高加密效率，并提出了一种基于文件层次的属性加密方案 FH-CP-ABE，然而该方案只关注如何加密共享集成访问树的一组文档，因此也不能直接用于加密文档集合。

在本章中，设计了一个基于属性的文档分层加密方案 CP-ABHE，该方案在计算和存储空间效率方面表现良好。该方案由集成访问树构造和加密树两个模块组成，首先提出了一种生成文档集合集成访问树的算法，该算法最重要的设计目标是减少集成访问树的数量，从而大大提高加密、解密效率。然后，将集成访问树的文档一起加密，树中的每个节点都分配了一个秘密编号，用于加密节点上文档的内容密钥。节点的秘密编号是以自下而上的方式构造的，这与 KP-ABE、CP-ABE 和 FH-CP-ABE 方案中的方法完全不同。这样，内容密钥密文中所有元素的数量都小于 $2 \cdot N$，比 KP-ABE 方案和 CP-ABE 方案小得多。此外，与 KP-ABE 相比，本方案减少了数据用户存储的密钥中的秘密值数量。要解密 $\mathcal{F}$ 中的所有文档，数据用户只需存储 $(2 \cdot |\mathcal{A}| + 1)$ 个秘密值，其中 $|\mathcal{A}|$ 是 $\mathcal{A}$ 中元素个数。总之，CP-ABHE 的加密、解密效率和存储效率都非常高，本章从理论上证明了该方案的有效性，并通过一系列仿真验证了该方案的有效性。

本章的贡献主要总结如下。

(1) 提出了一种增量构建文档集合集成访问树的算法，该算法可以显著减少访问树的数量。

(2) 提出了一种文档集合分层加密方案，集成访问树的所有文档都被加密在一起，显著提高了加密、解密效率，此外还解决了密钥扩展问题。

(3) 从理论上证明了 CP-ABHE 的安全性，并详细分析了集成访问树构造算法的有效性。此外从加密、解密效率和存储空间等方面对 CP-ABHE、KP-ABE 和 CP-ABE 进行了全面比较。

本章的其余部分组织如下。在第 6.2 节介绍了相关研究工作，第 6.3 节给出了系统模型和预备知识，第 6.4 节讨论了访问树构造的详细过程，第 6.5 节介绍了文档集合分层加密过程，第 6.6 节从理论上分析了方案的安全性，第 6.7 节评估了集成访问树的有效性，第 6.8 节对 CP-ABHE 的效率进行了分析和模拟，第 6.9 节总结了本章。

6.2　相关研究工作

基于属性的加密方案得到了广泛的研究，Sahai 和 Waters[28]提出的基于模糊身份的加密方案(Fuzzy IBE)被广泛视为基于属性的加密的起源。Sahai 和 Waters 首先在信息安全领域使用术语"基于属性的加密"，受 Fuzzy IBE 方案的启发，研究人员设计了许多 ABE 方案，包括 KP-ABE 方案和 CP-ABE 方案。Goyal 等[11]扩展了 Fuzzy IBE 方案，并提出了基于密钥策略属性的加密(KP-ABE)。虽然 KP-ABE 可以提供细粒度的访问控制，但它只关注单调的访问结构。在文献[25]中，Ostrovsky 等构造了一个 KP-ABE 方案，该方案允许用户的私钥可以用属性上的任何访问公式表示，并基于决策双线性 Diffie Hellman 假设证明了该方案的安全性。Hierarchiscal ABE 方案[32]是通过结合 hierarchical IBE 方案和 CP-ABE 方案提出的，HABE 方案通过同时实现细粒度访问控制、高性能、实用性和可扩展性，帮助企业用户在云计算中高效共享机密数据。根据目前的研究进展，与本方案最相关的工作是 FH-CP-ABE 方案[33]，然而该方案只能对一组文档进行分层加密，这些文档的属性集需要很好地构成一个集成的访问结构。考虑到文档的属性集是随机的，这对于加密大型文档集合是不切实际的。CP-ABE 方案更灵活，适用于一般应用，许多不同的 CP-ABE 方案已在文献[1]、[10]、[34]~[37]中提出。在 CP-ABE 方案中，访问结构嵌入到密文中，每个数据用户被分配一组属性，当且仅当数据用户的属性相互匹配时，数据用户可以解密密文。Yang 等[38]提出了一种在访问结构表现力和安全性方面都表现良好的方案。

最近，ABE 方案被广泛用于云计算中安全存储和共享数据。Pirretti 等[26]介绍了一种基于 ABE 原语的新型安全信息管理体系结构，设计了一个满足不同数据用户需求的策略系统，用于加密分布式文件系统。Zhu 等[39]还提出了一种基于 ABE 的云计算文件共享方案，并对该方案的安全性和效率进行了评估。Li 等[17]为云存储提供了一种具有高效数据用户撤销功能的 CP-ABE 方案。KSF-OABE 方案[18]将关键字搜索功能集成到 ABE 方案中，可以提高密文的搜索效率。尽管上述所有方案都可以在云计算中使用，但它们都是为加密单个文档而设计的。它们不能直接用于加密大型文档集合，因为如果单独加密每个文件，加密、解密效率很低。

6.3　系统模型和预备知识

6.3.1　系统模型

图 6.1 描述了文档外包和共享系统。

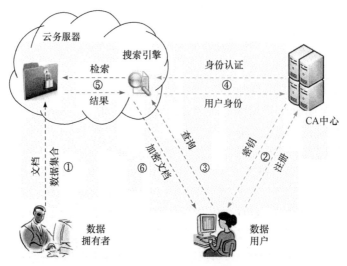

图 6.1　文档外包与共享的体系结构

该系统主要包括四个实体：数据拥有者、数据用户、证书颁发机构(CA)中心和云服务器。为数据用户查询一组感兴趣的文档的整个过程包括 6 个阶段。

(1) 数据拥有者负责收集文档并为每个文档分配适当的属性集。文档加密分 3 步进行：首先数据拥有者使用对称加密算法对文档集合里的每个文档进行加密，该算法使用唯一内容密钥；然后通过 ABE 方案对内容密钥进行加密；最后加密文档和内容密钥都外包给云服务器。

(2) 要在云服务器中搜索感兴趣的文档，数据用户首先需要向 CA 中心注册，然后 CA 中心向数据用户分配属性集，并向数据用户发送与属性相关的密钥。

(3) 授权数据用户可以向云服务器发送查询请求。在本章中，假设云服务器是可信任的。否则，可能需要进一步将安全 KNN 算法[35]集成到本方案中，对加密文档向量和查询向量[3,5,8,37]进行加密以提高安全性。

(4) 一旦收到查询请求，云服务器首先与 CA 中心通信，检查数据用户的身份，如果数据用户获得授权，则会收到 ID 认证消息。

(5) 对于授权查询，云服务器使用搜索引擎搜索加密的文档集合，并获取与查询相关的密文。需要特别注意的是，只返回属性与数据用户匹配的文档。

(6) 对文档集合进行加密、解密的流程如图 6.2 所示。在接收到加密的文档密文和内容密钥密文后，数据用户首先通过其属性相关密钥对内容密钥进行解密，然后根据内容密钥对文档进行解密，最后完成文档检索过程。

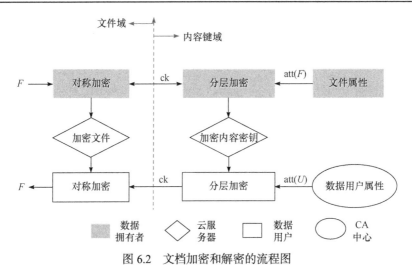

图 6.2　文档加密和解密的流程图

整个文档外包和共享系统包含许多研究路线。本章将注意力局限于文档集合加密、解密过程，而忽略了其他技术挑战，如对文档集合进行对称加密及密文检索算法等。给定一组文档，数据拥有者首先随机选择一组内容密钥 $ck=\{ck_1,ck_2,\cdots,ck_N\}$，用于对称加密 $\mathcal{F}$ 中的文档，即 $C_i=E_{ck_i}(F_i)$，$i=1,2,\cdots,N$，其中 C_i 是 F_i 的密文。然后，利用所提出的 CP-ABHE 方案对内容密钥进行加密。考虑到基于双线性映射直接加密文档具有极大的计算复杂度，因此以两层方式加密文档集合。最后，所有加密文档、分层访问结构和内容密钥密文都外包给云服务器。

在解密过程中，数据用户首先用他们的密钥解密内容密钥，然后根据解密的内容密钥进一步解密文档。利用内容密钥对文档进行对称加密超出了本章的研究范围，本章主要讨论了如何对内容密钥进行加密、解密。

6.3.2　预备知识

1) KP-ABE 和 CP-ABE

设 $\mathbb{G}_0$ 和 $\mathbb{G}_1$ 为两个素数 p 阶乘法循环群。设 g 为 $\mathbb{G}_0$ 的生成元，e 为双线性映射：$e:\mathbb{G}_0\times\mathbb{G}_0=\mathbb{G}_1$。另外，设 $H:\{0,1\}^*=\mathbb{G}_0$ 是一个哈希函数，可以将属性字符串映射到 $\mathbb{G}_0$ 中的随机元素。假设需要加密一组文档 $\mathcal{F}=\{F_1,F_2,\cdots,F_n\}$，属性集 $\mathcal{A}=\{A_1,A_2,\cdots,A_M\}$ 是文档和数据用户的通用属性字典。本章进一步假设文档 F_i 与一组属性相关，表示为 $att(F_i)$，分两个阶段加密 $\mathcal{F}$。首先，每个文档 F_i 都由一个具有唯一内容密钥 ck_i 的对称加密算法加密。其次，$\mathcal{F}$ 的所有内容密钥都通过 ABE 方案加密。需要特别注意的是，F_i 和 ck_i 的密文都提供给数据用户，在解密过程中，数据用户需要首先根据其属性相关的密钥对 ck_i 进行解密，然后

根据 ck_i 对文档 F_i 进行解密。这样，F_i 的密文只能由具有 $\text{att}(F_i)$ 匹配属性的数据用户解密。考虑到第一个加密阶段不属于本章的范围，本章将重点放在第二个阶段，该阶段与所提出的方案密切相关。

为了加密 $\mathcal{F}$ 的所有内容密钥，现执行文献[9]中的 KP-ABE 方案，如下所示。

对于属性集为 $\text{att}(F_i)$ 和访问树 $\mathcal{T}$ 的每个内容密钥 ck_i，公钥表示为

$$\text{PK} = \left\{ e(g,g)^{\alpha}, \forall j \in \text{att}(F_i), T_j = g^{r_j} \right\}$$

其中，α 是 $\mathbb{Z}_p$ 中的随机数，r_j 是从 $\mathbb{Z}_p$ 中为属性 j 随机选择的数。然后，ck_i 的密文计算为

$$\text{CT}_{\text{ck}_i} = \left\{ \mathcal{T}, \text{ck}_i \cdot e(g,g)^{\alpha s}, \forall j \in \text{att}(F_i), E_j = T_j^S \right\}$$

其中，s 是 $\mathbb{Z}_p$ 中的随机数。上述过程必须执行 N 次才能加密所有内容密钥。密文中的元素总数可以计算为

$$N_{\text{cip}} = N + \sum_{i=1}^{N} \left| \text{att}(F_i) \right| \tag{6-1}$$

其中，$\left| \text{att}(F_i) \right|$ 表示 $\text{att}(F_i)$ 中的属性数。为解密 ck_i 的密文，数据用户需要存储密钥：

$$\text{SK} = \left\{ D_j = g^{\frac{q_j(0)}{r_j}}, \forall j \in \text{att}(F_i) \right\}$$

其中，$q_j(x)$ 是 $\mathcal{T}$ 中与属性 j 相对应的叶节点的多项式。要解密所有内容密钥，数据用户需要存储 N 个访问树的 N 个密钥，密钥中的总秘密值的数量可以计算为

$$N_{\text{sk}} = \sum_{i=1}^{N} \left| \text{att}(F_i) \right|$$

可以观察到，N_{sk} 随着文件数量的增加而增加，这称之为密钥扩展问题。

为了加密 $\mathcal{F}$ 中的所有内容密钥，执行文献[12]中的 CP-ABE 方案，如下所示。

对于具有属性集 $\text{att}(F_i)$ 和访问树 $\mathcal{T}$ 的每个内容密钥 ck_i，公钥计算为

$$\text{PK} = \left\{ h = g^{\beta}, e(g,g)^{\alpha} \right\}$$

其中，β 和 α 是 $\mathbb{Z}_p$ 中的随机数。然后该方案计算出 ck_i 的密文为

$$\text{CT}_{F_i} = \left\{ \mathcal{T}, \text{ck}_i \cdot e(g,g)^{\alpha s}, C = h^s, \forall j \in \text{att}(F_i), C_j = g^{q_j(0)}, C_j' = H(j)^{q_j(0)} \right\}$$

其中，$q_j(x)$ 是 $\mathcal{T}$ 中与属性 j 相对应的叶节点的多项式。与 KP-ABE 类似，上述过程也被执行 N 次以加密所有内容密钥，密文中的元素总数可以计算为

$$N_{\text{cip}} = 2 \cdot N + 2 \cdot \sum_{i=1}^{N} \left| \text{att}(F_i) \right| \tag{6-2}$$

显然，N_{cip} 随着文件数量的增加而极大扩展。为了解密 ck_i，数据用户的密钥计算为

$$SK = \left\{ D = g^{\frac{(\alpha+r)}{\beta}}, \forall j \in \text{att}(F_i), D_j = g^r H(j)^{r_j}, D'_j = g^{r_j} \right\}$$

其中，r 是 $\mathbb{Z}_p$ 中的随机数，r_j 是从 $\mathbb{Z}_p$ 中为属性 j 选择的随机数。

2) 单调访问结构

如果 $\mathcal{A} = \{A_1, A_2, \cdots, A_M\}$ 是一组属性，则称集合 $\mathbb{A} \subseteq 2^{\mathcal{A}}$ 是单调的，当且仅当对于给定的 $\forall B, C$，如果 $B \in \mathbb{A}$ 且 $B \subseteq C$，则 $C \in \mathbb{A}$。文档的单调访问结构是 $\mathcal{A}$ 的非空子集的单调集合，即 $\mathbb{A} \subseteq 2^{\mathcal{A}} \setminus \{\varnothing\}$。其中，$\mathcal{A}$ 中的集合称为授权集合，不在 $\mathcal{A}$ 中的集合称为未授权集合。在本章中，假设每个文档的访问结构都是单调的。

3) 双线性映射

设 $\mathbb{G}_0$ 和 $\mathbb{G}_1$ 是素数阶 p 的两个乘法群。自然地，它们是循环群，$\mathbb{G}_i (i = 0,1)$ 中的每个非单位元是群 $\mathbb{G}_i$ 的生成元。设 g 为 $\mathbb{G}_0$ 的生成元；e 为双线性映射，$e: \mathbb{G}_0 \times \mathbb{G}_0 \to \mathbb{G}_1$，具有以下特性：

①双线性：所有 $u, v \in \mathbb{G}_0$ 和 $a, b \in \mathbb{Z}_p$，$e(u^a, v^b) = e(u, v)^{ab}$；

②非退化性：$e(g, g) \neq 1$；

③分配性：对于 $u, v, w \in \mathbb{G}_0$ 和 $a, b, c \in \mathbb{Z}_p$，$e(u^a, v^b w^c) = e(u^a, v^b) e(u^a, w^c)$。

此外，如果 $\mathbb{G}_0$ 上的群运算和双线性映射 $e: \mathbb{G}_0 \times \mathbb{G}_0 \to \mathbb{G}_1$ 均是可高效计算的，则 $\mathbb{G}_0$ 为一个双线性群。

4) 拉格朗日插值

给定一组数据点 $\{(x_1, y_1), (x_2, y_2), \cdots, (x_n, y_n)\}$ 且 $x_i \neq x_j$，如果 $i, j \in \{1, 2, \cdots, n\}$，$i \neq j$，它们唯一地决定了一个 $n-1$ 次多项式，该多项式可以用拉格朗日插值算法构造。具体而言，多项式可以表示为

$$f(x) = \sum_{i \in \{1,2,\cdots,n\}} \left(y_i \prod_{j \in \{1,2,\cdots,n\}, j \neq i} \frac{x - x_j}{x_i - x_j} \right) \tag{6-3}$$

其中，$\prod_{j \in \{1,2,\cdots,n\}, j \neq i} \dfrac{x - x_j}{x_i - x_j}$ 是拉格朗日系数。为方便起见，将系数表示为 $\triangle_{i,S}$，$i \in \mathbb{Z}_p$，S 为 $\mathbb{Z}_p$ 中元素的集合，定义为

$$\triangle_{i,S}(x) = \prod_{j \in S, j \neq i} (x - x_j) / (x_i - x_j) \tag{6-4}$$

5) 决策双线性 Diffie-Hellman(BDH)假设

假设 a,b,c,t 是从 z_p 中随机选择的，g 是 $\mathbb{G}_0$ 的生成元。决策 BDH 假设是，没有概率多项式时间算法 $\mathcal{B}$ 能够以超过可忽略不计的优势区分元组 $(A=g^a,B=g^b,C=g^c,e(g,g)^{abc})$ 和元组 $(A=g^a,B=g^b,C=g^c,e(g,g)^t)$。

此外，本章认为敌手 Adv 能够以优势 ε 解决决策 BDH 问题，前提是：

$$\Big|\Pr\Big[\mathrm{Adv}(g,g^a,g^b,g^c,e(g,g)^{abc})=0\Big]-\Pr\Big[\mathrm{Adv}(g,g^a,g^b,g^c,e(g,g)^t)=0\Big]\Big|\geqslant\varepsilon \quad (6\text{-}5)$$

6) 选择集合安全博弈(Selective-set security Game)

文献[1]、[11]和[33]证明了本章方案的安全性。该游戏由 6 个阶段组成，如下所示。

(1) 初始化。敌手声明了一个访问树，其中包含一组他想要挑战的属性 S。

(2) 设置。挑战者运行 CP-ABHE 的设置算法来生成提供给敌手的公共参数。

(3) 查询阶段 1。允许敌手发出查询以获取任何包含属性集 S' 的访问结构 $\mathbb{A}^*$ 的密钥，其中 $S\not\subseteq S'$。

(4) 挑战。敌手向挑战者提供两条长度相同的消息 M_0 和 M_1。挑战者随机抛硬币 μ，并使用属性集 S 加密 M_μ。然后，加密信息被发送给敌手。

(5) 查询阶段 2。重复查询阶段 1。

(6) 猜测。根据获得的信息，敌手输出一个关于 μ 的猜测 $\mu'\in\{0,1\}$。

如果所有多项式时间的敌手在游戏中最多有一个可忽略的优势，那么本章方案是安全的，其中敌手的优势被定义为：$\big|\Pr(\mu'=\mu)-1/2\big|$。如果本章方案能够抵抗选择集合安全博弈，那么它自然能够抵抗合谋攻击，这是 ABE 方案的一个极其重要的特性，可以通过以下事实来解释：敌手可以在查询阶段前后进行多个密钥查询。

6.4　文档集合的集成访问结构

6.4.1　文件和访问树的访问策略

在本章中，假设每个文档 F_i 在 att(F_i) 中具有多个属性，并且 F_i 只能由拥有 att(F_i) 中所有属性的数据用户访问。如图 6.3(a)所示，假设文档集合的属性字典具有三个基本属性，包括"通信""计算机"和"网络"。每个文档至少有一个属性，有些文档可能有两个或三个属性，如区域 A、B、C 和 D 中的文档。在这种情况下，拥有通信研究员、计算机研究员和网络研究员这三个角色的数据用户可以访问区域 A 中的文档。显然，文档的访问结构是单调的。例如，拥有通信和计算机研究属性的数据用户可以访问区域 B 中的文档。同时，至少具有这两个属性的任何其他数据用户也可以访问区域 B 中的文档。与文献[1]、[11]和[33]中提出的基于阈值的访问策略相比，本方案的访问政策更为严格，更适用于个人健康记录等隐私要求较高的文件[36]。

可以用访问树 $\mathcal{T}$ 来表示文档的访问结构。在本方案的访问策略下，树中的叶节点表示与文档相关的属性，根节点表示"与"门。区域 A 中文档的访问树如图 6.3(b)所示，该树包含代表三个属性的三个叶节点，根节点代表一个"与"门。在这种情况下，如果一棵访问树的叶节点集是另一棵访问树的叶节点集的子集，可以将这两棵树组合成一棵新树，称为集成访问树。显然，集成访问树中的每个非叶节点也代表一个"与"门。

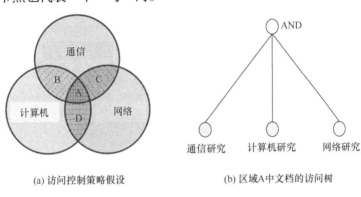

(a) 访问控制策略假设　　　　　　　(b) 区域A中文档的访问树

图 6.3　访问控制示意图

图 6.4 显示了通信和计算机研究人员 Alice 和通信、计算机和网络研究人员 Bob 的集成访问树。在文档集合中，文档的属性集是各种各样的，每个文档都有一个访问树，如何将这些单一访问树组合成少量的集成树是一个巨大的挑战。给定一组访问树，最小化集成访问树的数量是一个 NP 难问题，因此本章提出了一种基于贪婪策略的集成访问树构造算法。

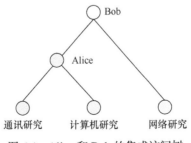

图 6.4　Alice 和 Bob 的集成访问树

6.4.2　文档集合的访问结构

本节将介绍带有标识符 $\{f_1, f_2, \cdots, f_N\}$ 的文档集合 $\mathcal{F} = \{F_1, F_2, \cdots, F_N\}$ 的集成访问树构建过程。设 $\mathcal{T}$ 是一组文档的集成访问树，所有集成访问树构成了整个文档集合的访问结构。本方案重新定义了集成访问树的一些符号和函数。中间节点 x 的子节点的数量表示为 num_x。需要特别注意的是，x 的子节点是指从 x 派生并与 x 直接连接的节点。函数 $\text{att}(x)$ 表示与节点 x 关联的属性，即由从节点 x 派生的所有叶表示的属性。树中的每个节点 x 都有一个唯一的数字标识符，它由 $\text{index}(x)$ 返回。此外，$\text{att}(\mathcal{T})$ 返回树中的所有属性。

如果一个属性集 S 匹配一个访问树 $\mathcal{T}$，当且仅当 S 完全等于 $\text{att}(\mathcal{T})$。作为图 6.5(a)中的示例，树 X 匹配 S 当且仅当 $S = \{A_1, A_2, A_3\}$，表示为 $S(X) = 0$。此外，如果属性集 S 覆盖树 X，当且仅当 S 真包含于 $\text{att}(X)$。显然，如果 $S = \{A_1, A_2, A_3, A_4\}$，那么 S 覆盖 X，表示为 $S(X) = 1$。粗略地说，本方案以增量方式构造文档集合的 $S_{\mathcal{T}}$，一旦输入新文档，$S_{\mathcal{T}}$ 就会更新一次。$S_{\mathcal{T}}$ 中的集成访问树通过不断组合小访问树来生长，算法 6.1 给出了构造文档集合 $\mathcal{F}$ 访问结构的伪代码。

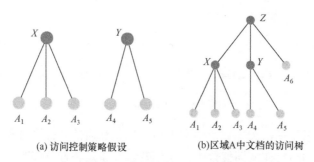

(a) 访问控制策略假设　　　　　　(b)区域A中文档的访问树

图 6.5　访问控制详细示意图

算法 6.1　建立集成访问树

输入：拥有属性集合 $\{\text{att}(F_1), \text{att}(F_2), \cdots, \text{att}(F_N)\}$ 的文档集合 $\mathcal{F} = \{F_1, F_2, \cdots, F_N\}$

1. 根据文件属性的数量，按升序对文件进行排序，并获得带有标识符 $\{f_1', f_2', \cdots, f_N'\}$ 的文档集合 $\mathcal{F}' = \{F_1', F_2', \cdots, F_N'\}$，$S_{\mathcal{T}} = \{\}$，$C = \{\}$

2. for $i = 1$ 到 N

3. $S = \text{att}(F_i')$

4. 按顺序扫描访问树 $S_{\mathcal{T}}$

5. 如果 S 与扫描的访问树 X 匹配，即 $S(X) = 0$

6. 在 X 的根节点中插入 F_i' 的标识符

7. 重新顺序扫描 $S_{\mathcal{T}}$ 的访问树

---

8. 对于 S_T 中的扫描访问树 Y

9. 如果 S 覆盖 Y ，即 $S(Y)=1$

10. $C=C\cup Y$ ， $S=S\setminus\mathrm{att}(Y)$

11. end for

12. 如果 S 是空的

13. 用根节点 r 和所有访问树构建一个更大的访问树 $\mathcal{LT}$ ，在 C 中是 r 的子节点

14. 将 f_i' 插入到 r 中

15. 将 $\mathcal{LT}$ 插入到 S_T 并从 S_T 中删除 C 中的所有树

16. 否则用根节点 r 构建一个更大的访问树 $\mathcal{LT}$ ， C 中的所有访问树都是 r 的子节点

17. S 中的所有左属性也作为叶子插入到根节点 r 中

18. 将 f_i' 插入到 r 中

19. 将 $\mathcal{LT}$ 插入到 S_T 中并从 S_T 中删除 C 中所有树

20. end for

输出:集成访问树 S_T

在初始阶段，根据文档属性的数量按升序对文档进行排序。然后，将第一个文档 F_1' 的访问树设置为第一个集成访问树，并将 F_1 的标识符 f_1' 插入到树的根节点。给定一组集成访问树 S_T ，现在讨论如何在新文档 F_i' 到达时更新这些树。新文档 $\mathrm{att}(F_i')$ 的属性集根据其与 S_T 中的树的关系面临三种情况，具体来说，$\mathrm{att}(F_i')$ 可以匹配现有树，或是覆盖一些树，或者 $\mathrm{att}(F_i')$ 既不匹配也不覆盖现有树。首先有序扫描 S_T 中的访问树，找到与 $\mathrm{att}(F_i')$ 匹配的树。如果树存在，将 f_1' 插入树的根节点。否则，将有序地重新扫描 S_T ，找到一棵被 $\mathrm{att}(F_i')$ 覆盖的树 X 。如果树 X 存在，继续搜索树，找到一棵树 Y ，它被属性集 $\mathrm{att}(F_i')\setminus\mathrm{att}(X)$ 覆盖。如果树 Y 也存在，继续搜索树，找到一棵被属性集 $\mathrm{att}(F_i')\setminus\mathrm{att}(X)\setminus\mathrm{att}(Y)$ 覆盖的树。重复上述过程，直到扫描所有现有的访问树。如果找到的树的所有属性一起形成 $\mathrm{att}(F_i')$ ，构造了一个更大的根节点为 r 的访问树，其中所有找到的树都充当 r 的子节点，文档标识符 f_i' 被插入到 r 中。然而，如果找到的树的所有属性一起形成 $\mathrm{att}(F_i')$ 的真子集 $\mathrm{att}(F_i')'$ ，则 $\mathrm{att}(F_i')\setminus\mathrm{att}(F_i')'$ 中的所有属性也作为叶子插入根节点 r 。例如，如图 6.5(a)所示，存在两个集成访问树，然后当属性设置为 $\{A_1,A_2,A_3,A_4,A_5,A_6\}$ 的文档到达时，更新的访问树如图 6.5(b)所示。可以观察到，尽管文档数量增加，但集成树的数量减少。这对文档集的加密过程具有重要意义。最后，如果 $\mathrm{att}(F_i')$ 既不匹配也不覆盖现有的访问树，只需将 F_i' 的访问树设置为集成访问树，并将 F_i' 的访问树插入 S_T 中。重复上述过程，直到所有文档标识符都插入到集成访问树中， S_T 中的所有集成访问树构成了整个文档集合

的访问结构。

最后，本章讨论了如何为访问树中的节点设置数字标识符，构造标识符的可能方法如下所示。

(1) 如果 x 是一个叶子节点且与属性 A_i 相关联，其数字标识符设置为 i。

(2) 如果 x 是一个非叶节点，并且与一组属性 $\{A_i, A_j, \cdots, A_k\}, 1 \leqslant i < j < \cdots < k \leqslant M$ 相关联，其数字标识符设置为 $i, j, \cdots, k$。

6.5 文档集合分层加密

本章将介绍使用 CP-ABHE 方案加密文档集合 $\mathcal{F} = \{F_1, F_2, \cdots, F_N\}$ 的详细过程。首先，$\mathcal{F}$ 中的每个文档被分配一组从 $\mathcal{A}$ 中选择的属性，$\mathcal{F}$ 的访问结构 S_T 是基于算法 6.1 构建的。然后，对于 $\mathcal{F}$ 中的每个文档 F_i，随机选择一个内容密钥 ck_i，基于 ck_i 对称加密 F_i，即 $C_i = E_{\mathrm{ck}_i}(F_i), i = 1, 2, \cdots, N$，其中 C_i 是 F_i 的密文。本章将所有内容密钥表示为 $\{\mathrm{ck}_1, \mathrm{ck}_2, \cdots, \mathrm{ck}_N\}$，然后单个集成访问树中文档的所有内容密钥可以一起加密。下面将讨论如何对内容密钥进行分层加密，包括设置、加密、密钥生成和解密四个步骤。

(1) 设置。设置算法选择素数阶的双线性群，g 为生成元，双线性映射 $e: \mathbb{G}_0 \times \mathbb{G}_0 \to \mathbb{G}_1$ 和两个随机数 $\alpha, \beta \in \mathbb{Z}_p$，公开密钥发布为

$$\mathrm{PK} = (\mathbb{G}_0, g, h = g^\beta, e(g, g)^\alpha) \tag{6-6}$$

主密钥设置为

$$\mathrm{MSK} = (\beta, g^\alpha) \tag{6-7}$$

(2) 加密($\mathrm{PK}, \mathrm{ck}, S_T$)。首先需要为树中的每个节点 x 生成一个秘密编号 sk_x。在每棵树中，从叶子到根节点，这些节点的秘密编号都是以自下而上的方式选择的。具体来说，为 $\mathcal{A}$ 中的每个属性 A_i 随机选择一个秘密编号 $s_i \in \mathbb{Z}_p$，并且 s_i 被分配给 S_T 中所有树中具有属性 A_i 的所有叶子。换言之，与属性 A_i 相关联的叶节点 x 的秘密编号是 sk_x，即为 s_i，然后对于具有一组子节点 S_x 的中间节点 x 的秘密编号 sk_x 被计算为

$$\mathrm{sk}_x = \sum_{z \in S_x} \mathrm{sk}_z \Delta_{i, S_x'}(\mathrm{index}(x)) \tag{6-8}$$

其中，$i = \mathrm{index}(z)$，$S_x' = \{\mathrm{index}(z), z \in S_x\}$，$\mathrm{index}(x)$ 是节点 x 的数字标识符。将 S_x 中的每个子节点 z 视作具有坐标 $(\mathrm{index}(z), \mathrm{sk}_z)$，拉格朗日插值算法可用于构造 $|S_x| - 1$ 阶多项式，它穿过 S_x 中的所有数据点，其中 $|S_x|$ 是 S_x 中的节点数。这

样，节点 x 的秘密编号可以通过将 $\text{index}(x)$ 带入插值多项式中来计算。理论上，每个子节点都维护父节点的一部分秘密编号。通过迭代上述过程，可以为集成访问结构中的每个节点分配一个秘密编号。

然后，通过指定的秘密编号对内容密钥进行加密。假设节点 x 中的文件标识符 $\{f_m, \cdots, f_n\}$ 可以通过函数 $\text{file}(x)$ 返回，然后基于相同的秘密编号 sk_x 加密所有相关的内容密钥 $\{\text{ck}_m, \cdots, \text{ck}_n\}$。设 Y 为整棵树 $\mathcal{T}$ 中的叶子集，所有与 $\mathcal{T}$ 相关的内容密钥一起加密，密文构造如下：

$$\text{CT}_{\mathcal{T}} = (\mathcal{T}, \forall x \in \mathcal{T}, f_i \in \text{file}(x) : \tilde{C}_i = \text{ck}_i e(g,g)^{\alpha \cdot \text{sk}_x}, C_x^* = g^{\text{sk}_x},$$
$$\forall y \in Y : C_y = h^{\text{sk}_y}, C_y' = H(\text{att}(y))^{\text{sk}_y}) \tag{6-9}$$

为了方便起见，本章将访问树中所有内容密钥的密文称为 $\mathcal{T}$ 的密文。通过为 $S_{\mathcal{T}}$ 中的每个集成访问树构造密文，可以得到整个文档集合的密文 CT，如下所示：

$$\text{CT} = \{\bigcup(\text{CT}_{\mathcal{T}}), \forall \mathcal{T} \in S_{\mathcal{T}}\} \tag{6-10}$$

进一步假设 $\text{file}(\mathcal{T})$ 返回访问树 $\mathcal{T}$ 中的所有文档标识符，并用 $|\mathcal{T}|$ 表示 $\mathcal{T}$ 中包含文档标识符的节点数。可以观察到，$\mathcal{T}$ 的密文中包含群 $\mathbb{G}_0$ 和群 $\mathbb{G}_1$ 中的 $|\text{file}(\mathcal{T})| + |\mathcal{T}| + 2|*| \cdot |\mathcal{A}|$ 个元素，其中 $|*|$ 返回 $*$ 中的元素数。加密一组访问树时，可以删除一些冗余数据。需要特别注意的是，C_y 和 C_y' 仅与 sk_y 相关，而 sk_y 仅与叶节点 y 的属性相关。如前所述，具有相同属性的所有叶节点共享相同的秘密编号。然后可以推断出不同访问树 $\mathcal{T}_1, \mathcal{T}_2, \cdots, \mathcal{T}_d$ 的树叶 $y_1, y_2, \cdots, y_d$ 可能共享同一属性 A_i，则

$$C_{y_1} = C_{y_2} = \cdots = C_{y_d} = h^{s_i}, \quad C_{y_1}' = C_{y_2}' = \cdots = C_{y_d}' = H(A_i)^{s_i} \tag{6-11}$$

因此，在发布所有文件的密文时，只需发布 C_y 和 C_y' 的 $2|*| \cdot |\mathcal{A}|$ 个记录。然后，理论上可以将 CT 中的元素总数计算为

$$N + \left(\sum_{\mathcal{T} \in S_{\mathcal{T}}} |\mathcal{T}|\right) + 2|*| \cdot |\mathcal{A}| \tag{6-12}$$

考虑到

$$\left(\sum_{\mathcal{T} \in S_{\mathcal{T}}} |\mathcal{T}|\right) < N \tag{6-13}$$

且 $|\mathcal{A}| \ll N$，可以推断密文中的总元素数总是小于 $2 \cdot N$。

在 KP-ABE 方案[11]中，密文中的元素数始终为 $2 \cdot N$，其性能与 CP-ABHE

相近。然而，在 CP-ABE 和 FH-CP-ABE 中，每个访问树被视为一个整体，不同访问树中的叶节点的秘密编号彼此完全独立。因此，在这两个方案中，S_T 的密文是所有访问树密文的集合，其大小比本方案中的 CT 大得多。

(3) 密钥生成(MSK,S)。密钥生成算法将一组属性 S 作为输入，并为拥有 S 中所有属性的数据用户输出密钥。首先选择随机数 $r \in \mathbb{Z}_p$，然后为每个属性 $A_j \in S$ 选择另外一个随机数 $r_j \in \mathbb{Z}_p$，则密钥的计算如下：

$$\text{SK} = \left(D = g^\alpha \cdot h^r, \forall A_j \in S : D_j = g^r \cdot H(A_j)^{r_j}, D_j' = h^{r_j} \right) \tag{6-14}$$

可以观察到，对于不同的数据用户，参数 r 和 r_j 是不同的，因此不同的数据用户不能相互勾结来解密一个单独数据用户无法解密的密文。然而，对于一个数据用户，密钥可以被视为一组片段 $\{D, D_j, D_j'\}$，并且这些片段可以灵活地组合以构造不同访问树的密钥，即 CP-ABHE 中数据用户的密钥不是为特定的访问树设计的。CP-ABE 和 FH-CP-ABE 中的数据用户密钥也具有类似的属性。这可以通过以下事实来解释：这三种方案都将文档的访问结构嵌入到密文中，而不是数据用户的密钥中。然而在 KP-ABE 中，访问结构嵌入在密钥中，每个密钥都是为特定的访问树设计的。换句话说，密钥的片段没有意义，除非它们作为一个整体用于解密特定的访问树。因此，与 KP-ABE 方案相比，本章的机制可以大大简化数据用户的密钥。

(4) 解密(CT_T , SK)。采用递归算法 DecryptNode(CT_T,SK,x) 对树 $\mathcal{T}$ 中由节点 x 加密的内容密钥进行逐步解密。该算法以密文 CT_T、与一组属性 S 关联的私钥 SK 和 $\mathcal{T}$ 中的节点 x 作为输入。如果节点 x 是具有属性 A_i 且 $A_i \in S$ 的叶节点，则算法定义如下：

$$
\begin{aligned}
\text{DecryptNode}(\text{CT}_T, \text{SK}, x) &= \frac{e(D_i, C_x)}{e(D_i', C_x')} \\
&= \frac{e(g^r, h^{\text{sk}_x}) e(H(A_i)^{r_i}, h^{\text{sk}_x})}{e(h^{r_i}, H(A_i)^{\text{sk}_x})} \\
&= e(g,g)^{r\beta \cdot \text{sk}_x}
\end{aligned} \tag{6-15}
$$

然而，如果 $A_i \notin S$，定义 DecryptNode(CT_T,SK,x) $= \perp$。

当 x 是一个中间节点时，算法是递归操作的。首先，每个节点 $z \in S_x$ 调用函数 DecryptNode(CT_T,SK,z)，并将算法的输出存储为 F_z。这里，S_x 表示 x 的子节点集，如果至少有一个 $F_z = \perp$，函数 DecryptNode(CT_T,SK,x) 返回 $\perp$。否则，表示为 $i = \text{index}(z)$，$S_x' = \{\text{index}(z), z \in S_x\}$，并计算 F_x 如下：

$$F_x = \prod_{z \in S_x} F_z^{\triangle_{i,S_x'}(\text{index}(x))}$$

$$= \prod_{z \in S_x} (e(g,g)^{r\beta \cdot \text{sk}_z})^{\triangle_{i,S_x'}(\text{index}(x))} \tag{6-16}$$

$$= e(g,g)^{r\beta \cdot \sum_{z \in S_x} \text{sk}_z \cdot \triangle_{i,S_x'}(\text{index}(x))}$$

$$= e(g,g)^{r\beta \cdot \text{sk}_x}$$

如果数据用户有一个与 att(x) 匹配的属性集 S，则该数据用户可以通过迭代上述过程来计算 $A = F_x = e(g,g)^{r\beta \cdot \text{sk}_x}$。然后，节点 x 使用 sk_x 加密的每个内容密钥，ck_i 可以按如下方式解密：

$$\tilde{C}_i / (e(C_x^*, D) / A) = \tilde{C}_i / (e(g^{\text{sk}_x}, g^{\alpha} h^r) / e(g,g)^{r\beta \cdot \text{sk}_x}) = \text{ck}_i \tag{6-17}$$

最后，数据用户可以将所有由 ck_i 加密的文件解密为

$$F_i = D_{\text{ck}_i}(\mathcal{C}_i), \ \forall f_i \in \text{file}(\mathcal{T}) \tag{6-18}$$

否则，数据用户无法解密加密的文档。

6.6　方案安全性分析

本章重点分析了 CP-ABHE 的安全性，以及本章所讨论的文件检索系统中的其他安全问题。具体来说，文档是基于对称加密方案进行加密的，如果内容密钥是安全的，则假定文档是安全的。因此，主要关注 CP-ABHE 中内容密钥的安全性。在方法论上，基于第 6.3 节提供的决策 BDH 假设，证明了 CP-ABHE 在选择集安全博弈下的安全性。

定理 6.1　如果决策 BDH 假设成立，多项式时间内没有敌手能够以不可忽略的优势赢得 CP-ABHE 的选择集合安全博弈。

证明：假设有一个多项式敌手 Adv 在多项式时间内以优势 ε 突破 CP-ABHE 方案。在上述假设下，可以设计一个模拟器 $\mathcal{B}$，它可以以 $\varepsilon/2$ 的优势在决策 BDH 游戏中获胜。

首先，挑战者随机选择阶为素数 p 的两个乘法群 $\mathbb{G}_0, \mathbb{G}_1$。设 g 为 $\mathbb{G}_0$ 的生成元，e 为双线性映射 $e: \mathbb{G}_0 \times \mathbb{G}_0 \to \mathbb{G}_1$，从 $\mathbb{Z}_p$ 中选择四个随机数 a, b, c, t。然后挑战者掷一次硬币 $v \in \{0,1\}$，如果 $v = 0$，挑战者生成一个 BDH 元组 $(g^a, g^b, g^c, e(g,g)^{abc})$；如果 $v = 1$，它构造一个随机的 4 元组 $(g^a, g^b, g^c, e(g,g)^t)$。最后所有选择的元素和生成的元组被发送到模拟器，模拟器 $\mathcal{B}$ 按如下方式进行游戏。

初始化：模拟器 $\mathcal{B}$ 让 Adv 提交一组属性 S，Adv 在这些属性上受到挑战。

设置： 模拟器设置 $\alpha = ab + a'$ ，其中 a' 是 $\mathbb{Z}_p$ 中的一个随机数，然后模拟器计算：

$$e(g,g)^{\alpha} = e(g,g)^{ab} e(g,g)^{a'} \tag{6-19}$$

它进一步设置 $h = g^{\beta} = g^b = B$ ，并将

$$\text{PK} = (\mathbb{G}_0, g, B, e(g,g)^{ab} e(g,g)^{a'})$$

发送到 Adv 。

查询阶段 1： 敌手 Adv 可以查询任何访问结构 $\mathbb{A}^*$ 的密钥 SK ，该访问结构具有一组属性 S'（$S \not\subset S'$），为了响应 Adv 的查询，模拟器 $\mathcal{B}$ 首先选择一个随机数 $r' \in \mathbb{Z}_p$ 并设置 $r = r' - a$ ，然后计算 $D = g^{\alpha} \cdot h^r = B^{r'} \cdot g^{a'}$ 。对于每个属性，模拟器随机选择一个数字 $r_j \in \mathbb{Z}_p$ ，并计算：

$$D_j = g^{(r'-a)} H(A_j)^{r_j} = \frac{g^{r'}}{A} H(A_j)^{r_j}, \ D'_j = B^{r_j} \tag{6-20}$$

最后，模拟器 $\mathcal{B}$ 将

$$\text{SK} = \left(B^{r'} \cdot g^{a'}, \forall A_j \in S' : \frac{g^{r'}}{A} H(A_j)^{r_j}, B^{r_j} \right)$$

发给敌手。

挑战： 为了方便起见，假设某个文件只有一个内容密钥由 CP-ABHE 加密，密文简化为

$$\text{CT}_{\mathcal{T}} = (\mathcal{T}, C_x^*, \tilde{C}_i, \forall y \in S' : C_y = B^{\text{sk}_y}, C'_y = H(\text{att}(y))^{\text{sk}_y})$$

在挑战过程中，敌手 Adv 向 $\mathcal{B}$ 发送长度相等的两条消息 M_0 和 M_1 。然后模拟器 $\mathcal{B}$ 输入一枚硬币 $\mu \in \{0,1\}$ ，并从 M_0 和 M_1 中随机选择一条消息，所选消息加密如下。模拟器 $\mathcal{B}$ 计算 $C_x^* = g^{\text{sk}_x} = g^c = C$ 。如果 $v = 0$ ，则 $\tilde{C}_i$ 计算为 $\tilde{C}_i = M_{\mu} e(g,g)^{\alpha c} = e(g,g)^{abc} e(g,g)^{a'c}$ ；否则 $\tilde{C}_i$ 被计算为 $\tilde{C}_i = M_{\mu} e(g,g)^t$ ，它是 Adv 视图中 $\mathbb{G}_1$ 的随机元素。此外，C_y 和 C'_y 也由 $\mathcal{B}$ 计算，最后所选消息的密文被发送到 Adv 。

查询阶段 2： 重复查询阶段 1。

猜测： 在这个过程中，敌手 Adv 需要根据所有获得的信息对 μ 进行猜测 μ' ，并将结果发送给模拟器 $\mathcal{B}$ 。然后模拟器根据 Adv 的猜测结果对 v 进行猜测 v' 。具体地说，如果 $\mu' = \mu$ ，模拟器 $\mathcal{B}$ 输出 $v' = 0$ ，以表明它被挑战者给定了一个 BDH 元组；否则，它将输出 $v' = 1$ ，以指示它被挑战者赋予了一个随机的 4 元组，然后可以从理论上计算模拟器 $\mathcal{B}$ 在玩决策 BDH 游戏时的优势。

如果 $\mu=0$，敌手 Adv 能看到 M_μ 的密文，在这种情况下，根据最初的假设，$\Pr(\mu'=\mu\,|\,v=0)=1/2+\varepsilon$。由于模拟器在 $\mu'=\mu$ 情况下输出 $v'=0$，因此可以推断出 $\Pr(v'=v\,|\,v=0)=1/2+\varepsilon$。

如果 $\mu=1$，敌手 Adv 得到关于 μ 的信息，因此 $\Pr(\mu'\neq\mu\,|\,v=1)=1/2$。由于模拟器在 $\mu'\neq\mu$ 的情况下输出 $v'=1$，因此可以得到 $\Pr(v'=v\,|\,v=0)=1/2$。

因此，模拟器 $\mathcal{B}$ 在玩 BDH 游戏中的优势可以计算如下：

$$\frac{1}{2}\Pr(v'=v\,|\,v=0)+\frac{1}{2}\Pr(v'=v\,|\,\mu=1)-\frac{1}{2}=\frac{1}{2}\left(\frac{1}{2}+\varepsilon\right)+\frac{1}{2}\times\frac{1}{2}-\frac{1}{2}=\frac{\varepsilon}{2} \quad (6\text{-}21)$$

考虑到决策 BDH 假设成立，可以推断 ε 是一个微不足道的优势，即敌手不可能以不可忽视的优势赢得 CP-ABHE 的选择集合安全博弈。因此，本章的方案是安全的。

6.7　集成访问树的有效性

6.7.1　属性集的生成

如前所述，文件集合的访问结构 S_T 极大地影响了 CP-ABHE 的效率。在本节中，将详细分析 S_T 的特性。首先，本章设计了一个属性调度器来为文档分配属性。假设属性 $\mathcal{A}$ 由 26 个字母组成，即 $\mathcal{A}=\{A,B,\cdots,Z\}$。在模拟中，$\mathcal{A}$ 中的属性分为 4 类，即 $C_1=\{A,B,\cdots,G\}$，$C_2=\{H,I,\cdots,N\}$，$C_3=\{O,P,\cdots,T\}$，$C_4=\{U,V,\cdots,Z\}$。假设同一类别中的属性彼此之间更相关，使用参数 p_r 来重新考虑这一点。在本章中，参数 p_r 的范围为 0.25 到 1，由于在真实的文档集合中，属性被自然地划分为多个簇，并且相关属性很可能一起分配给文档。例如，如果一个文档与属性"计算机"相关，则很自然地推断该文档与属性"网络"相关的可能性比其他属性高(如"经济"和"金融")。

算法 6.2 中介绍了生成文档属性集的过程，在不失一般性的情况下，假设每个文档至少有 1 个属性，最多有 5 个属性。在初始阶段，从 $\{1,2,\cdots,5\}$ 中随机选择文档属性的数量，然后从 $\mathcal{A}$ 中均匀随机选择第一个属性 A_n。对于具有 1 个以上属性的文档，使用随机数 p_r' 选择下一个属性，如果随机生成的 p_r' 小于 p_r，则在第一个属性的同一类别中选择下一个属性；否则将从 $\mathcal{A}\setminus A_n$ 中随机选择下一个属性。重复上述过程，直到为每个文档分配了一个属性集。

算法 6.2　生成文档属性集

输入：$\mathcal{A}=\{C_1,C_2,C_3,C_4\},\mathcal{F},p_r(0.25\leqslant p_r\leqslant1)$

1. 对于每个文档　$F_i\in\mathcal{F}$

2. $A = \varnothing$

3. 从 $\{1, 2, 3, 4, 5\}$ 中随机选择一个元素 m

4. 从 $\mathcal{A}$ 中随机选择一个属性 A_n ，假设 $A_n \in C_k, k = 1, 2, 3, 4$

5. 将 A_n 插入到 A 中

6. for $i = 2$ 到 m

7. 随机生成一个数字 $p_r'(0 \leqslant p_r' \leqslant 1)$ ，如果 $p_r' \leqslant p_r$ ，从 $C_k \setminus A_n$ 中随机选择一个属性 A_q

8. 否则，从 $\mathcal{A} \setminus A_n$ 中随机均匀地选择一个属性 A_q

9. 将 A_q 插入到 A 中

10. 则 A 中的属性包含文档 F_i 的属性集合

输出:每个文档的属性集

6.7.2　集成访问树的数量

考虑每个集成访问树都是作为一个整体进行加密，S_T 中树的数量会极大影响 CP-ABHE 的加密效率。基于第 6.7.1 节中生成的指定属性集，分析了 S_T 中集成访问树的数量。在 KP-ABE 和 CP-ABE 方案中，假设具有相同属性集的文档由相同的密钥一起加密。

如图 6.6(a)所示，在 KP-ABE/CP-ABE 方案中，访问树的数量自然要比文件的数量少，因为某些文档可能共享同一个访问树。p_r 的值还影响访问树的数量，当文档的属性完全随机地从 $\mathcal{A}$ 中选择时，即 $p_r = 0.25$ ，文档的属性集会有

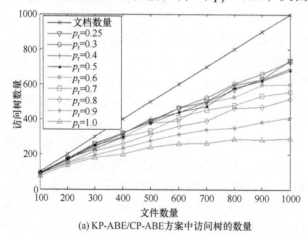

(a) KP-ABE/CP-ABE方案中访问树的数量

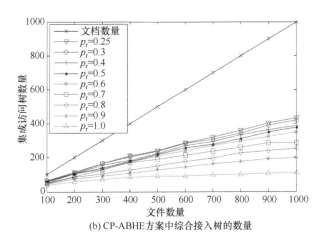

(b) CP-ABHE方案中综合接入树的数量

图 6.6　访问树数量

很大的变化，因此访问树的数量最多。随着 p_r 的增加，越来越多的文档共享相同的访问树，访问树的总数减少。对于 1000 个文档，当 $p_r = 0.25$ 时，访问树的数量约为 760，当 $p_r = 1$ 时，访问树的数量减少到约 280。CP-ABHE 中集成访问树的数量如 6.6(b)所示，与 KP-ABE 和 CP-ABE 类似，方案中的集成访问树的数量也随着文件数量的增加而逐渐增加，并且增加的速度降低。此外，随着 p_r 的增加，集成访问树的数量减少。

对于 1000 个文件，当 $p_r = 0.25$ 时，集成访问树的数量大约为 420，当 $p_r = 1$ 时，树的数量减少到大约 110。通过比较图 6.6(a)和图 6.6(b)，可以发现，在 KP-ABE 和 CP-ABE 方案中，集成访问树的数量远小于接入树的数量。因此仿真结果表明，算法 6.1 在减少访问树数量方面表现良好。

6.7.3　树中的节点数

如前所述，树中的每个节点都需要分配一个秘密编号。如图 6.7 所示，每个树包含一个根节点、几个中间节点和一组叶节点。粗略地说，树中的节点总数随着访问树的数量近似线性增加，因此它应该与文件的数量和 p_r 的值有类似的关系。对于不同的 p_r，KP-ABE 和 CP-ABE 方案中的节点数量在 1200 到 3200 之间，集成访问树中的节点数在 700 到 2500 之间。可以观察到，集成访问树中的节点数总是小于原始访问树中的节点数。在对文档进行加密的过程中，所有方案都需要为树中的每个节点构造一个秘密编号。因此与 KP-ABE 和 CP-ABE 方案相比，CP-ABHE 消耗的计算资源要少得多。

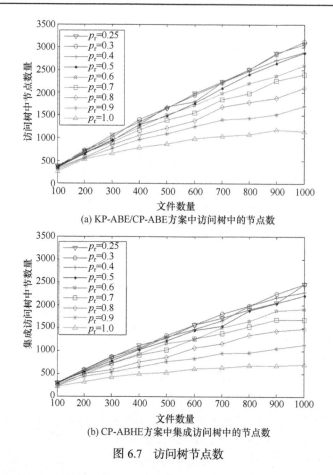

(a) KP-ABE/CP-ABE方案中访问树中的节点数

(b) CP-ABHE方案中集成访问树中的节点数

图 6.7　访问树节点数

6.7.4　访问树构造的时间成本

　　构建集成访问树的总时间成本如图 6.8(a)所示。显然，时间成本随着文件数量的增加而增加。对于一个较小的 p_r，总的时间成本增长很快。这可以通过以下事实来解释。当 p_r 较小时，文件的属性集大不相同，在将新的文件标识符插入集成访问树之前，需要扫描大量访问树。相反，当 p_r 较大时，相当多的文件共享相同的集成访问树，并且它们可以更快地插入到树中。在最坏的情况下，即 $p_r = 0.25$，为 1000 个文档构建集成访问树的时间消耗约为 16s；当 $p_r = 1$ 时，构建文档集合的访问结构只需要大约 4s，图 6.8(b)显示了将文件标识符插入树的平均时间开销。

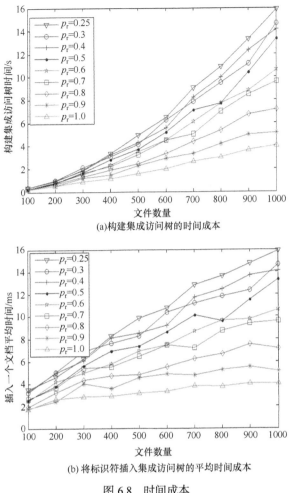

(a)构建集成访问树的时间成本

(b) 将标识符插入集成访问树的平均时间成本

图 6.8　时间成本

6.7.5　文件在树上的分布

在本节中，文档数设置为 1000。首先根据树中存储的文件标识符的数量按降序对树进行排序，然后将这些树分成不同的集合，每个集合包含 25 棵树，最后计算了每一组树中存储的 5 个文件标识符的数量。如图 6.9 所示，前 50 个集成访问树中包含了相当多的文件标识符，对于不同的 p_r，其比例在 40%到 75%之间，然后剩下的树都有一条长长的尾部。此外，较大的 p_r 导致尾部较短，当 $p_r=1$ 时，几乎所有文件都存储在前 150 个集成访问树中，由于当 p_r 值增加时，越来越多的文件共享相同的属性集。尽管如图 6.6(a)所示，当 p_r 在 0.25 到 0.8 之间时，树的数量大于 200，但几乎所有文档标识符都存储在最大的 200 棵树中。如果在某些应用中忽略少量文档是可以接受的，那么树的数量将大大减少，从而可以进一步提高方案的效率。

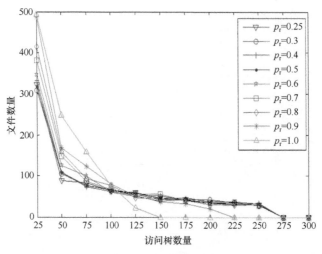

图 6.9　访问树中的文件分布

6.8　效 率 分 析

6.8.1　效率分析

本章从理论上比较了本方案与 KP-ABE 和 CP-ABE 方案的加密、解密效率和存储空间。为方便起见，首先介绍一些基本的定义。假设 $\mathbb{G}_i(i=0,1)$ 是一个群，或者是该群上的一个基本操作的时间开销，如求幂或乘法。设 $\mathbb{Z}_p$ 是群 $\{0,1,\cdots,p-1\}$，C_e 是双线性映射运算 e 的时间代价。此外，定义 $|*|$ 为 * 中元素的数量，L_* 为 * 中元素的长度。

假设在 KP-ABE、CP-ABE 和本方案中，数据拥有者加密内容密钥的密钥为 $ck=\{ck_1,ck_2,\cdots,ck_N\}$，$att(F_i)$ 返回 F_i 的属性集，$att(\mathcal{T})$ 是访问树 $\mathcal{T}$ 的属性集。将 $\mathcal{T}$ 中至少包含一个文档标识符的节点数表示为 $|\mathcal{T}|$。在生成秘密编号时，构造多项式的时间消耗被忽略，进一步假设数据用户需要解密所有文档。在上述假设下，表 6.1 给出了这三种方案的理论比较。

表 6.1　KP-ABE、CP-ABE 和 CP-ABHE 比较

方案	KP-ABE[13]	CP-ABE[20]	CP-ABHE
加密时间	$\big(|att(F_1)|+\cdots+|att(F_N)|\big)$ $\cdot\mathbb{G}_0+2N\mathbb{G}_1$	$\Big[2\big(|att(F_1)|+\cdots+|att(F_N)|\big)+N\Big]$ $\cdot\mathbb{G}_0+2N\mathbb{G}_1$	$\big(\sum_{\mathcal{T}\in S_\mathcal{T}}|\mathcal{T}|+2|\mathcal{A}|\big)\mathbb{G}_0+2N\mathbb{G}_1$
解密时间	$\Big[2\big(|att(F_1)|+\cdots+|att(F_N)|\big)+N\Big]$ $\cdot\mathbb{G}_1+\big(|att(F_1)|+\cdots+|att(F_N)|\big)C_e$	$\Big[3\big(|att(F_1)|+\cdots+|att(F_N)|\big)+2N\Big]\mathbb{G}_1$ $+\Big[2\big(|att(F_1)|+\cdots+|att(F_N)|\big)+N\Big]C_e$	$\Big[2\big(\sum_{\mathcal{T}\in S_\mathcal{T}}|att(\mathcal{T})|\big)+|\mathcal{A}|+2N\Big]$ $\cdot\mathbb{G}_1+\big(2|\mathcal{A}|+N\big)C_e$

续表

方案	KP-ABE[13]	CP-ABE[20]	CP-ABHE
PK 的大小	$\lvert\mathcal{A}\rvert L_{G_0}+L_{G_1}$	$3L_{G_0}+L_{G_1}$	$3L_{G_0}+L_{G_1}$
MSK 的大小	$(\lvert\mathcal{A}\rvert+1)L_{\mathbb{Z}_p}$	$L_{\mathbb{Z}_p}+L_{G_0}$	$L_{\mathbb{Z}_p}+L_{G_0}$
SK 的大小	$(\lvert\mathrm{att}(F_1)\rvert+\cdots+\lvert\mathrm{att}(F_N)\rvert)L_{G_0}$	$(2\lvert\mathcal{A}\rvert+1)L_{G_0}$	$(2\lvert\mathcal{A}\rvert+1)L_{G_0}$
CT 的大小	$(\lvert\mathrm{att}(F_1)\rvert+\cdots+\lvert\mathrm{att}(F_N)\rvert)\cdot L_{G_0}+NL_{G_1}$	$\left[2(\lvert\mathrm{att}(F_1)\rvert+\cdots+\lvert\mathrm{att}(F_N)\rvert)+N\right]\cdot L_{G_0}+NL_{G_1}$	$\left(2\lvert\mathcal{A}\rvert+\sum_{\mathcal{T}\in S_{\mathcal{T}}}\lvert\mathcal{T}\rvert\right)L_{G_0}+NL_{G_1}$

通过基本分析，对于大型文档集合，可以推断：

$$\lvert\mathrm{att}(F_1)\rvert+\cdots+\lvert\mathrm{att}(F_N)\rvert\gg\left\{N,\sum_{\mathcal{T}\in S_{\mathcal{T}}}\lvert\mathcal{T}\rvert,\sum_{\mathcal{T}\in S_{\mathcal{T}}}\lvert\mathrm{att}(\mathcal{T})\rvert\right\}\gg\lvert\mathcal{A}\rvert \tag{6-22}$$

然后，可以根据不同的测量结果对这三种方案的性能进行排名，如表 6.2 所示。可以观察到，CP-ABHE 在所有测量方面上均表现最好。KP-ABE 方案在加密、解密效率和 CT 大小方面优于 CP-ABE 方案，然而 KP-ABE 方案的一个重大缺点是密钥扩展问题。CP-ABE 方案在 PK、MSK 和 SK 的大小方面优于 KP-ABE 方案，但其密文的大小远远大于 KP-ABE 方案。在向数据用户发送密文时，CP-ABE 中的数据传输量要大得多，这对网络来说是一个挑战。此外，CP-ABE 方案和 CP-ABHE 方案在现实生活中比 KP-ABE 方案更灵活。总之，理论分析表明，KP-ABE 和 CP-ABE 都有各自的缺点，CP-ABHE 总是表现最好。

表 6.2　KP-ABE、CP-ABE 和 CP-ABHE 性能排名

方案	KP-ABE	CP-ABE	CP-ABHE
加密时间	2nd	3rd	1st
解密时间	2nd	3rd	1st
PK 大小	2nd	1st	1st
MSK 大小	2nd	1st	1st
SK 大小	2nd	1st	1st
CT 大小	2nd	3rd	1st
灵活度	2nd	1st	1st

6.8.2　效率评估

为了进一步评估这三种文档加密方案的性能，本章基于 Cpabe 工具包和 Java 配对的 java pairing-based cryptography library(JPBC)[4]及一个基于 512 位有限域上的超奇异曲线 $y^2=x^3+x$ 的 160 位椭圆曲线组实现了 CP-ABHE 方案。此外，

还实现了文献[11]中的 KP-ABE 方案和文献[1]中的 CP-ABE 方案。以上所有方案均在 2.60 GHz Intel Core 处理器、Windows 7 操作系统和 4GB 内存上进行模拟。文档集合中文档数量为 100 到 1000 不等。如第 6.7 节所述，属性字典定义为 $\mathcal{A}=(A,B,\cdots,Z)$，通过算法 6.2 为每个文档分配属性集。与文献[13]和[33]类似，加密、解密时间和密文的存储成本被用来衡量这些方案的性能。

1) 加密效率

图 6.10 显示了三种不同文件数方案的加密时间。

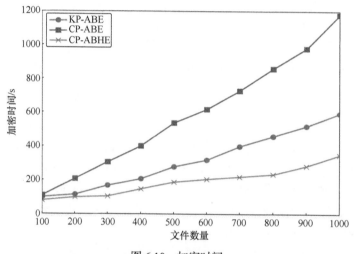

图 6.10　加密时间

为了获得文档的 $\mathrm{ck}_i e(g,g)^{\alpha s}$，CP-ABE 需要在 $\mathbb{G}_1$ 上执行两个操作。此外，该方案需要在 $\mathbb{G}_0$ 执行 $2\cdot|\mathrm{att}(F_i)|+1$ 步以获取 h^s，C_j 和 C_j'。当新文档到达时，所有加密过程都需要重新执行 1 次。因此，CP-ABE 的加密时间是三种方案中最大的。KP-ABE 方案还需要单独加密每个文档。然而，KP-ABE 方案只需要在 $\mathbb{G}_0$ 中执行 $|\mathrm{att}(F_i)|$ 步操作，因此在加密时间方面比 CP-ABE 方案性能更好。在 CP-ABHE 中，所有文档的密文共享相同的 C_y 和 C_y'，这可以大大降低计算复杂度。如图 6.10 所示，与 CP-ABE 方案相比，CP-ABHE 将加密效率提高约 60%，它的性能也优于 KP-ABE 方案。

2) 解密效率

如图 6.11 所示，三种方案的解密时间均随着文档集合的扩大近似线性增加。对于一个恒定的文档集合，CP-ABHE 比 CP-ABE 方案的解密效率提高了约 50%，并且超过 KP-ABE 方案。为了解密所有加密的文档，KP-ABE 方案和 CP-ABE 方案需要逐个解密访问树。对于每个访问树，它们首先需要解密叶节点，

然后通过迭代过程解密根节点，最后对隐藏在访问树中的内容密钥ck_i进行解密。可以观察到，在解密树中节点的过程中消耗了大部分时间。对于不同的访问树，叶节点的秘密编号是相互独立的。为了解密一个叶节点，CP-ABE 方案需要执行两次双线性映射操作和$\mathbb{G}_1$上的一次操作。然而，在 KP-ABE 方案中，只需要一个双线性映射来解密叶节点。考虑到 KP-ABE 和 CP-ABE 方案的其余解密过程彼此相似，可以得出结论，KP-ABE 方案在解密效率方面优于 CP-ABE 方案。CP-ABHE 在所有三种方案中表现最好，这可以解释为只有 M (即$|\mathcal{A}|$)个叶节点需要解密。

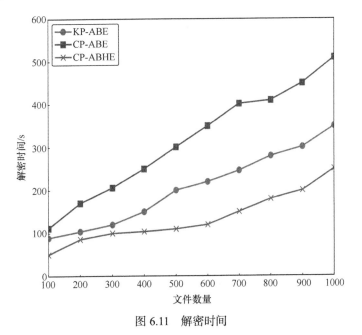

图 6.11　解密时间

3) 密文存储效率

本节将注意力集中在加密内容密钥的密文上，如图 6.12 所示，CP-ABE 方案中的密文消耗的存储空间最多。对于每个访问树，密文包括$\mathbb{G}_1$中的一个元素(即$ck_i e(g,g)^{\alpha s}$)和$\mathbb{G}_0$中的$2 \cdot |\mathrm{att}(F_i)| + 1$个元素(即$C_j$, C'_j和$C = h^s$)。对于不同的访问树，它们的密文是完全独立的，不能通过一起发布密文来节省任何存储成本。尽管 KP-ABE 方案中不同访问树的密文也相互独立，但访问树的密文只包括$\mathbb{G}_1$中的一个元素(即$ck_i \cdot e(g,g)^{\alpha s}$)和$\mathbb{G}_0$中的$|\mathrm{att}(F_i)|$个元素(即$E_j$)。因此，KP-ABE 方案中密文的大小远小于 CP-ABE 方案中密文的大小。CP-ABHE 方案在三种方案中性能最好，占用存储空间最少。在 CP-ABHE 中，内容密钥一起加密，密钥的密文包括$\mathbb{G}_1$中的 N 个元素和$\mathbb{G}_0$中的$2|\mathcal{A}| + \sum_{T \in S_T} |T|$ 个元素。如第 6.8 节所

述，与 KP-ABE 方案和 CP-ABE 方案相比，CP-ABHE 的密文消耗的存储空间要小得多，仿真结果验证了理论分析的正确性。

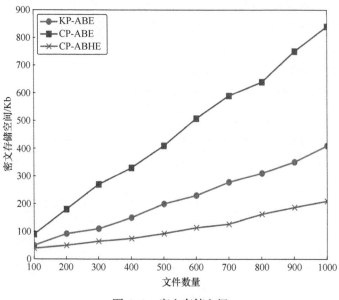

图 6.12　密文存储空间

4）密钥存储效率

密钥的总存储成本如图 6.13 所示。在 CP-ABE 和 CP-ABHE 方案中，数据用户的密钥只与他的属性集有关，不随文档集合的增加而扩展。然而，在 KP-ABE

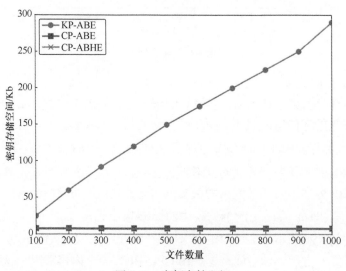

图 6.13　密钥存储空间

方案中，每个密钥都是为特定的访问树生成的。随着文档集合的增加，访问树的数量增加，因此，数据用户存储的密钥数量非常大。从图 6.13 可以观察到，数据用户的密钥的存储空间随着文档集合的大小线性增加。当文档集合包含 1000 个文档时，KP-ABE 中的密钥大小约为 300KB，远大于 CP-ABE 和 CP-ABHE 方案中的密钥大小。

6.8.3　方案性能总结

综上所述，CP-ABHE 方案在加密、解密时间、密钥存储成本和密文存储成本方面始终表现最佳。KP-ABE 方案在加密、解密时间和密文存储成本方面优于 CP-ABE 方案。然而，KP-ABE 方案的一个巨大缺点是密钥扩展问题。随着进入移动互联网时代，越来越多的数据用户倾向于通过资源非常有限的移动设备访问文档。在这种情况下，存储大量密钥是不切实际的。虽然 CP-ABE 方案在加密、解密和密文存储方面有较大的成本，但它更方便数据拥有者设置访问结构，数据用户需要存储少量密钥。

6.9　本 章 小 结

本章设计了一个分层文档集合加密方案。首先设计了一个增量算法来构造文档的集成访问树，并减少访问树的数量。然后，每个集成访问树一起加密，树中的文档可以一次解密。与现有方案不同，本方案以自下向上的方式构造树节点的秘密编号。通过这种方式，密文和密钥的大小显著减小。最后，进行了全面的性能评估，包括安全性分析、效率分析和仿真。结果表明，提出的方案在加密、解密效率和存储空间方面优于 KP-ABE 和 CP-ABE 方案。

本章方案可以在几个方面进一步改进。首先，本章讨论的访问策略假设访问树仅由"与"门组成，扩展访问策略的灵活性和多功能性是最重要的研究方向之一；其次，文件在外包之前是加密的，可以进一步探索如何通过密文高效地搜索感兴趣的文件；最后，本章重点研究了静态文档集合，如何对动态文档集合进行有效的加密、解密是未来的研究方向。

参 考 文 献

[1] Bethencourt J, Sahai A, Waters B. Ciphertext-policy attribute-based encryption. 2007 IEEE Symposium on Security and Privacy, 2007: 321-334.

[2] Boneh D, Waters B. Conjunctive, subset, and range queries on encrypted data. Lecture Notes in Computer Science (including subseries Lecture Notes in Artificial Intelligence and Lecture Notes in Bioinformatics), 2007: 535-554.

[3] Cao N, Wang C, Li M, et al. Privacy-preserving multi-keyword ranked search over encrypted cloud data. IEEE Transactions on Parallel & Distributed Systems, 2014, 25(1): 222-233.

[4] Caro A D, Iovino V. jPBC: Java pairing based cryptography. 2011 IEEE Symposium on Computers and Communications (ISCC) , 2011: 850-855.

[5] Chen C, Zhu X, Shen P, et al. An efficient privacy-preserving ranked keyword search method. IEEE Transactions on Parallel and Distributed Systems, 2016, 27(4): 951-963.

[6] Curtmola R, Garay J, Kamara S, et al. Searchable symmetric encryption: Improved definitions and efficient constructions. Proceedings of the 13th ACM Conference on Computer and Communications Security 2006: 79-88.

[7] Qin B, Liu J, Wu Q, et al. Ciphertext-policy hierarchical attribute-based encryption with short ciphertexts. Information Sciences, 2014, 275: 370-384.

[8] Fu Z, Ren K, Shu J, et al. Enabling personalized search over encrypted outsourced data with efficiency improvement. IEEE Transactions on Parallel and Distributed Systems, 2016: 2546-2559.

[9] Golle. P, Staddon J, Waters B. Secure conjunctive keyword search over encrypted data. Proceeding of Applied Cryptography and Network Security, 2004, 3089: 31-45.

[10] Goyal V, Jain A, Pandey O. Bounded ciphertext policy attribute based encryption//Jacques Loeckx. Automata, Languages and Programming. Berlin: Springer, 2008, 5126 LNCS(PART 2):579-591.

[11] Goyal V, Pandey O, Sahai A, et al. Attribute-based encryption for fine-grained access control of encrypted data. Proceedings of the 13th ACM Conference on Computer and Communications Security, 2006: 89-98.

[12] Han J, Susilo W, Mu Y, et al. Privacy-preserving decentralized key-policy attribute-based encryption. IEEE Transactions on Parallel and Distributed Systems, 2012, 23(11): 2150-2162.

[13] Lai J, Deng R H, Guan C, et al. Attribute-based encryption with verifiable outsourced decryption. IEEE Transactions on Information Forensics and Security, 2013: 1343-1354.

[14] Wang P, Feng D G, Zhang L W CP-ABE scheme supporting fully fine-grained attribute revocation. Journal of Software, 2012, 23(10): 2805-2816.

[15] Lewko A, Okamoto T, Sahai A, et al. Fully secure functional encryption: Attribute-based encryption and (hierarchical) inner product encryption. The 29th Series of European Conferences on the Theory and Application of Cryptographic Techniques, 2010: 62-91.

[16] Li J, Jia C, Li J, et al. Outsourcing encryption of attribute-based encryption with MapReduce. The 14th International Conference on Information and Communications Security, 2012: 191-201.

[17] Li J, Yao W, Zhang Y, Qian H. Flexible and fine-grained attribute-based data storage in cloud computing. IEEE Transactions on Services Computing, 2017, 10(5): 785-796.

[18] Li J, Lin X N, Zhang Y, et al. Outsourced attribute-based encryption with keyword search function for cloud storage. IEEE Transactions on Services Computing, 2016, 10(5): 715-725.

[19] Cheung L, Newport C. Provably secure ciphertext policy ABE. Proceedings of the ACM Conference on Computer and Communications Security, 2007: 456-465.

[20] Liu W, Liu J, Wu Q, et al. Practical direct chosen ciphertext secure key-policy attribute-based encryption with public ciphertext test. The 19th European Symposium on Research in Computer

Security, 2014: 91-108.

[21] Liu Z，Cao Z, Wong D S. Traceable CP-ABE: How to trace decryption devices found in the wild. IEEE Transactions on Information Forensics Security, 2015, 10(1): 55-68.

[22] Liu Z, Cao Z, Wong D. S. White-box traceable ciphertext-policy attribute-based encryption supporting any monotone access structures. IEEE Transactions on Information Forensics and Security, 2013, 8(1): 76-88.

[23] Ning J, Cao Z, Dong X, Wei L, et al. Large universe ciphertextpolicy attribute-based encryption with white-box traceability. European Symposium on Research in Computer Security, 2014: 55-72.

[24] Okamoto T, Takashima K. Fully secure functional encryption with general relations from the decisional linear assumption. Proceedings of the 30th Annual Conference on, Advances in Cryptology, 2010, 6223: 191-208.

[25] Ostrovsky R, Sahai A, Waters B. Attribute-based encryption with non-monotonic access structures. Proceedings of the 14th ACM Conference on Computer and Communications Security, 2007: 195-203.

[26] Pirretti M, Traynor P, McDaniel P. Secure attribute-based systems. Journal of Computer Security, 2010, 18(5): 799-837.

[27] Qian H, Li J, Zhang Y. Privacy-preserving decentralized ciphertextpolicy attribute-based encryption with fully hidden access structure// Qing S, Zhou J, Liu D. Information and Communications Security. Switzerland, Cham: Springer, 2013: 363-372.

[28] Sahai A, Waters B. Fuzzy identity-based encryption. EUROCRYPT, 2005, 3494: 457-473.

[29] Subashini S, Kavitha V. A survey on security issues in service delivery models of cloud computing. Journal of Network and Computer Applications, 2011, 34(1): 1-11.

[30] Swaminathan A, Mao Y, Su G M, et al. Confidentiality-preserving rank-ordered search. Proceedings of the 2007 ACM Workshop on Storage Security and Survivability, 2007: 7-12.

[31] Wang C, Cao N, Ren K, et al. Enabling secure and efficient ranked keyword search over outsourced cloud data. IEEE Transactions on Parallel & Distributed Systems, 2012, 23(8): 1467-1479.

[32] Wang, G, Liu Q, Wu J. Hierarchical attribute-based encryption for fine-grained access control in cloud storage services. Proceedings of the 17th ACM Conference on Computer and Communications Security, 2010: 735-737.

[33] Wang S, Zhou J, Liu J, et al. An efficient file hierarchy attribute-based encryption scheme in cloud computing. IEEE Transactions on Information Forensics and Security, 2016, 11(6): 1265-1277.

[34] Waters B. Ciphertext-policy attribute-based encryption: An expressive, efficient, and provably secure realization. Public Key Cryptography- PKC, 2011: 53-70.

[35] Wong W K, Cheung D W, Kao B, et al. Secure KNN computation on encrypted databases. Proceedings of the 2009 ACM SIGMOD International Conference on Management of data, 2009: 139-152.

[36] Xhafa F. Wang J, Chen X, et al. An efficient PHR service system supporting fuzzy keyword search and fine-grained access control. Soft Computing, 2014, 18(9): 1795-1802.

[37] Xia Z, Wang X, Sun X, et al. A secure and dynamic multi-keyword ranked search scheme over encrypted cloud data. IEEE Transactions on Parallel and Distributed Systems, 2016, 27(2): 340-352.

[38] Yang X, Du W, Wang X, et al. Fully secure attribute-based encryption with non-monotonic access structures. 2013 The 5th International Conference on Intelligent Networking and Collaborative Systems, 2013: 521-527.

[39] Zhu S, Yang X, Wu X. Secure cloud file system with attribute based encryption. 2013 The 5th International Conference on Intelligent Networking and Collaborative Systems, 2013: 99-102.

第7章 基于分块并行检索树结构的分布式数据共享机制

7.1 引 言

随着网络基础设施的不断改善[1-3]，目前医疗物联网(Internet of Medical Things, IoMT)作为分布式智能传感器网络的重要应用之一已经蓬勃发展，同时也出现了关于隐私安全的重大问题，需要更多的数据处理技术。凭借强大的数据存储和计算能力，云服务器为 IoMT 提供数据外包和检索服务[4]，然而云服务器通常是"诚实但好奇"的，也就是说它忠实地履行其检索职责，但也尝试从存储中的外包数据中推断敏感信息[5]，因此外包数据必须加密以避免私人信息泄露。在解决方案中，Song 等[6]提出了一种称为可搜索加密的数据应用技术，其中数据隐私是他们主要关注的问题之一。通常，数据隐私由传统对称加密[7-9]保护，文档索引隐私可由安全 KNN[10,11]、双线性配对[12]、对称可搜索加密[13]等技术来保护。此外，IoMT 应用程序的服务质量和用户体验要求对海量数据进行高效检索。最近，Zhang 等[14]提出了一种基于树的索引方案，他们的方案显著提高了通配符可搜索加密的检索效率，此外用户体验也与检索准确性密切相关。为了更广泛地应用 IoMT，需要提出一种用于隐私保护的高效、准确的可搜索加密方案[11-14]。

为了降低数据隐私泄露的风险并提高检索准确性，许多研究为这种可搜索加密系统提出了各种方案[7-9]。特征向量是由上传和共享的数据或查询关键字中提取相应的特征按序排列组成的向量。有多种特征向量提取算法，其中大多数基于统计方法，如词袋模型[15]和 TF-IDF[7]。同时，随着机器学习技术的发展，深度学习模型在自然语言处理领域得到了广泛的应用。有许多优秀的模型[16-18]用于提取文档特征，如 word2vec[18]和 BERT[19]。

提取特征向量索引后，需要对其加密以保护隐私，同时不丢失可检索性，文献[20]~[22]中也发表了多种优秀的可搜索加密方案。Wong 等[20]在 2009 年提出了安全 KNN 的概念，其中内积是通过分解特征向量和可逆加密方式计算的，以便可以通过相似度实现排序功能。基于安全 KNN 方案，Li 等[10]引入了基于身份密钥管理机制的属性加密方案，以保护医疗云数据的前向和后向隐私。Chinni 等[21]在基于 TF-IDF 的 KNN 方案中增加了对逻辑搜索关键字(如"and""or")的支持，以提高搜索精度。然而，这些基于安全 KNN 的方案效率低下，因为它们需要计算高阶矩阵乘法[22]。其他不同的方案采用了双线性配对的思想，如 Miao 等[12]提出的 LFGS 方案，但双线性配对的复杂计算延迟了检索[23]，从而降低了用户的体验。

此外值得注意的是，现有的可搜索加密方案很少关注检索结构的设计。在文献[8]、[24]等研究中，默认检索过程需要遍历存储在云服务器上的所有文档索引，这在海量数据的场景中使得计算开销过于庞大。Xia 等[25]通过将文档搜索树与安全 KNN 方案相结合，提出了一种更有效的可搜索加密方案，然而该方案给数据拥有者带来了更大的负担，并且不容易动态更新。此外，一旦敌手获得了由 TF-IDF 等现有统计原理生成的特征向量，他们就可以轻松地使用共享字典获取用户的私人信息，因此特征提取算法也应该能够保护隐私，这被大多数现有方案[20-23]所忽视。

考虑了所有现有方案及其相关缺陷，本章提出了一种新的高效加密并行排序搜索方案(EEPR)，用于医疗数据云文件系统的场景中。该方案设计了搜索树结构，支持并行医疗数据搜索，并极大地节省了计算时间。将 EEPR 与各种特征向量提取算法相结合，本章提出了 EEPR-W、EEPR-T 和 EEPR-B 三个子方案，分别对应于词袋模型、TF-IDF 和 BERT。经过时间复杂度分析和实验验证，本章证明了 EEPR 方案是有效和准确的。在检索效率方面，与之前的工作[25,26]相比，EEPR 有了很大的提高；就检索精度而言，EEPR-B 方案优于以前的方案[11,27]。此外，与 EEPR-W、EEPR-T 和 EEPR-B 的三个子方案相比，EEPR-B 模型同时实现了高效性和准确性，且与块并行搜索方案相比，单独的 BERT 模型具有最佳的傅里叶变换。最后，本章的安全分析得出所提出的 EEPR 方案能够有效防止云服务器窥探患者或研究人员等参与者的私人信息，从而为隐私提供强大的保护。

与现有方案相比，这项工作的创新性如下。①设计了分块搜索树结构和相应的并行搜索算法，显著提高了加密检索的效率，减少了用户的等待时间；②提出了一种基于安全 KNN 算法的多关键字排序搜索方案 EEPR，该方案同时满足隐私保护和效率要求，与现有方案相比本章方案的检索时间大大减少；③首次提出了信息保留的概念，定量分析了特征提取算法和分块并行搜索的适应性；④本章将 BERT 与 EEPR 方案相结合，实验表明，与现有方案相比 EEPR-B 方案提高了检索精度。

本章的贡献主要总结如下。①对于医疗数据，本章设计了一个高效的分块并行可分级搜索加密模型 EEPR，该并行搜索系统更符合云计算背景，且 EEPR 方案的时间复杂度远低于现有方案；②本章构建了一种新型的分块二叉树结构用于并行医疗数据搜索，并设计了一种高效的贪婪算法，该算法适用于此结构，可以快速检索与研究人员查询匹配的数据集，该方案降低了计算成本；③通过将 EEPR 方案与相应的特征向量提取算法相结合，本章提出了 EEPR-W、EEPR-T 和

EEPR-B 的三个子方案，使用信息保留度概念对这三个子方案进行了定量分析，实验证明 EEPR-B 模型具有最佳的搜索效果；④分析表明，EEPR 方案有效保护了患者和研究人员的隐私，BERT 模型即 EEPR-B 的参与进一步增强了其隐私保护能力。

　　本章的其余部分组织如下。在第 7.2 节介绍了相关研究工作，然后在第 7.3 节介绍了预备知识；在第 7.4 节和第 7.5 节中，说明了 EEPR 方案的结构和具体实现细节；在第 7.6 节中分析了 EEPR 方案的功能性、安全性和效率，在第 7.7 节证明了 EEPR 方案的有效性、隐私安全性和准确性，最后在第 7.8 节得出结论。

7.2　相关研究工作

　　在云计算环境下，云服务器可以向远程 IoMT 终端提供低成本的数据外包和检索服务，然而由于云服务器的不可靠性，有必要加密外包数据以保护隐私。但保持可检索性同样重要，以便在需要时随时提供所需的数据。人们提出了各种可搜索的加密方案来解决这些问题。Song 等[6]提出了可搜索加密的概念，然而该方案需要遍历所有文档，因此其检索效率并不理想。为了解决这个问题，许多后续工作引入了特征向量索引来从外包数据[8,9,28-30]中提取关键词特征，之后基于特征向量而非完整文档进行加密操作。Wang 等[30]提出了 SHIS 方案，这是一种公钥加密体制下的关键字检索方法。同时，对称加密体制下的可搜索加密方案也得到了广泛的研究[9,12,20,21]。Wong 等[20]提出的安全 KNN 方案做出了基于对称加密思想的开创性工作。图 7.1 说明了医疗数据可搜索加密方案的三大挑战，并相应列出了本章的 EEPR 方案面对这些挑战的优势，即检索效率、隐私保护和检索准确性。

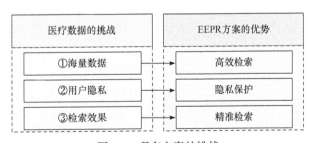

图 7.1　现有方案的挑战

　　然而，上述可搜索加密方案如 Wong 的安全 KNN 方案[20]，没有考虑已知背景的攻击模型，并且不可抵抗对密文的统计分析攻击。Cao 等[27]通过添加随机数字成功抵御了这种攻击，但未能同时保持检索准确性。Miao 等[31]采用了另一种双线性配对思想来确保隐私安全，但只支持单关键字检索，并且对某些应用程序存在严重限制，虽然他们后来提供了一个改进的版本来支持多关键字检索[12]，但还不能支持排序检索这样的应用程序。因此，亟需一个包含排序和多关键字检索的安全 KNN 方案。

另外，这些方案过于强调隐私保护，导致缺乏对检索效率的考虑。例如，由于双线性配对需要大量计算，基于双线性配对的可搜索加密方案效率较低[23]。Yang 等[22]发现，大量矩阵乘法使得传统的安全 KNN 方案对于高维特征向量效率低下，他们提出了一种具有更好时间复杂度的关键字编码可搜索加密方案，然而这种方案对较常见的低维特征向量的时间有效性较低，此外传统的可搜索加密方案往往忽略了检索结构的设计。文献[8]、[12]、[31]中的方案需要遍历检索云服务器上的所有文档索引，这在时间延迟方面并不理想。Xia 等[25]设计了一种索引树，通过适当的贪心算法显著提高了检索效率，但其检索结构对云计算中的并行处理缺乏适应性。鉴于上述效率方面的不足，本章设计了一种基于安全 KNN 及其相应算法的分块并行检索结构向量平衡二叉树(VBBT)，详细讨论见第 7.4 节。

值得注意的是，可搜索加密方案中检索准确性也需要仔细考虑。Chen 等[32]提出了一种分层聚类方法，该方法显著减少了检索延迟时间，提高了检索精度。尽管如此，更复杂的预处理机制增加了数据拥有者的额外负担，并使更新文档变得困难。另一种提高检索精度的方法是设计一种优秀的特征向量提取算法，传统方法包括词袋模型[15]、TF-IDF[33,34]和 TextRank[35]等；随着深度学习技术的发展，出现了一种分布式表示方法(文字向量法)，该方法基本上依赖于 Word2vec[36]。基于分布式表示的分类存在许多缺点，包括标签手册数量大、标签更新困难和需要定期训练。上述算法都不能有效地提取医疗数据的特征，文献[37]将 Google[19]提出的 BERT 模型与传统的机器学习分类方法进行了比较，证明了 BERT 在提取文档语义方面的优越性，因此本章选择使用 BERT 模型来提高检索精度。

虽然最新方案[5]、[7]、[38]部分实现了云医疗数据可搜索加密系统的隐私保护、检索效率和准确性，但它们无法平衡这三者。为了确保实用性和可用性，本章提出了加密云文件系统中基于块的隐私保护分级检索方案。

7.3　预备知识

针对医疗数据加密云存储与可搜索共享的问题，首先介绍一些密码学与可搜索加密方案的背景知识。第 7.3.1 节中，主要介绍医疗数据文档与查询相似度的定义；改进的安全 KNN 方案将在第 7.3.2 节予以阐述；第 7.3.3 节介绍了本章主要讨论的三种特征向量提取算法，分别为词袋模型、TF-IDF 与 BERT。

7.3.1　医疗数据文档与查询相似度定义

本章将医疗数据文档与查询信息映射到同一向量空间，考虑将患者的医疗数据文档映射为向量 p ，研究者的查询关键词集映射到向量 q ，他们均为 d 长向量。两个特征向量相似度的衡量有多种方式，如内积相似度、余弦相似度等。在本章中，默认将特征向量做标准化处理后取内积相似度(实际上是原特征向量的余弦相似度)，即

$$\text{Score}\left(\frac{p}{\|p\|},\frac{q}{\|q\|}\right)=\left\langle\frac{p}{\|p\|}\cdot\frac{q}{\|q\|}\right\rangle \tag{7-1}$$

其中，Score 表示向量 p 和 q 之间的相似性，$\|p\|$ 和 $\|q\|$ 分别表示 p 和 q 的 2-范数。

7.3.2　改进的安全 KNN 算法

Wong 等在 2009 年提出了安全 KNN 的基础框架[20]，下面给出本章所使用的改进安全 KNN 算法。

(1) KNN. Setup$\left(1^{\kappa}\right)$ 。在接收到安全参数 κ 后，算法返回密钥 sk $=\left(S,M_{1},\right.$ $\left.M_{2}\right)$ ，其中 S 是一个 $(n+U)$ bit 长的 $\{0,1\}^{n+U}$ 随机向量；M_{1},M_{2} 是两个 $(n+U)\times(n+U)$ 阶的可逆随机方阵，其中 n 是医疗数据文档特征向量的长度(也是查询关键词组特征向量的长度)，U 是随机变量长度。

(2) KNN. Enc$(\vec{p},\vec{q},$ sk$)$ 。考虑医疗数据文档特征向量 $\vec{p}$ 与查询关键词组向量 $\vec{q}$ ，他们均是长为 n 的 $\{0,1\}^{n}$ 向量。为了安全性考虑，需要在特征向量里添加噪声，即对第 $(n+j)$ 位设置成一个随机数 ε_{j} （$j\in[1,U-1]$)，第 $(n+U)$ 位被设置为 $-\sum_{j=1}^{U-1}\varepsilon_{j}$ ，这样 $\vec{p}$ 与 $\vec{q}$ 拓展为 $(n+U)$ 的 $\{0,1\}^{n+U}$ 向量。然后，将 $\vec{p}$ 与 $\vec{q}$ 依据下列规则分割成 $\{\vec{p}',\vec{p}''\}$ 与 $\{\vec{q}',\vec{q}''\}$ ：如果 S 的第 i 位为 0 （$S[i]=0$)，则 $\vec{p}'[i]=\vec{p}''[i]=\vec{p}[i]$ ，而取 $\vec{q}'[i]\in\mathbb{R}$ 为一个随机数，并取 $\vec{q}''[i]=\vec{q}[i]-\vec{q}'[i]$ ；当 S 的第 i 位为 1 时（$S[i]=1$)，对两个向量做相反的操作。最终，加密后的医疗数据文档向量为 $\left\{M_{1}^{\text{T}}\vec{p}',M_{2}^{\text{T}}\vec{p}''\right\}$ ，查询陷门为 $\tilde{T}=\left\{M_{1}^{-1}\vec{q}',M_{2}^{-1}\vec{q}''\right\}$ 。

(3) KNN. Search$(I,\tilde{T})$ 。云服务器接收到查询陷门 $\tilde{T}$ 时，对每个医疗数据文档向量计算：

$$\begin{aligned}\text{Score}(I,\tilde{T})&=\left\{M_{1}^{\text{T}}\vec{p}',M_{2}^{\text{T}}\vec{p}''\right\}\cdot\left\{M_{1}^{-1}\vec{q}',M_{2}^{-1}\vec{q}''\right\}\\&=\vec{p}'\cdot\vec{q}'+\vec{p}''\cdot\vec{q}''=\vec{p}\cdot\vec{q}\end{aligned} \tag{7-2}$$

结果是医疗数据文档特征向量和查询关键字短语特征向量之间的内积相似度，表

示文档和查询关键字之间的关联程度。基于这种相似性，对医疗数据文档进行排序，并返回与查询关键字最相似的前 k 个文档。此后，为了简化方案的描述，本章忽略了 U 的影响，即经过 KNN 加密后，n 维向量成为 $2n$ 维向量。

7.3.3　特征向量提取

　　本章中主要讨论的特征向量提取方法分别为词袋模型、TF-IDF 模型与 BERT 模型。下面将逐一介绍。

　　(1) 词袋模型。词袋模型是非常经典的特征向量提取模型，核心思想就是构建一个词典，并为每份医疗数据创建一个和词典大小相同的 {0,1} 向量。该向量中每一位记录该数据文档是否包含词典中的该词，包含则设为 1，不包含则设为 0。依据词袋模型生成的医疗数据特征向量就代表了在某指定词典标准下，该数据的词汇特征。

　　(2) TF-IDF。如果一个词在一个医疗数据文档中出现次数越多，那么该词对于该文档就更为重要；同时若一个词在非常多的数据中出现，那么该词对于整体系统而言就相对来说不那么重要。TF-IDF 模型就是针对这种思想产生的，TF 即词频，表示一个关键词在某医疗数据文档中出现的次数；IDF 即逆文档频率，表示包含某关键词的数据占所有数据文档的比例的倒数，TF×IDF 便可以反映某医疗数据文档中某关键词的重要程度。实际上，产生 TF 与 IDF 的不同模型有很多种，但并没有哪一种有显著的优势[39]。因此本章选取文献[40]中的一种 TF-IDF 模型，在此模型中关键词在医疗数据文档中的权重得到了适当的估计，并通过一种相关性反馈机制来改善文档排名。通过使用加权方案和良好的查询扩展技术，此 TF-IDF 模型可以从文档中提取足够多的特征信息，对指定的关键词实现精度较高的文档排名。

　　(3) BERT 模型。采用双向 Transformer 模型的编码器[19]，自提出以来大幅刷新多个自然语言处理领域的任务精度纪录。在自然语言处理领域，经过预训练后，应用 BERT 提取的特征向量可以直接作为词嵌入向量。针对语义信息提取任务，本章利用 BERT 模型构造特征向量提取算法，其总体结构如图 7.2 所示。

　　主要包括三个工作。首先是选取 BERT 的预训练模型，预训练模型可以得到输入单词的词向量表示，但是这个特征没有偏向性，通过针对特定任务对预训练模型开展微调，即可得到更适合此任务的特征向量表示。第二个工作为针对余弦相似度条件下的语义检索任务微调预训练模型。第三个工作则是将输出的词向量进行池化，获取文档的向量表示。这样，使用 BERT 模型提取特征向量的算法流程就已经构造完成，下面将具体介绍以上工作，并给出算法的形式化定义。

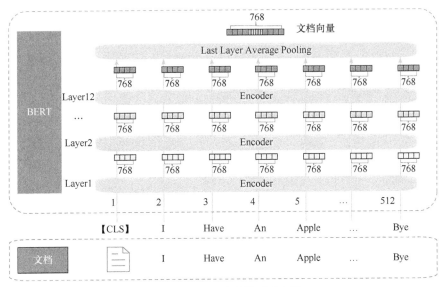

图 7.2 BERT 基础模型示意图

在本章的方案中，使用 BERT 从医疗数据文档中提取特征向量涉及三个步骤。首先 BERT 提供了开源模型的两种规格，需要从中选择一种更适合本章的方案，其参数如下：

- BERT_Base: Layer=12，Hidden_Size=768，Attention=12，参数总量 110M
- BERT_Large: Layer=12，Hidden_Size=1024，Attention=16，参数总量 340M

由于医疗数据中的个体数据量较小，且其明显的关键字特征，本章选择 BERT_Base 作为特征向量提取模型，如图 7.2 所示，Base 版本由 12 层 Encoder 组成，具有 768 个隐藏层单元和 12 个注意力头。BERT 将一串单词作为输入，这些单词在 Encoder 的栈中不断向上流动，每一层都会经过 Self_Attention 层，并通过一个前馈神经网络，然后将结果传给下一个 Encoder。

其次，微调阶段使用 MSMARCO 语料库作为训练数据集，此数据集中句子对被标记上了表示相似度的分数，共有五个梯度，其中 0 对应两个句子内容完全不同，5 代表两个句子完全相同。为了方便起见，需要将评分标准化到 0~1 范围内，损失函数则使用 Sentence-BERT[21]中的孪生网络结构，如图 7.3 所示。对于每个句子对，通过网络传递句子 A 和句子 B，从而产生嵌入 u 和 v。这些嵌入的相似度是使用余弦相似度

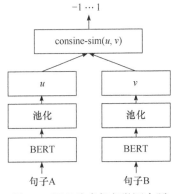

图 7.3 语义检索任务微调中预期使用的损失函数模型

计算的，并将结果与预标注的相似度得分进行比较，进而对网络进行微调并识别句子的相似性。

最后，由于 BERT 以词为单位处理输入文本，故语言模型的输出为文本中每个词的向量表示。若想得到文档的向量表示，需要使用池化操作，将词向量汇合成句向量。常用的池化方法三种方式：①在输入中加入特殊词[CLS]，由于该词无语义，故该词的向量表示应只包含其上下文的语义信息；②对最后一层所有词的向量表示求平均值；③对第一层和最后一层所有词的向量表示求平均值。

本方案采取了第二种池化方式。这样待检索的文档可以通过分词处理，将长句子划分成词，进而传入 BERT 预训练模型，得到对应的词向量，最后在池化层中进行汇合操作，得到了初步的文档向量，之后需要继续对通过 BERT 模型提取的特征向量进行处理，算法的形式化描述如下。

(1) $p_F \leftarrow \text{ExtractFV}(F)$。对于数据 F，进行分词处理后传入 BERT 预训练模型中，得到句向量，经池化处理后可以得到 d 维特征向量 p，然后对 p 进行归一化处理：

$$p_F = \frac{p}{|p|} \tag{7-3}$$

(2) $\tilde{q} \leftarrow \text{ExtractQV}(Q)$。对于查询关键词 Q，通过分词处理后传入 BERT 预训练模型中，得到多个词向量，经池化处理后输出 d 维向量 q，随后进行标准化处理，即

$$\tilde{q} = \frac{q}{|q|} \tag{7-4}$$

本章使用 BERT 模型构建了用于提取医疗数据内部语义信息的框架。如图 7.2 所示，医生将医疗数据中的文本数据传递到编码器，其中每个单词映射到 768 维向量。经过 12 层编码器处理后，所有文字向量都传递到 final 池层，该层输出包含医疗数据语义信息的文档的向量表示。

7.4　EEPR 方案

7.4.1　系统模型

本章所提出的 EEPR 方案如图 7.4 所示。主要包括五个主体，分别为患者、医疗工作者、研究者、云服务器与可信第三方。五个主体的主要职能如下所示。

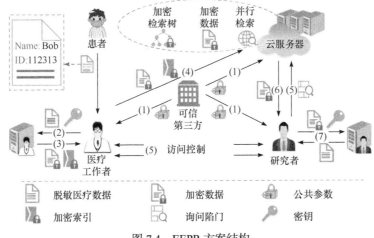

图 7.4　EEPR 方案结构

(1) 患者。患者为医疗数据来源。

(2) 医疗工作者。医疗工作者在向云端上传患者的医疗数据时，需要先生成主密钥和数据对称加密密钥，之后医疗工作者生成数据特征向量并对数据和数据特征向量进行加密，最后医疗工作者将加密的医疗数据和数据特征向量上传到云服务器。

(3) 云服务器。云服务器主要负责加密医疗数据的存储与特征向量索引树的构建。另外，云服务器可以对研究者的搜索请求进行搜索，并返回研究者指定的 $top-k$ 相关医疗数据。云服务器具有强大的计算资源和几乎无限的存储容量。

(4) 研究者。研究者向云服务器发送搜索请求时，首先生成搜索关键词组，并依据该词组生成加密后的搜索陷门，最后研究者将搜索陷门与希望云服务器返回相关结果的个数 k 发送给云服务器。在该模型中本章认为研究者的计算和存储资源极其有限，因此需要减轻负担。

(5) 可信第三方。可信第三方负责规定协议的公共参数。

7.4.2　EEPR 系统概述

在介绍 EEPR 系统的具体结构之前，本章首先展示了在方案构造过程中所要使用的一些符号。

W —— 词典

d —— 医疗数据或查询的特征向量长度

f —— 生成医疗数据或查询的特征向量的函数

Γ —— VBB 树

PK —— 公共参数

n —— 分块长度

m —— 分块数量

N —— 医疗数据文档数量

$\mathcal{F}^* = \left\{ F_1^*, \cdots F_i^*, \cdots, F_N^* \right\}$ —— 原始医疗数据集

$\mathcal{F} = \left\{ F_1, \cdots F_i, \cdots, F_N \right\}$ —— 去除患者敏感信息的医疗数据集

$\mathrm{SK} = \left\{ \mathrm{SK}_v, \mathrm{SK}_F \right\}$ —— 医务工作者的私钥

$\mathrm{SK}_F = \left\{ \mathrm{SK}_{F_1}, \cdots, \mathrm{SK}_{F_i}, \cdots, \mathrm{SK}_{F_N} \right\}$ —— F_i 的对称加密密钥

p_{F_i} —— F_i 对应的特征向量

$I_i = \left\{ I_{F_i}^{(1)}, \cdots, I_{F_i}^{(j)}, \cdots, I_{F_i}^{(m)} \right\}$ —— 加密后的 F_i 对应的索引向量

$I_{\mathcal{F}} = \left\{ I_1, \cdots, I_i, \cdots, I_N \right\}$ —— 加密后的医疗数据索引向量集

FID_i —— 医疗数据 F_i 的对应标识

$\tilde{W}$ —— 查询关键词组

$\tilde{q}$ —— $\tilde{W}$ 对应特征向量

$\mathrm{SK}_v = \left\{ S, M_1, M_2 \right\}$ —— 特征向量 p_{F_i} 与 $\tilde{q}$ 的加密密钥

$\tilde{T}$ —— $\tilde{W}$ 对应的查询陷门

$C_{\tilde{W}}$ —— $\tilde{W}$ 对应 $\mathrm{top}-k$ 搜索结果

接下来，将介绍 EEPR 系统中的主要算法，即 Setup, KeyGen, Enc, Update, Trap, Search 和 Dec，如图 7.5 所示。

EEPR 系统主要算法

EEPR 系统概述如下。

(1) Setup $\left(1^{\lambda}\right)$。给定安全参数 λ，TTP 生成词典 W，词典大小 $|W| = d$，并确定生成特征向量的算法 f，将公共参数 PK 公布。

(2) KeyGen (PK)。医疗工作者根据 PK，生成特征向量加密密钥/数据对称加密密钥 $\mathrm{SK} = (\mathrm{SK}_v, \mathrm{SK}_F)$。

(3) Enc $(\mathrm{SK}, \mathcal{F}^*, \mathrm{PK})$。医疗工作者从患者处收集到原医疗数据集 $\mathcal{F}^*$ 后，将 $\mathcal{F}^*$ 进行处理，剔除患者隐私信息后得到净化后的医疗数据集 $\mathcal{F}$。此后，医疗工作者生成 $F_i \in \mathcal{F}$ 对应的特征向量 p_{F_i}，使用第 7.3.2 节改进的 KNN 算法，利用 SK_v 将 p_{F_i} 加密为 I_i。医疗工作者使用 $\mathrm{SK}_{F_i} \in \mathrm{SK}_F$ 将 F_i 加密为 C_i，并将 $I_{\mathcal{F}} = \{I_i\}, C = \{C_i\}$ 发送给云服务器。

(4) Update $(I_{\mathcal{F}}, C)$。云服务器接收到医疗工作者发送的医疗数据文档更新请求 $\{I_{\mathcal{F}}, C\}$ 后，为每个 I_i 生成新的 VBB 树节点 u，并生成 VBB 树 Γ。

(5) Trap $(\mathrm{SK}, \tilde{W})$。研究者生成查询关键词组 $\tilde{W} \subset W$，并利用算法 f 生成特征向量 $\tilde{q}$，然后研究者采用第 7.3.2 节改进的 KNN 算法，利用 SK 加密为查询陷门 $\tilde{T}$，研究者将 $k, \tilde{T}$ 发送给云服务器。

(6) Search $(k, \tilde{T}, \Gamma)$。云服务器根据分块检索树 Γ 与查询陷门 $\tilde{T}$，查询得到 $\mathrm{top}-k$ 相关的加密医疗数据文档集合 $C_{\tilde{W}} = \{C_1, \cdots, C_k\}$，并发送给研究者。

(7) Dec $(C_{\tilde{W}})$。研究者根据 $C_{\tilde{W}}$ 向医疗工作者请求相应的对称加密密钥并进行解密。

图 7.5　EEPR 系统概述

7.4.3　威胁模型和安全定义

本章认为云服务器"诚实但好奇"，云服务器将诚实地运行方案中的算法，但同时它也会尝试从存储的文档密文、加密索引和查询陷门中推断出用户文档中的隐私数据。考虑到上述信息，本章主要考虑两种威胁模型。

(1) 已知密文攻击模型。在这个模型中，云服务器应该只获得由医疗工作者上传的对称加密密文、由安全 KNN 加密的文档索引向量及对应的查询陷门。这个模型是最接近实际应用场景的，除了密文云服务器不应该知道任何其他信息。

(2) 已知背景攻击模型。在这个模型中，云服务器除了知道密文信息外，还可能获取一些其他相关信息。例如，在同样的安全参数和加密条件下，如果两次查询的关键字集合重合甚至相同，很可能从一个陷门中推断出另一个陷门，在此模型下本方案需要确保前向和后向隐私安全。

根据上述威胁模型的定义，本章给出如下的安全定义。首先定义敌手 $\mathcal{A}$ 和挑战者 $\mathcal{C}$ 的博弈。

(1) 初始化。$\mathcal{C}$ 选择安全参数 κ 和块数 m，然后 $\mathcal{C}$ 运行 m 次程序 KNN.Setup$\left(1^{\kappa}\right)$ 得到密钥集 $\mathrm{SK}_v = \{\mathrm{sk}_j = \left(S_j, M_{1,j}, M_{2,j}\right) | 1 \leqslant j \leqslant m\}$。

(2) 加密。$\mathcal{C}$ 选择由 n 个文档特征向量组成的集合 $\{v_i | 1 \leqslant i \leqslant n\}$，将每个向量 v_i 分成 m 个块：

$$v_i = \left\{ v_i^{(1)}, v_2^{(2)}, \cdots, v_i^{(m)} \right\}$$

对于每个分块，都执行安全 KNN 加密算法，生成相应的分块加密向量：

$$w_i^{(j)} = \mathrm{KNN.Enc}\left(\mathrm{sk}_j, v_i^{(j)}\right)$$

最后将所有分块整合起来，获得加密索引集合：

$$\{w_i = \left\{ w_i^{(1)}, w_i^{(2)}, \cdots, w_i^{(m)} \right\} | 1 \leqslant i \leqslant n\}$$

然后 $\mathcal{C}$ 将加密索引集合发送给 $\mathcal{A}$。

(3) 挑战。敌手 $\mathcal{A}$ 选择一个数字 $r \in \mathbb{Z}^+$，发送给挑战者 $\mathcal{C}$，然后 $\mathcal{C}$ 选择一个由 k 个查询向量组成的集合 $\{x_k | 1 \leqslant k \leqslant r\}$，将每个向量 x_k 分成 m 个块：

$$x_k = \left\{ x_k^{(1)}, x_k^{(2)}, \cdots, x_k^{(m)} \right\}$$

然后每个块由 KNN.Enc 加密为

$$y_k^{(j)} = \mathrm{KNN.Enc}\left(\mathrm{sk}_j, x_k^{(j)}\right) \tag{7-5}$$

将每个块组合起来，就获得了分块后的检索陷门：

$$\{y_k = \{y_k^{(1)}, y_k^{(2)}, \cdots, y_k^{(m)}\} \mid 1 \leqslant k \leqslant r\}$$

然后 $\mathcal{C}$ 将陷门集合发送到 $\mathcal{A}$。

(4) 猜测。收到加密索引集合 $\{w_i\}$ 和陷门集合 $\{y_k\}$ 后，$\mathcal{A}$ 需要猜测文档的明文索引集 $\{v_i'\}$，如果有 i 和 j 使得：

$$v_i'^{(j)} = v_i^{(j)} \tag{7-6}$$

则 $\mathcal{A}$ 赢得此博弈。

定义 7.1　已知密文模型下的安全性。如果任何 PPT 敌手在上述博弈中获胜的概率都小于可忽略的数 ε，则称安全 KNN 算法在分块条件下是满足隐私保护要求的。

对于已知密文攻击模型，将给出敌手 $\mathcal{A}$ 在多项式时间内赢得游戏的优势，并在第 7.6 节安全分析小节中按照给出的博弈游戏和优势进行论证，来证明安全 KNN 方案在分块条件下的安全性，证明方案能够有效地保护用户隐私。对于已知背景攻击，将进行详细的分析，证明在已知各种相关信息情况下，方案都不会泄露关键的隐私数据。

7.4.4　特征向量提取函数

本章设计了一种新的高效加密数据分类搜索方案 EEPR，它能很好地适应各种特征向量生成算法，选择灵活且应用合理。本章选择了如下三种具有代表性的特征向量生成算法，并给出了相应的三个 EEPR 子方案 EEPR-W、EEPR-T 和 EEPR-B。第 7.6 节通过实验分析了这三种算法的优缺点。三个特征向量生成函数分别表示为 f_1, f_2, f_3。

(1) f_1 为基于词袋模型的特征向量提取算法。对于医疗数据 F，生成 $\{0,1\}^d$ 向量 p，若词典 W 中第 $i(i=0,1,\cdots,d)$ 个关键词在 F 中出现，则 p 的第 i 位设为 1，否则设为 0，即

$$W[i] \in F \Rightarrow p[i]=1; \; W[i] \notin F \Rightarrow p[i]=0 \tag{7-7}$$

此后，对 p 做标准化处理，即

$$p_F = \frac{p}{|p|} \tag{7-8}$$

对于查询关键词组 $\tilde{W}$，生成 $\{0,1\}^d$ 向量 q，若词典 W 中第 $i(i=0,1,\cdots,d)$ 个关键词在 $\tilde{W}$ 中出现，则 q 的第 i 位设为 1，否则设为 0，即

$$W[i] \in \tilde{W} \Rightarrow q[i]=1; \; W[i] \notin \tilde{W} \Rightarrow q[i]=0 \tag{7-9}$$

此后，对 q 做标准化处理，即

$$\tilde{q} = \frac{q}{|q|} \tag{7-10}$$

采用词袋模型算法的 EEPR 模型称之为 EEPR-W 模型。

(2) f_2 为基于 TF-IDF 模型的特征向量提取算法。本章使用的 TF-IDF 模型定义医疗数据与查询相似度为

$$\mathrm{Score}\left(F,\tilde{W}\right) = \frac{1}{|F|} \sum_{W[i] \in \tilde{W}} \left(1 + \ln\left(1 + f'[i]\right)\right) \cdot \ln\left(1 + \frac{N}{f''[i]}\right) \tag{7-11}$$

其中，N 为云存储的医疗数据文件数量；$f'[i]$ 表示关键词 $W[i]$ 在医疗数据 F 中出现的次数；$f''[i]$ 表示包含关键词 $W[i]$ 的文档数量；$|F|$ 是医疗数据 F 的欧几里得长度，计算公式为

$$|F| = \sqrt{\sum_{j=1}^{d} \left(1 + \ln\left(1 + f'[j]\right)\right)^2} \tag{7-12}$$

对于医疗数据 F，生成 d 长向量 p，若词典 W 中第 $i(i \in [1,d])$ 个关键词在 F 中出现，则 p 的第 i 位设为

$$\frac{1 + \ln\left(1 + f'[i]\right)}{|F|} \tag{7-13}$$

否则将其设为 0，即

$$W[i] \in F \Rightarrow p[i] = \frac{1 + \ln\left(1 + f'[i]\right)}{|F|} \; ; \; W[i] \notin F \Rightarrow p[i] = 0 \tag{7-14}$$

此后，对 p 做标准化处理，即

$$p_F = \frac{p}{|p|} \tag{7-15}$$

对于查询关键词组 $\tilde{W}$，生成 d 长向量 q，若词典 W 中第 $i(i \in [1,d])$ 个关键词在 $\tilde{W}$ 中出现，则 q 的第 i 位设为

$$\ln\left(1 + \frac{N}{f''[i]}\right)$$

否则设为 0，即

$$W[i] \in \tilde{W} \Rightarrow q[i] = \ln\left(1 + \frac{N}{f''[i]}\right) \; ; \; W[i] \notin \tilde{W} \Rightarrow q[i] = 0 \tag{7-16}$$

此后，对 q 做标准化处理，即

$$\tilde{q} = \frac{q}{|q|} \qquad\qquad (7\text{-}17)$$

采用 TF-IDF 模型算法的 EEPR 模型称之为 EEPR-T 模型。

（3）f_3 为基于 BERT 模型的特征向量提取算法。对于医疗数据 F ，进行分词处理后传入 BERT 预训练模型中，得到句向量，经池化处理后输出 d 维向量 p ，随后进行标准化处理，即

$$p_F = \frac{p}{|p|} \qquad\qquad (7\text{-}18)$$

对于查询关键词组 $\tilde{W}$ ，进行分词处理后传入 BERT 预训练模型中，得到多个词向量，经池化处理后输出 d 维向量 q ，随后进行标准化处理，即

$$\tilde{q} = \frac{q}{|q|} \qquad\qquad (7\text{-}19)$$

采用 BERT 模型算法的 EEPR 模型称之为 EEPR-B 模型。

7.4.5　基于块的并行检索方案矢量平衡二叉树

本方案设计了一种动态树状数据结构，简称 VBB 树(图 7.6)。VBB 树中的每个节点 u 的结构为

$$u = \left\langle \text{ID}, D = \left\{ D_{\max}, D_{\min} \right\}, \text{lchild}, \text{rchild}, \text{FID} \right\rangle \qquad\qquad (7\text{-}20)$$

其中，ID 是 u 的身份标识；lchild, rchild 是两个指针，分别指向左子节点与右子节点；FID 为节点所对应的数据文档标识，在叶子节点中存储对应文档 ID，在非叶子节点中设置为 null 。

如图 7.6 所示，D 是一个向量，在叶子节点中表示数据文档 FID 所对应的特征向量，在非叶子节点处则设置为

$$D = D_{\max} \parallel D_{\min} \qquad\qquad (7\text{-}21)$$

对叶子结点的父节点，向量 D 的结构为

$$D_{\max} = \max \left\{ u.\,\text{lchild} \rightarrow D,\, u.\,\text{rchild} \rightarrow D \right\} \qquad\qquad (7\text{-}22)$$

$$D_{\min} = \min \left\{ u.\,\text{lchild} \rightarrow D,\, u.\,\text{rchild} \rightarrow D \right\} \qquad\qquad (7\text{-}23)$$

其他非叶节点则设置为

$$D_{\max} = \max \left\{ u.\,\text{lchild} \rightarrow D_{\max},\, u.\,\text{rchild} \rightarrow D_{\max} \right\} \qquad\qquad (7\text{-}24)$$

$$D_{\min} = \min \left\{ u.\,\text{lchild} \rightarrow D_{\min},\, u.\,\text{rchild} \rightarrow D_{\min} \right\} \qquad\qquad (7\text{-}25)$$

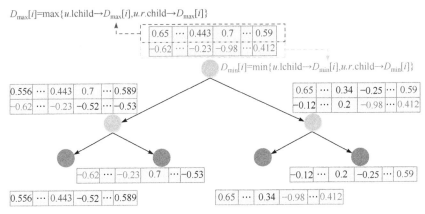

图 7.6　VBB 搜索树结构图

7.4.6　分块并行搜索算法

分块并行搜索算法的整体思路见图 7.7，详见算法 7.1。

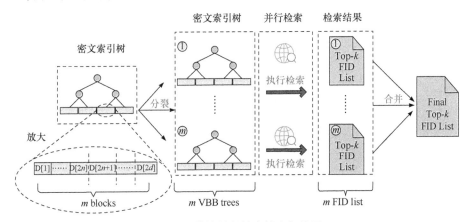

图 7.7　分块并行搜索算法架构图

考虑一个数据集合 $\mathcal{F} = F_i$，对于长为 $2d$ 的特征向量空间(由于改进后 KNN 算法的扩充，数据与查询的 d 维特征向量将被扩充为 $2d$ 维)，本章首先根据 $\mathcal{F}$ 建立一棵搜索树，此后将该搜索树中的所有 D 均分为长 $2n$，数量为 m 的块。假定 $nm = d$，实际上 $nm \neq d$ 也是可行的，根据每个节点中 D 分割成的第一个块取出组成一棵新的搜索树，同理可组成 m 棵搜索树，将这 m 棵搜索树分别进行检索，可得到 m 份 $top-k$ 的文档列表，最终将这 m 份 $top-k$ 文档列表进行合并，取出合并后的 $top-k$ 文档集合作为最终结果。

规定符号如下。

$\text{score}(u.D, q)$ —— 查询 q 和索引树节点 u 上存储向量 D 的相似度评分

kthscore　——　top_k 文档中最小的相似度评分

highchild　——　节点相似度评分更高的子节点

lowchild　——　节点相似度评分更低的子节点

top_k ← Search_blocked(root, qv)　——　分块并行检索算法执行函数

算法 7.1 可以分为两个模块。首先，拆分查询向量，分别对同分块的子树开展检索操作，每个子块都得到检索结果 top_k；然后归并各个子块的检索结果，排序输出相似度评分最高的文档。具体的流程将在下述伪代码中详细描述。

算法 7.1　分块并行检索算法(节点 root，向量 qv)

输入：索引树根节点 root，检索向量 qv

1. 将查询向量 qv 分割成 c 个 qv → $\mathrm{qv}_1, \mathrm{qv}_2, \cdots, \mathrm{qv}_c$

2. 使用多线程并行检索各个子树，并合并检索结果

3. for i in $[1, c]$

4. 建立线程池，执行异步并发的检索

5. 新建栈 st，将分割后的根节点 root_i 推入栈，令 $u = \mathrm{root}_i$

6. 当 $u \,!= \mathrm{null}$ 且 u 为叶节点

7. 如果 $\mathrm{score}(u.D, \mathrm{qv}_i) > \mathrm{kthscore}$

8. 在 top_k 中移除相似度分数最低的文档并插入当前节点存储的文档标识符

9. 否则新建一个向量 D'，按下列规则初始化

10. 如果 $\mathrm{qv}_i[j] > 0$ 设置 $D'[j] = D_{\max}[j]$，否则设置 $D'[j] = D_{\min}[j]$

11. 如果 $\mathrm{score}(u.D, \mathrm{qv}_i) > \mathrm{kthscore}$

12. 设置 $u = u.\mathrm{hchild}$ 并将 $u.\mathrm{lchild}$ 推入栈 st

13. 否则在 st 弹出栈顶元素，赋值给 u

14. 回归并检索结果，从中排序输出相似度分数最高的文档

15. for $\mathrm{id}_x - f_x$ 在 top_k 中

16. 如果 $\mathrm{score}(f_x, \mathrm{qv}) > \mathrm{kthscore}$

17. 在 top_k 中移除相似度分数最低的文档

18. 向 top_k 中插入 $\mathrm{id}_x - f_x$

输出：相关度最高的 k 个文档 top_k $= [\mathrm{id}_1 - f_1, \mathrm{id}_2 - f_2, \cdots, \mathrm{id}_k - f_k]$

7.5　EEPR 系统的设计

在第 7.4 节中，介绍了 EEPR 方案的流程框架与所用搜索结构，EEPR 方案由于采用了分块并行搜索的思想，可以高效地满足方案中医务工作者上传加密数

据和研究者查询下载数据的需求，同时 EEPR 方案还为患者、医务工作者和研究者提供了强大的隐私保护服务。在接下来的部分，将给出 EEPR 方案主要算法的详细描述，包括 Setup, KeyGen, Enc, Update, Trap, Search, Dec，此外还有三个特征向量生成函数 f_1, f_2, f_3。

(1) Setup$\left(1^{\lambda}\right)$。给定安全参数 λ，TTP 规定生成医疗数据与查询关键词组对应特征向量的算法 f，并确定分块长度 n，生成关键词词典 W。若 f 为词袋或 TF-IDF 模型，W 的元素个数即为规定特征向量长度 $d = |W|$；若 f 为 BERT 模型，则医疗数据与查询关键词组对应的特征向量的长度 d 为 BERT 的隐藏层单元数量，最后 TTP 公布公共参数 $\mathrm{PK} = \{f, W, d, n\}$。

(2) KeyGen$\left(\mathrm{PK}\right)$。医疗工作者首先计算分块数量为 $m = \lceil d / n \rceil$，并生成随机密钥：

$$\mathrm{SK} = \left(\mathrm{SK}_v, \mathrm{SK}_F\right)$$

$$\mathrm{SK}_F = \left\{\mathrm{SK}_{F_1}, \cdots, \mathrm{SK}_{F_i}, \cdots, \mathrm{SK}_{F_N}\right\}$$

为医疗数据集 $\mathcal{F}$ 的对称加密密钥，$\mathrm{SK}_v = \{S, M_1, M_2\}$ 为医疗数据特征向量 p_{F_i} 与研究者查询关键词组对应特征向量 $\tilde{q}$ 的加密密钥，其中

$$S = \left\{S_1, \cdots S_j, \cdots, S_m\right\}, \quad \left(S_j \in_R \{0,1\}^n\right)$$

$$M_1 = \left\{M_{1,1}, \cdots, M_{1,j}, \cdots, M_{1,m}\right\}$$

$$M_2 = \left\{M_{2,1}, \cdots, M_{2,j}, \cdots, M_{2,m}\right\}$$

$M_{1,j}, M_{2,j}, j = 1, \cdots, m$ 为两个随机 n 阶可逆方阵；若 $n \nmid d$，设 $\alpha = d - n(m-1)$，则将 $S_m, M_{1,m}, M_{2,m}$ 更改为 $S_m \in_R \{0,1\}^{\alpha}$，$M_{1,m}, M_{2,m}$ 为两个随机 α 阶可逆方阵。因此，即便出现不整除的情况，与整除情况处理方式类似，此后均假设 $n | d$，即 $nm = d$。

(3) Enc$\left(\mathrm{SK}, \mathcal{F}^*, \mathrm{PK}\right)$。如图 7.8 所示，医疗工作者首先从患者处收集原始医疗数据集：

$$\mathcal{F}^* = \left\{F_1^*, \cdots, F_i^*, \cdots, F_N^*\right\}$$

此后将 $\mathcal{F}^*$ 中的患者隐私信息如姓名、ID 等进行盲化处理得到净化后的医疗数据集 $\mathcal{F} = \{F_1, \cdots, F_i, \cdots, F_N\}$，此后医疗工作者使用算法 f 将医疗数据 $F_i \in \mathcal{F}$ 的特征向量 p_{F_i} 提取出来，将 p_{F_i} 分割为每块长度为 n 的 m 块，即 $p_{F_i} = \{p_1, \cdots, p_j, \cdots, p_m\}$。对于第 j 块，医疗工作者使用 $\mathrm{SK}_j = \left\{S_j, M_{1,j}, M_{2,j}\right\}$ 将 p_j 利用第 7.3.2 节所给改进的

KNN 算法加密为 $I_{F_i}^{(j)} = \left\{ M_{1,j}^{\mathrm{T}} \cdot p_j', M_{2,j}^{\mathrm{T}} \cdot p_j'' \right\}$，注意 $I_{F_i}^{(j)}$ 长度为 $2n$，最终医疗工作者得到加密后的医疗数据索引向量 $I_i = \left\{ I_{F_i}^{(1)}, \cdots, I_{F_i}^{(j)}, \cdots, I_{F_i}^{(m)} \right\}$，$I_i$ 是一个长为 $m \cdot 2n = 2d$ 的向量。此后医疗工作者使用对称加密密钥 $\mathrm{SK}_{F_i} \in \mathrm{SK}_F$ 将医疗数据 F_i 加密为密文 C_i，并最终将 $I_{\mathcal{F}} = \{I_i\}$ 和 $C = \{C_i\}$ 发送给云服务器。

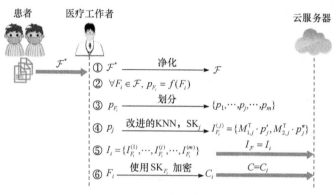

图 7.8　Enc 算法流程图

(4) Update$\left(I_{\mathcal{F}}, C \right)$。云服务器收到医疗工作者的数据更新请求 $\{I_{\mathcal{F}}, C\}$ 后，它需要生成一颗新的 VBB 树 Γ 并存储 C。对第 i 个密文数据 $C_i \in C$，云服务器生成对应数据标识 FID_i，并生成新的 VBB 节点 $u = \langle \mathrm{ID}, I_i, \mathrm{lchild}, \mathrm{rchild}, \mathrm{FID}_i \rangle$ 插入更新到 VBB 树 Γ 中，最终云服务器生成了 $\{I_{\mathcal{F}}, C\}$ 所对应的 VBB 树 Γ。

(5) Trap$\left(\mathrm{PK}, \tilde{W} \right)$。研究者为了进行医学研究工作，需要某医疗数据相关关键词组，因此产生查询关键词集合 $\tilde{W} \subset W$，并使用算法 f 生成对应查询特征向量 $\tilde{q}$。然后研究者向医疗工作者请求 $\tilde{q}$ 的加密密钥 SK_v，并将 $\tilde{q}$ 分割为每块长度为 n 的 m 块，即 $\tilde{q} = \{q_1, \cdots, q_j, \cdots, q_m\}$，对于第 j 块，研究者使用 $\mathrm{SK}_j = \left\{ S_j, M_{1,j}, M_{2,j} \right\}$ 将 q_j 利用第 7.3.2 节所给改进的 KNN 算法加密为 $\tilde{T}_j = \left\{ M_{1,j}^{\mathrm{T}} \cdot q_j', M_{2,j}^{\mathrm{T}} \cdot q_j'' \right\}$；研究者最终生成查询陷门 $\tilde{T} = \left\{ \tilde{T}_1, \cdots, \tilde{T}_j, \cdots, \tilde{T}_m \right\}$ 与希望云服务器返回的最相似文档数量 k，注意此时 $\tilde{T}_j$ 长度为 $2n$，$\tilde{T}$ 长度为 $2d$，然后研究者将 $\{\tilde{T}, k\}$ 发送给云服务器，该算法详细步骤如图 7.9 所示。

(6) Search$\left(k, \tilde{T}, \Gamma \right)$。云服务器收到研究者发送的 $\{\tilde{T}, k\}$ 查询请求后，计算 $m = \lceil d / n \rceil$，并使用第 7.4.6 节所给的分块并行搜索算法，利用 $\tilde{T}$ 与 Γ 得到与查询陷门 top $- k$ 相关的 FID 列表，注意此时算法的向量分块长度为 $2n$，分块数量为 m，每个 VBB 节点的 D 是 2d 长向量，云服务器根据该 FID 列表生成 top $- k$ 相

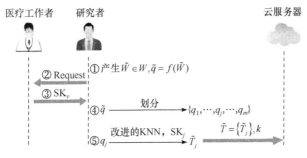

图 7.9　Trap 算法流程示意图

关的加密数据集合 $C_{\tilde{W}} \subset C$ ，并发送给研究者。

(7) $\mathrm{Dec}\left(C_{\tilde{W}}\right)$ 。研究者收到云服务器返回的加密数据集合 $C_{\tilde{W}}$ 后，根据 $C_{\tilde{W}}$ 向医疗工作者请求 $C_i \in C_{\tilde{W}}$ 对应的对称加密密钥 SK_{F_i} ，并进行解密得到所需明文医疗数据集合。

7.6　理　论　分　析

根据不同的特征向量生成方法，分别分为三个子方案：EEPR-W、EEPR-T 和 EEPR-B。在本节中，将从理论和实验上分析所提出的方案，以证明它同时满足三个挑战：隐私保护、效率和准确性。

7.6.1　功能比较

在分析 EEPR 系统之前，首先将本章的 EEPR 方案与表 7.1 中的几种最先进的可搜索加密方案[11,12,25,27]进行比较。相比之下，本章的 EEPR 方案是唯一同时支持排序和多关键字并行检索的方案。

表 7.1　各种方案的功能比较

方案	并行检索	排名搜索	多关键字检索
LFGS[12]	-	-	√
MRSE[27]	-	√	√
BDMRS[25]	-	√	√
FPMRSE[11]	-	√	√
EEPR	√	√	√

7.6.2　安全性分析

为了保护患者和研究人员的私人信息，"诚实但好奇"的云服务器不应具有从协议中获得任何此类信息的能力，除非返回到研究人员的 FID 列表。本章方案可以确保所提出的 EEPR-B 模型能够以强大的方式保护隐私，接下来将详细证明。

1) 已知密文攻击模型下的安全性

本章给出了在已知密文攻击模型下的安全结论和安全性证明如下。

定理 7.1　方案的安全性。方案的安全性和 7.4.3 节中的安全性定义 7.1 保持一致，因此在已知密文攻击模型下，本方案的安全性可以得到保证。

证明：对于云服务器上分 m 块存储的密文 W，考虑其第 $j(j=0,1,\cdots,m)$ 块子树。对于第 j 个块，有

$$\left\{w_i^{(j)}\right\}=\left\{w_1^{(j)},w_2^{(j)},\cdots,w_{N'}^{(j)}\right\} \tag{7-26}$$

密文被密钥 $\mathrm{KK}=\left\{\mathrm{RV}_j,M_{1,j},M_{2,j}\right\}$ 加密，其中

$$w_i^{(j)}=\left\{M_{1,j}^{\mathrm{T}}\cdot v_i^{(j)\prime},M_{2,j}^{\mathrm{T}}\cdot v_i^{(j)\prime\prime}\right\} \tag{7-27}$$

因此，由于敌手 $\mathcal{A}$ 只知道 $\{w_i^{(j)}\}$，他能够得到 $2nN$ 个方程式，但是未知量的数量包括 $2n$ 个 N 长的向量 $\{v_i^{(j)\prime}\}\cup\{v_i^{(j)\prime\prime}\}$ 和两个加密矩阵 $M_{1,j},M_{2,j}$，总计 $2nN+2n^2$ 个未知数。考虑所有的块，未知数的数量为 $2mnN+2mn^2=2dN+2dn$，远远大于方程数量 $2mnN=2dN$，因此敌手 $\mathcal{A}$ 无法直接解出明文 $\{v_i\}$，并且只能从解空间 $\mathbb{R}^{2dn}$ 里随机猜测可能的解，这样敌手猜测成功的概率：

$$\Pr\left\{\{v_i\}\leftarrow\mathcal{A}(\{w_i\})\right\}=\frac{1}{\left|\mathbb{R}^{2dn}\right|} \tag{7-28}$$

此概率是一个无穷小的数 ε，即敌手 $\mathcal{A}$ 赢得博弈的概率。值得注意的是，这里必须证明向敌手 $\mathcal{A}$ 提交查询陷门并不会对 $\mathcal{A}$ 解密文档索引集 $\{v_i^{(j)}\}$ 产生任何帮助。根据安全 KNN 算法，陷门构造与生成加密索引使用相同的密钥 sk_j。因此对于 r 个 n 长的查询特征向量 x，它们首先被分割成 $2n$ 长向量，然后加密生成 $2n$ 长的查询陷门向量，因此敌手 $\mathcal{A}$ 同时得到 $2rn$ 个方程和 $2rn$ 个未知数，无法求解文档索引集 $\{v_i^{(j)}\}$。

上面的证明说明了本方案在已知密文攻击模型下的安全性，但是在已知背景攻击模型下，敌手可能拥有更多信息，方案需要更强的安全性来抵御这种攻击。下面将描述在已知攻击背景模型下本方案的安全性，需要注意的是本方案可以在

部分损坏的情况下确保隐私保护。

2) 已知背景攻击模型下的安全性

本章阐述了在已知背景攻击模型下的数据、加密索引、查询陷门、VBB 树及关键词隐私保护机制。

(1) 数据隐私。数据拥有者本地加密自己的文档数据并将其存储在云端，供符合权限的数据使用者检索、下载、解密、利用。针对数据拥有者想要上传的文档集合 $\mathcal{F}^*$，首先对其进行脱敏处理，即在标识符等需明文存储在服务器上的内容里过滤掉与个人隐私相关的内容，这可以防止敌手从源头获取关键隐私信息；然后数据拥有者本地为每个明文文档 F_i 生成一个随机对称加密密钥 SK_{F_i} 并对其进行加密，从而确保密文没有链接关系，相当于做到了一次一密，通过 AES 等对称加密算法加密的密文数据 $C = \{C_i\}$ 存储在云端，可供授权数据使用者检索和下载，因此选用的安全对称加密算法可以保证数据的隐私不被泄露。

(2) 加密索引和查询陷门隐私。文档数据的特征向量和查询关键词的特征向量统一在用户本地生成，且通过分块的安全 KNN 算法加密后发送到云服务器。在安全 KNN 加密过程中，数据拥有者首先在本地随机生成 m 组安全 KNN 加密密钥 SK_v，然后将所有特征向量 p_{F_i} 分成 m 个块进行安全 KNN 加密，确保不同块之间的密文具有不可链接性，同时敌手不可能直接获得原始特征向量。在已知背景攻击模型下，攻击者可能知道两个文档数据或两个包含一些相似关键字的连续查询，这可能会导致部分隐私泄露。然而，由于本章采用的改进 KNN 算法在特征向量中添加了 $U-1$ 个随机数 $\varepsilon_j \left(j \in [1, U-1] \right)$，因此根据文献[11]中所做工作，即使已知两个安全 KNN 算法加密的特征向量可能包含相似的信息(可以从查询请求返回的文档列表中推断)，攻击者仍然无法通过统计方法来攻破本方案，获取隐私数据。

(3) VBB 树的隐私。每个上传到云端的文档索引 I_i 对应一个存储在云端的 VBB 树检索结构的叶子节点，其中每个叶节点 u 都被构造为公式(7-24)的形式。事实上，节点 u 中只有数据段 D 将索引信息存储在叶节点中。在一个非叶子节点中，正如方程(7-26)和方程(7-27)给出的结构，$D = \{D_{\max}, D_{\min}\}$ 包含两个子节点中 D 的最大值和最小值，但加密后大小关系将被隐藏，云服务器无法衡量两个加密特征向量的大小关系，且 VBB 树的结构与叶子节点随机排列的顺序有关，因此多项式能力的敌手从 VBB 树结构中得到的信息不会多于从加密索引中得到的信息。

(4) 关键词隐私。索引和陷门的隐私已经在上面解释过了。考虑一个更极端的情况，即敌手打破了改进的 KNN 算法，得到了与 $\tilde{T}$ 对应的明文特征向量 $\tilde{q}$。由于深度学习模型的不可解释性，利用 BERT 模型生成的特征向量 $\tilde{q}$ 在敌手眼中仍然是一串无法解释的随机向量，这样方案为关键词隐私提供了强大的多层保护，数据使用者构造查询陷门时可以放心重复检索任意的关键词。

7.6.3 效率分析

本章在表 7.2 中展示了 EEPR、BDMRS[25]、FPMRSE[11] 和 MFSE[26]的时间复杂度，主要比较了这些方案的七种算法：Setup、KeyGen、Encrypt、Update、Trap、Search 和 Decrypt。

表 7.2 本方案时间复杂度与其他方案的对比

算法	本方案	BDMRS[10]	FPMRSE[32]	MFSE[33]
Setup	$O(1)$	$O(1)$	$O(1)$	$O(1)$
KeyGen	$O(N)+O(d)+O(2mn^2)$	$O(N)+O(d)+O(2d^2)$	$O(N)+O(d)+O(2d^2)$	$O(N)+O(d)+O(2d^2)$
Encrypt	$N\cdot(O(T_{Enc})+O(f^{(d)})$ $+O(d)+O(2mn^2))$	$N\cdot(O(T_{Enc})+O(f^{(d)})$ $+O(d)+O(2d^2))$	$N\cdot(O(T_{Enc})+O(f^{(d)})$ $+O(d)+O(6d^2))$	$N\cdot(O(T_{Enc})+O(d\cdot f^{(L)})$ $+O(d)+O(2d^2))$
Update	$O(Nd\cdot\log N)$	$O(Nd\cdot\log N)$	$O(Nd^2)$	$O(Nd)$
Trap	$O(f^{(d)})+O(d)$ $+O(2mn^2)$	$O(f^{(d)})+O(d)$ $+O(2d^2)$	$O(f^{(d)})+O(d)$ $+O(2d^2)$	$O(f^{(d)})+O(d)$ $+O(2d^2)$
Search	$O(mkn\cdot\log N)$ $+O(km\cdot\log(km))$	$O(kd\cdot\log N)$	$O(kd\cdot\log N)$	$O(kd\cdot\log N)$
Decrypt	$O(kT_{Dec})$	$O(kT_{Dec})$	$O(kT_{Dec})$	$O(kT_{Dec})$

在表中，$f^{(d)}$ 表示使用特征向量提取算法生成 d 长特征向量所需的时间成本，$f^{(L)}$ 表示局部敏感哈希函数的时间成本，T_{Enc} 表示使用对称加密算法加密医疗数据所需的时间成本，T_{Dec} 表示使用对称加密算法解密医疗数据所需的时间成本。注意，$mn=d$ (参见第 7.5 节，m 是特征向量块的数量，而 d 是特征向量的长度)，每个算法的时间复杂度分析详细如下。

在本章方案中 KeyGen 算法需要生成 $2m$ 个 n 阶方阵；Encrypt，Trap 算法均需要计算 $2m$ 次 n 阶方阵与 n 维向量乘法，时间复杂度均为

$$O(2mn^2)$$

而 BDMRS、FPMRSE 和 MFSE 方案中 KeyGen 算法需要生成 2 个 d 阶方阵；Encrypt，Trap 算法均需要计算 2 次 d 阶方阵与 d 维向量乘法，时间复杂度均为 $O(2d^2)$。由于

$$O(2d^2) = O(2m^2n^2) = m \cdot O(2mn^2) \tag{7-29}$$

故本方案分 m 块后时间复杂度减少到其他方案的 $1/m$。

在 Search 算法中，云服务器需要对 m 棵向量长为 n 的树进行搜索，时间复杂度为 $O(mkn \cdot \log N) = O(kd \cdot \log N)$，这与不分块的 BDMRS 方案复杂度相同。但由于本方案中 Search 算法分块后可以并行运行，故实际用户等待时间复杂度应为

$$O(kn \cdot \log N)$$

是不分块的 BDMRS 的 $1/m$；同时在 Search 算法分块搜索后的排序步骤中，由于 $mk \ll N$，故 $kd \cdot \log N \gg km \cdot \log(km)$，因此该步骤时间可以忽略不计。对于其他方案，FPMRSE 和 MFSE 都没有针对检索结构设计优化检索算法，其检索时间复杂度最低为

$$O(Nd \cdot \log k)$$

由于 $N \gg k$，FPMRSE 和 MFSE 的时间复杂度高于本方案和 BDMRS，因此与其他三种方案 BDMRS、FPMRSE 和 MFSE 相比，本方案在四种方案中具有最优的理论时间效率。

经过上述分析，本章方案中用户所使用的 KeyGen，Encrypt，Trap 三个算法运行时间均减少到 BDMRS 的 $1/m$，同时云服务器所使用的 Search 算法分块后，运算资源消耗与 BDMRS 持平。故相较于 BDMRS，本方案整体方案极大降低了运算资源的消耗，使得用户使用体验得到了显著提升。

7.7　仿真实验

为了尽可能模拟密文检索的实际应用场景，本实验需要算力足够强大的仿真环境。具体需求为：需要强大的单核性能，能够模拟云节点的高强度检索；需要多个核心，能够模拟多个云节点并行检索；需要较大内存，能够支持程序对大规模数据进行读写处理。因而实验没有选择在云服务器上部署程序，而是运行在一台性能强劲的本地主机上。主机搭载酷睿 12 代 i5-12600K 型号 CPU，具有较强的单核和多核性能，搭配 32G 的 DDR4 内存，能够满足上述条件。

在深度学习领域，Python 因其齐全的库环境和众多开源结果，深受研究者青

昧，所以本章选择 Python 软件作为编程语言。本实验的仿真部分会涉及深度学习模型的训练和大规模使用，利用 Python 软件可以对深度学习部分的模型进行封装，模块化调用接口，大大简化仿真难度，提高仿真速率。考虑到 Python 软件对计算密集型程序的优化表现一般，可以使用多进程操作模拟云环境下多个云节点并发执行并行检索，得到的运行时间会比实际生产应用的均值偏大，仿真的结果也趋近于程序时间复杂度的上界 $O(n)$。

为了模拟整体流程，即用户、云服务器和第三方安全机构之间的交互，拟使用虚拟机模拟客户端和服务器端，来完成一次检索操作。通过分析一次检索所需要的时间，来验证本系统完全可以在用户可以接受的延迟时间内完成对所有权限内文档的检索，且无须和数据拥有者交互，达到良好的用户体验。

7.7.1　实验目标及数据集

本方案的总体目标是设计一种高效的语义可排名搜索加密系统。本章通过详细理论证明和仿真实验，验证了本章方案具有检索精度高、查询速度快及用户体验好等优点。仿真实验主要实现以下目的：①展现使用 BERT 模型的优势，在多分块前提下，使用能够感知语义信息的 BERT 模型在召回精度上要优于传统模型；②展现方案良好的召回率和时间效率，与现有方案相比具有一定优势，特别是在多节点云环境中，方案效率得到最大优化；③展现方案的简单交互流程，在使用虚拟机模拟的现实生产环境中分析各环节用时，达到优秀的用户体验。

针对这些目的，采用文献[34]中给出的数据存储库开展实验。数据集收集了不同来源的许多文本文档，通过预处理将人工提取的关键词与文本一一对应存储，按照文件名即可检索到对应论文的关键词文件。对于时间效率的度量，可以同时执行多个检索，计算平均耗时，同时可以监测算法每个阶段的运行时间，进一步分析算法执行过程中的时间资源消耗。

7.7.2　搜索精度仿真

本小节主要面向搜索精度这一指标开展仿真实验，在第 7.7.3 节中直观地体现了在选定数据集下的检索精度效果，而后在第 7.7.4 节给出了不同分块条件下的搜索精度量化数据，并与现有方案进行了对比，最后在第 7.7.5 节设计实验验证了 BERT 模型更适配分块并行检索算法，本方案和传统方案相比，本方案在检索精度上具有优势。

7.7.3　检索效果介绍

分块并行检索算法会将输入的查询向量与存储的文档向量进行匹配，检索得到最接近查询关键词的文档编号，这里仅展示查询关键词和检索所得文档的匹配关系。图 7.10 展示了在给定分块数目为 5、返回文档数目为 10、选定查询关键词为 "distributed communication network，synchronization" 的条件下，检索得到的文档对应关键词词云分布。通过观察可以看到，词云的主体部分为本章选取的关键词，证明本章所设计方案的多关键词检索是有效的，正确返回了与检索关键词紧密相关的文档。

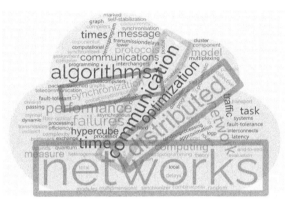

图 7.10　单词检索返回结果的关键词词云

7.7.4　直观精度测试

在本小节中，可以通过比对检索得到的文章关键词与查询关键词，来定义召回率的概念：

$$\text{retrievl\_rate} = \frac{\sum_{\text{topk}} \text{Num}\left(\text{keyword}_{\text{query}} \bigcup \text{keyword}_{\text{doc}}\right)}{K} \tag{7-30}$$

其中，$\text{keyword}_{\text{query}}$ 代表查询关键词，$\text{keyword}_{\text{doc}}$ 代表检索到的文档所对应的人工提取关键词，$\text{Num}\left(\text{keyword}_{\text{query}} \bigcup \text{keyword}_{\text{doc}}\right)$ 为查询关键词在被检索到的文档中的命中数量。将检索返回的 k 个文档命中关键词数求和，除以返回文档数 K，即为召回率。

如图 7.11 所示，各类方案的检索精度随着每个查询返回的文档数量的增加呈下降趋势。EEPR-B 方案从 1 个区块到 30 个区块的召回率始终在 90%左右。随着 $\text{top}-k$ 的增加，EEPR-B 的召回率损失不超过 0.1。值得注意的是，不同的块数对召回率没有显著影响，召回率结果之间的差距未超过 0.05，这表明 EEPR-B 在块检索下有轻微的精度损失。然而，方案 FPMRSE 和方案 MRSE_II 的召回率分别随着 $\text{top}-k$ 数量的增加而迅速下降，且 FPMRSE 和 MRSE_II 方案的召回率始终低于 EEPR-B 方案。EEPR-B 的检索准确率平均分别比 FPMRSE 和 MRSE_II 高出 25%和 50%，这说明本章提出的 EEPR-B 方案在检索精度上具有优越性。

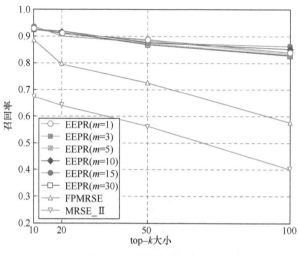

图 7.11　检索精度对比图

7.7.5　分块精度分析

本方案在精度方面存在优势，但在搜索结构分块拆分后，其最终搜索结果也会有所改变，因此精度仿真实验部分还需要分析分块对于本方案检索精度的影响。具体实验思路是对于不同的特征提取算法，对比其多分块与不分块的不同，来验证分块条件不会特别影响本方案的精度。

本方案还需要与传统方案做对比，来体现出在同样分块并行运算的条件下，使用 BERT 模型提取特征向量相较于使用数学统计方法提取特征向量的优势。评价标准是分块与不分块搜索结果相近的算法稳定度高低，与并行检索适配性好坏。接下来本节将通过实验分析传统方案和使用 BERT 模型提取特征向量的表现。

为了详细地分析 EEPR 方案分块前后的检索 $top-k$ 结果差异，定义信息保留度为

$$r = \frac{|topk \bigcap topk_{\mathrm{chunk}}|}{k} \tag{7-31}$$

其中，$topk$ 为不分块查询的 $top-k$ 数据列表，$topk_{\mathrm{chunk}}$ 为分块查询的 $top-k$ 数据列表；r 为不分块的标准查询结果中有多少比例的数据在分块后的查询结果中依旧出现，r 越高，说明分块与不分块搜索结果的区别越小，反之则区别越大。

在图 7.12 中，考虑 $m=5, k=20$ 情况下，不同特征提取算法对 r 的影响。实验随机产生了 3000 组随机查询关键词组 $\tilde{W}$，并对不同的特征向量生成算法 f 分别在 $m=1,5$ 且 $k=20$ 条件下对方案进行实验，其中 $m=1$ 时即不分块的情况。计算每个查询结果的 r 值。结果如图 7.12 所示，表明 BERT 方式比 TF-IDF 与词袋算法 r 值整体更高，且散布区域较小，分块后搜索结果与分块前差异较小。

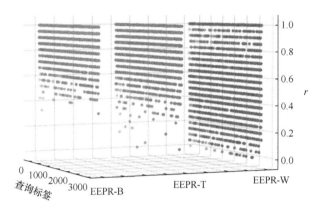

图 7.12　$m = 5, k = 20$ 三种特征提取算法对 r 的影响

表 7.3 展示了三种方法搜索结果的 r 均值与方差大小，明显可以看到使用 BRET 的方案整体搜索结果方差小，稳定性好，均值大，分块搜索适配度高。

表 7.3　不同特征提取算法对 r 的影响

特征提取算法	r 的均值	r 的方差
BERT 模型	0.8523	0.01366
TF-IDF 模型	0.8098	0.02479
词袋模型	0.5217	0.06647

为了进一步地全面考察 m, k, f 对 r 的影响，展现方案所具有的优势，本章对 $m = 1, 3, 5, 7, 9$，$k = 3, 5, 10, 20, 30, 50, 100$ 分别进行了实验，结果如图 7.13 所示。

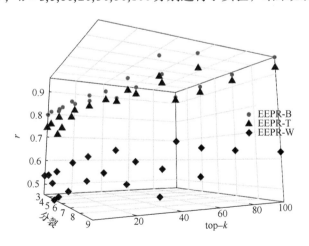

图 7.13　不同组别的 r 均值实验结果

图 7.13 表明对于分块检索系统来说，分块数量 m 越大，r 值越小，使得搜索结果与不分块时差异越大；查询的 $top-k$ 数量增大，r 越大，导致搜索结果与不分块时差异越小。这是由于分块数量越多，每个子块含有的数据或查询特征信息与完整信息差异越大，导致搜索结果差异越大；k 值越大，所有子块查询结果的并集更大，命中不分块搜索结果的概率更大，分块搜索结果差异越小。

对于任意选取的 m,k 值，r 值均满足 BERT>TF-IDF>词袋，这表明了 BERT 在分块并行搜索算法中存在显著优势。由于数据或查询经 BERT 提取特征向量后，即使分块，每一小块仍可包含大部分的原信息，这使得 BERT 更加适配分块并行搜索算法，搜索结果有较高的稳定性。由以上结果可以得出，本章方案与传统方案相比具有显著优势。

7.7.6 搜索效率仿真

在 7.6 节中从理论上分析了本章算法在时间效率上的优秀表现，本小节将根据实际的仿真环境和代码算法，来测试在本地平台上的实际检索效率。

考虑实际生产应用，在密文检索系统中，用户最看重的是检索效率，即从提交查询开始，到返回检索结果之间耗费的时间，本章定义这段时间为用户等待时间，在本方案里即为算法 Trap 和 Search 耗费时间之和。因此为了更好地模拟实际应用场景，本章主要针对用户等待时间开展测试。本章选择了 BDMRS 方案和 MRSE 方案作为对比实验，选择召回数量分别为 10,20,50,100 的 4 种情况下，进行单次检索用户等待时间的效率测试，测试结果如图 7.14 所示。其中横坐标是文件数量，纵坐标是以秒为单位的用户等待时间。

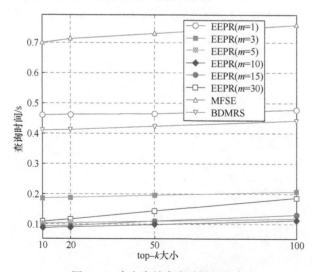

图 7.14 本方案效率实验结果分布

　　从图 7.14 中可以看出，不分块的两个对比方案中，BDMRS 方案比原始方案要快很多，但是与本章方案在分块数目为 10 的结果对比，也有显著差距。值得注意的是，分块 10 和分块 15 在仿真结果上差距不大，这是由于实验使用多进程作为云环境中多节点分布计算的仿真模拟手段，仿真实验环境基于一台搭载 10 核 CPU 的主机，在分块数目较大时，由于并发计算数量过高，线程调度占据大量处理器性能，其等待时间趋近一致。因此如果实验能部署在高性能云计算主机上，选择合适的分块数目，完全可以达到很小的计算耗时，用户的等待时间会随着分块数目的增加而减少，达到最佳的用户体验。

　　为了测试整个流程中各算法的执行速度，本系统在虚拟机上使用 tcp 通信的方式模拟了服务器端、用户端和第三方安全机构的交互，并按照算法流程实现了每个函数和整体流程。本方案使用的数据集仍然为文献[28]中给出的文本数据，数据总量为 3000 个万字以上文本，数据拥有者设定的此批次文件属性集为['ONE','THREE_0', 'THREE_1', 'TWO']，用户持有的私钥访问控制结构为((ONE or THREE_0) and (THREE_1 or TWO))。由于本地主机仅为虚拟机分配了两个核心，因此分块数目设置为 1，返回文档数目设为 10。最后，由于本章不讨论对文件的对称加密方法，因此最终结果也将不计入对文档的对称加密时间，在上述参数条件下，本系统测试了整个算法流程的耗时，结果见表 7.4。

表 7.4　各阶段算法流程耗时分布

算法流程	执行时间	算法流程	执行时间	算法流程	执行时间
Setup	0.05s	KeyGen	0.03s	Encrypt	4.85s
Search	0.22s	Trap	0.04s	Search	2.21s

　　上述测试结果中，由于不计入对称加密时间，Decrypt 算法就不再进行测试。同时需要注意到，Setup 和 KeyGen 、Trapdoor 函数都是在一个虚拟机上运行的，并没有通信时延，所以执行时间很短。对于其他涉及交互的流程，算法 Encrypt 流程中由于需要对数据进行大量操作，包括提取特征向量、构造分块搜索树 、加密向量等，其消耗时间是所有流程里最大的；而密文检索算法 Search_CT 流程中仅涉及匹配属性集和属性基解密，时间消耗较小；对于 Search 流程，由于在虚拟机上开展实验，性能较主机较弱，得到的结果弱于图 7.14 中的测试数据，为 2.21s。这样，对 3000 个数据文档，用户执行一次上传操作需要 4.85s，检索一次需要等待 2.47s，完全在用户可接受范围内，且不需要复杂的交互操作，体现了本方案良好的用户体验设计。

7.8　本 章 小 结

在本章中，重点讨论了医疗数据云系统中现有可搜索加密方案面临的三个主要问题：隐私保护、检索效率和准确性。本章提出了一种有效的加密并行排序搜索系统 EEPR 来解决这些问题。在方案设计中，EEPR 方案包含分块并行 VBBT 检索结构，结合改进的块安全 KNN 算法，EEPR 可以显著提高云服务器密文检索的效率，减少用户的计算负担。安全性分析和仿真实验结果进一步表明，EEPR 方案不仅确保了已知背景模型下的隐私安全，且比以前的方案[25,26]效率提高了四倍之多。从不同的角度出发，本章将 EEPR 方案与各种特征向量提取算法相结合，进一步探讨了 EEPR 方案，并提出了三个子方案：EEPR-W、EEPR-T 和 EEPR-B。考虑到信息保留的概念，在本章的实验中 BERT 模型对 EEPR 适应性最好，最后检索精度比较实验表明，本章的 EEPR-B 方案比现有方案[11,27]的精度高 25%。然而，由于本章尚未详细讨论安全 KNN 的加密密钥分配，该方案在访问控制方面存在一些局限性。作为本章未来工作的一部分，将通过添加细粒度访问控制机制来继续改进 EEPR 方案，以便为医疗数据创建更全面的可搜索加密方案。

参 考 文 献

[1] Pandi V, Perumal P, Balusamy B, et al. A novel performance enhancing task scheduling algorithm for cloud-based ehealth environment. International Journal of E-Health and Medical Communications (IJEHMC), 2019, 10(2): 102-117.

[2] Ghayvat H, Pandya S N, Bhattacharya P, et al. Cp-bdhca: Blockchain-based confidentiality privacy preserving big data scheme for healthcare clouds and applications. IEEE Journal of Biomedical and Health Informatics, 2021, 26(5): 1937-1948.

[3] Ebrahimi M, Haghighi M S, Jolfaei A, et al. A secure and decentralized trust management scheme for smart health systems. IEEE Journal of Biomedical and Health Informatics, 2021, 26(5): 1961-1968.

[4] Li X, Liu S, Lu R, et al. An efficient privacy-preserving public auditing protocol for cloud-based medical storage system. IEEE Journal of Biomedical and Health Informatics, 2022, 26(5): 2020-2031.

[5] Liu J, Zhang C, Xue K, et al. Privacy preservation multi-cloud secure data fusion for infectious-disease analysis. IEEE Transactions on Mobile Computing, 2022, 22(7): 4212-4222.

[6] Song D X, Wagner D, Perrig A. Practical techniques for searches on encrypted data. Proceeding 2000 IEEE symposium on security and privacy, 2000: 44-55.

[7] Dai H, Dai X, Yi X, et al. Semantic-aware multi-keyword ranked search scheme over encrypted cloud data. Journal of Network and Computer Applications, 2019,147(C): 1-11.

[8] Chi T, Qin B, Zheng D. An efficient searchable public-key authenticated encryption for cloud-assisted medical internet of things. Wireless Communications and Mobile Computing, 2020: 1-11.

[9] Andola N, Prakash S, Yadav V K, et al. A secure searchable encryption scheme for cloud using hash-based indexing. Journal of Computer and System Sciences, 2022,126: 119-137.

[10] Li H, Yang Y, Dai Y, et al. Achieving secure and efficient dynamic searchable symmetric encryption over medical cloud data. IEEE Transactions on Cloud Computing, 2017, 8(2): 484-494.

[11] Zhao S, Zhang H, Zhang X, et al. Forward privacy multi-keyword ranked search over encrypted database. International Journal of Intelligent Systems, 2022, 37(10): 7356-7378.

[12] Miao Y, Ma J, Liu X, et al. Lightweight fine grained search over encrypted data in fog computing. IEEE Transactions on Services Computing, 2018, 12(5): 772-785.

[13] Naveed M, Prabhakaran M, Gunter C A. Dynamic searchable encryption via blind storage.2014 IEEE Symposium on Security and Privacy, 2014: 639-654.

[14] Zhang X, Zhao B, Qin J, et al. Practical wildcard searchable encryption with tree-based index. International Journal of Intelligent Systems, 2021, 36(12): 7475-7499.

[15] Xia Z, Ji Q, Gu Q, et al. A format-compatible searchable encryption scheme for jpeg images using bag-of-words. ACM Transactions on Multimedia Computing, Communications, and Applications, 2022, 18(3): 1-18.

[16] Wang D, Su J, Yu H. Feature extraction and analysis of natural language processing for deep learning english language. IEEE Access, 2020, 8: 46335-46345.

[17] Liang H, Sun X, Sun Y. Text feature extraction based on deep learning: A review. EURASIP Journal on Wireless Communications and Networking, 2017: 1-12.

[18] Rong X. Word2vec parameter learning explained. https://doi.org/10.48550/arXiv.1411.2738 [2023-04-10].

[19] Devlin J, Chang M W, Lee K, et al. Bert: Pre-training of deep bidirectional transformers for language understanding. https://doi.org/10.48550/arXiv.1810.04805[2023-04-10].

[20] Wong W K, Cheung D W l, Kao B, et al. Secure KNN computation on encrypted databases. Proceedings of the 2009 ACM SIGMOD International Conference on Management of Data, 2009: 139-152.

[21] Chinni D, Krishna B H, Shireesha M. Enabling fine grained multi-keyword search supporting classified sub-dictionaries over encrypted cloud data. IEEE Transactions on Dependable and Secure Computing, 2016, 13(3): 312-325.

[22] Yang Y, Liu X, Deng R H. Multi-user multi-keyword rank search over encrypted data in arbitrary language. IEEE Transactions on Dependable and Secure Computing, 2017, 17(2): 320-334.

[23] He D, Ma M, Zeadally S, et al. Certificateless public key authenticated encryption with keyword search for industrial internet of things. IEEE Transactions on Industrial Informatics, 2018, 14(8): 3618-3627.

[24] Fu Z, Sun X, Liu Q, et al. Achieving efficient cloud search services: Multi-keyword ranked search over encrypted cloud data supporting parallel computing. IEICE Transactions on Communications, 2015, 98(1): 190-200.

[25] Xia Z, Wang X, Sun X, et al. A secure and dynamic multi-keyword ranked search scheme over encrypted cloud data. IEEE Transactions on Parallel and Distributed Systems, 2015, 27: 340-352.

[26] Fu Z, Wu X, Guan C, et al. Toward efficient multi-keyword fuzzy search over encrypted outsourced data with accuracy improvement. IEEE Transactions on Information Forensics and Security, 2016, 11(12): 2706-2716.

[27] Cao N, Wang C, Li M, et al. Privacy-preserving multi-keyword ranked search over encrypted cloud data. IEEE Transactions on Parallel and Distributed Systems, 2013: 222-233.

[28] Li X, Long G, Li S. Encrypted medical records search with supporting of fuzzy multi-keyword and relevance ranking.//Sun X, Zhang X, Xia Z, et al. Artificial Intelligence and Security. Cham:Springer, 2021: 85-101.

[29] Chen Z, Wu A, Li Y, et al. Blockchain-enabled public key encryption with multi-keyword search in cloud computing. Security and Communication Networks, 2021: 1-11.

[30] Wang W, Xu P, Li H, et al. Secure hybrid-indexed search for high efficiency over keyword searchable ciphertexts. Future Generation Computer Systems, 2016, 55: 353-361.

[31] Miao Y, Ma J, Liu Z. Revocable and anonymous searchable encryption in multi-user setting. Concurrency and Computation: Practice and Experience, 2016, 28(4): 1204-1218.

[32] Chen C, Zhu X, Shen P, et al. An efficient privacy-preserving ranked keyword search method. IEEE Transactions on Parallel and Distributed Systems, 2015, 27(4): 951-963.

[33] Li H, Yang Y, Luan T H, et al. Enabling fine-grained multi-keyword search supporting classified sub-dictionaries over encrypted cloud data. IEEE Transactions on Dependable and Secure Computing, 2015, 13(3): 312-325.

[34] Zhang M, Chen Y, Huang J. Se-ppfm: A searchable encryption scheme supporting privacy-preserving fuzzy multi-keyword in cloud systems. IEEE Systems Journal, 2020, 15(2): 2980-2988.

[35] Mihalcea R, Tarau P. TextRank: Bringing order into text. Proceedings of the 2004 Conference on Empirical Methods in Natural Language Processing, 2004: 404-411.

[36] Wang R, Li Z, Cao J. Chinese text feature extraction and classification based on deep learning. Proceedings of 3rd International Conference on Computer Science and Application Engineering, 2019: 1-5.

[37] Gonz´alez-Carvajal S, Garrido-Merch´an E C. Comparing BERT against traditional machine learning text classification. https://doi.org/10.48550/arXiv.2005.13012[2023-04-10].

[38] Xia Z, Ji Q, Gu Q, et al. A format-compatible searchable encryption scheme for jpeg images using bag-of-words. ACM Transactions on Multimedia Computing, Communications, and Applications (TOMM), 2022, 18(3): 1-18.

[39] Zobel J, Moffat A. Exploring the similarity space. Acm Sigir Forum, 1998, 32(1): 18-34.

[40] Singhal A, Inc G. Modern information retrieval: A brief overview.IEEE Computer Society Technical Committee on Data Engineering, 2001: 35-43.

第8章　移动设备中支持隐私保护的 Top-k 位置服务检索方案

8.1　引　言

　　分布式智能传感器在军事、动物保护等领域的应用通常会存在位置信息的互通，传感器将位置坐标及关键字等信息打包上传至移动互联网，人们可以从移动互联网上进行信息查询服务[1-4]。例如，在现实中，移动网络动物保护者的查询可以是"我要寻找 3 公里内的雌性熊猫"。可以从请求中提取三个参数，包括查询位置、合法区域的半径和关键字。合法区域定义为用户尝试访问的区域，显然，如果目标距离太远，并不能满足需求。在本章中，查询和服务之间的整体相关性是同时基于空间和文本相关性计算的，并使用参数 α 来平衡。查询的检索结果在合法区域内有 k 个最相关的目标，而且在目标检索过程中，参数 α 由网络用户设置，对于不同的用户，α 可以不同，这使得索引结构设计更具挑战性。

　　对于海量信息，将数据外包给诸如亚马逊和阿里巴巴等公司提供的公共云，对基于位置服务的数据拥有者非常有吸引力。基于位置服务指将坐标等地理位置信息与服务本身的关键字等信息融合进行加密、搜索等操作。人们已经广泛接受云计算可以收集和重组大量的存储、计算和应用资源，并以灵活、无处不在、经济和按需的方式使用户访问这些资源[5-7]。然而，数据拥有者非常关注外包数据的隐私，一个实用的方法是以加密数据代替原始数据上传到云端，云服务器需要直接搜索密文才能得到搜索结果。目前已经设计了许多可搜索加密方案，包括单关键字布尔搜索算法[8-12]、单关键字排序搜索[13-15]和多关键字布尔搜索[16-18]。然而上述搜索模式过于简单，无法满足用户的需求，另一种方法是为加密数据构建索引结构，这样可以通过搜索索引来获得搜索结果[19-22]。

　　IR 树[23]是一种经典的索引树，它已被广泛用于组织地理文档。在 IR 树中，空间信息是基于 R 树[24]组织的。R 树中的每个叶节点都包含一组具有相似位置的最小限定矩形 MBB，每个 MBB 都紧密围绕一个空间对象。类似地，位置相似的叶子节点聚集到非叶节点直到所有空间对象都属于一个节点，即根节点。在 IR 树中，节点下文档的一些额外文本信息也被添加到节点中，这样可以通过同时使用空间和文本信息来修剪文档检索过程中的索引树。然而，IR 树的检索过程由两个阶段组成，这使得搜索效率较低。具体来说，搜索引擎首先通过空间信息搜索树得到一组候选，然后从候选中选择最相关的 k 个记录作为结果。在移动互联网中，位置服务检索引擎需要及时返回结果，通过同时基于空间和文本信息对搜索路径进行剪枝，可以进一步提高 IR 树的搜索效率。

除了检索效率外，还应保护索引树的保密性。云服务器通过分析树中向量的内容，可以很容易地得到服务和网络用户的位置和文字描述。Su 等[25]在外包树之前修改了 IR 树并加密了所有向量，他们提出了基于锚点的位置确定算法和位置可区分的陷门生成算法来秘密地计算查询与最小边界矩形之间的距离。如文献[25]中所述，为不同的情况生成一组锚节点和陷门是非常复杂的。可以观察到，加密的 IR 树由于其复杂性而不易使用，但通过深入分析发现，其优点本质上是一组对象的空间区域总是由 R 树中的矩形表示。

为了正确使用基于位置的服务，本章设计了一个新的索引树，它是 IR 树的完美替代品。为了使索引树保密，采用非对称标量积保留加密方案[26]来加密所有向量，同时保留它们的可搜索性。在新树中，使用圆形而不是矩形来表示一组服务的空间区域，因此它非常适合密文形式的服务检索过程。此外，本章提供了一种深度优先的服务检索算法，同时根据空间和文本信息修剪搜索路径，以提高搜索效率。安全性分析和效率评估证明了该方案的优越性。

本章的其余部分安排如下。在第 8.2 节总结了相关工作，并在第 8.3 节介绍了系统模型，第 8.4 节定义了服务和查询之间的相关性，在第 8.5 节中提供了构建索引树的细节，索引树的加密过程在第 8.6 节中讨论，第 8.7 节介绍深度优先服务检索算法，在第 8.8 节评估本章方案的性能，并在第 8.9 节总结本章。

8.2　相关研究工作

8.2.1　空间关键词查询

随着同时具有地理和文本描述的空间网络对象的激增，空间关键字查询越来越受到关注。Cao 等[27]提出了一种方案，为查询关键词生成一组网络空间关键词，而此关键词包含查询关键词，且靠近查询关键词位置，具有最低的对象间距离，但是该算法无法根据查询的相关性对返回的对象进行排名。Zhou 等[28]通过集成倒排文件和经典的 R*树，为基于位置的网络搜索设计了一种混合索引结构[29]。根据倒排文件和 R*树之间的关系，所提出的结构可以分为三种类型，包括：①倒排文件和 R*树双索引；②先倒排文件后 R*树；③先 R*树后倒排文件。仿真结果表明，第二种索引表现最好，第一种索引表现最差。IR 树[23]是另一种混合索引结构，已在第 8.1 节中介绍，其他一些空间关键字查询方案可以在文献[30]、[31]中找到。

8.2.2　安全的空间关键词查询

随着越来越多的空间文本对象外包给云端，一个新的挑战是在检索查询的同时保护数据保密性结果。直观地说，需要从安全关键字查询方案和安全空间查询方案中吸取经验。Yiu 等[32]在将位置数据集上传到云端之前对其进行转换，通过这种方式，对象在空间中重新分布，空间信息得到保护，他们还在查询效率和数据保密性之间做出了明显的权衡。作为安全 KNN 方案[26]的替代方案，Yao 等[33]设计了一种基于安全 Voronoi 图的新型安全 KNN 方法，在该方案中，在查询中检索相关的加密分区，可以保证返回查询的 k 个最相关结果。安全文本查询方案也已被广泛研究[8,13,19-21]，Su 等[25]提出了一种隐私保护的 top-k 空间关键字查询方案，他们以统一的方式对空间和文本数据进行加密，并构建加密树索引以方便隐私保护的 top-k 空间关键字查询。

8.3　系统和威胁模型

8.3.1　系统模型

基于位置服务的系统模型包括 6 个阶段，如图 8.1 所示。

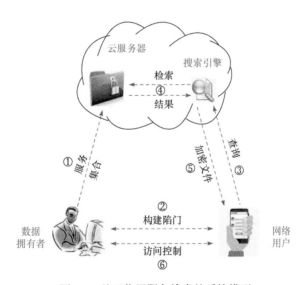

图 8.1　基于位置服务检索的系统模型

下面将详细介绍每个步骤。

(1) ①在基于位置服务的检索系统中，数据拥有者收集基于位置服务的信息包括空间和文本信息，然后根据空间信息构建基本索引树。对于树中的每个节点，向量是根据节点下的服务计算的，最后对原始数据和索引树进行独立加密，外包给云服务器。

(2) ②③为查询服务。网络用户首先在数据拥有者的帮助下将查询转换为陷门，然后将陷门发送到云服务器，但陷门不包含查询的明文信息。

(3) ④⑤为基于陷门，云服务器使用搜索引擎检索加密的索引结构并定位 k 个最相关的对象。云服务器通过将对象映射到加密的服务数据，将加密的文件返回给网络用户。

(4) ⑥为网络用户在数据拥有者的帮助下解密接收到的文件，并获得附近区域内的 k 个相关服务。

8.3.2　威胁模型

与文献[8]、[13]、[25]类似，本章假设云服务器是"诚实但好奇"的。在这种情况下，云服务器正确地执行指令，但是它试图收集和分析服务和网络用户的位置信息、服务的文本描述、用户提供的关键字及索引树中向量的内容。本章进一步假设云服务器不与网络用户串通攻击系统。

8.4　基于位置服务和查询的相关性

8.4.1　基于位置服务的定义

在本章中考虑了二维表面上的一组基于位置的服务 $\{S_1, S_2, \cdots, S_n\}$。方便起见，服务的大小设置为 0，因此服务的位置可以表示为一个数据点。一个服务的数据对象 S_i 定义为一个元组 $(S_i.l, S_i.t)$，其中 $S_i.l = (x_i, y_i)$ 表示服务 S_i 的位置，$S_i.t$ 是服务 S_i 的文本描述。把 S_i 看成一组关键词，所有出现在 $\{S_1, S_2, \cdots, S_n\}$ 中的关键词组成关键词字典：

$$W = \{w_1, w_2, \cdots, w_m\} \tag{8-1}$$

其中，$S_i.t$ 中 w_j 的词频表示为 $\text{tf}'_{j,i}$，S_i 的长度 L_i 定义为 S_i 中所有单词的数量，m 为关键字个数。$S_i.t$ 的文本向量 $S_i.tv$ 定义为 $(\text{tf}_{1,i}, \text{tf}_{2,i}, \cdots, \text{tf}_{m,i})$，其中 $\text{tf}_{j,i} = \text{tf}'_{j,i} / L_i$，通过将 $S_i.l$ 和 $S_i.tv$ 结合起来，得到了一个服务的向量 $S_i.v$。

8.4.2　查询的定义

网络用户的查询定义为一个元组 $Q = (Q.l, Q.r, Q.t)$，其中 $Q.l = (x_q, y_q)$ 是网络用户的位置，$Q.r$ 是合法区域的半径，$Q.t$ 是一组取自 W 的关键字。查询的合法区域是一个圆，这很自然地符合人们在现实生活中的习惯，倒排文件 ε_j 在集合 $\{S_i.t, i = 1, 2, \cdots, n\}$ 中的频率 idf_j 定义为

$$\mathrm{idf}_j = \log\left(\frac{n}{\mathrm{df}_j}\right) \tag{8-2}$$

其中，df_j 是包含 ε_j 的文档数。$Q.t$ 的向量 $Q.tv$ 为 $(\varepsilon_1, \varepsilon_2, \cdots, \varepsilon_m)$，如果关键字 w_j 属于 $Q.t$，则设 ε_j 为 idf_j，否则 ε_j 设置为 0。

8.4.3　基于位置服务和查询的相关性的定义

　　网络用户基于空间和文本信息选择服务，因此合理定义基于位置的服务和查询之间的相关性非常有必要。在本章中，查询和服务之间的空间距离计算为

$$\frac{\left(x_i - x_q\right)^2 + \left(y_i - y_q\right)^2}{d_{\max}^2} \tag{8-3}$$

同时，文本的相关性计算为 $S_i.tv \cdot Q.tv$。在本章中，$d_{\max}$ 被设置为一对服务之间的最大距离，然后服务 S_i 和查询 Q 之间的整体相关性定义如下：

$$R(S_i, Q) = \alpha\left(1 - \frac{\left(x_i - x_q\right)^2 + \left(y_i - y_q\right)^2}{d_{\max}^2}\right) + (1 - \alpha)(S_i.tv \cdot Q.tv) \tag{8-4}$$

其中，$\alpha \in [0,1]$ 是平衡距离接近度和文本相关性的参数。从公式(8-4)得出，位置和关键字都被考虑在内，且对于不同的网络用户，他们可以根据自己的目的灵活设置参数 α。

8.5　基于位置服务的索引树

　　为了支持高效的搜索服务，本章通过将空间和文本信息无缝集成在一起，为基于位置的服务提出了一种新型索引结构，其中索引树的参数 B_1 和 B_2 用于调整树的结构，每个叶子节点最多包含 B_1 个服务向量，每个非叶子节点最多有 B_2 个分支，一组基于位置服务的索引树是递增构建的。

8.5.1　将服务向量插入索引树

　　给定根为 r 的索引树，将服务向量 $S_i.tv$ 插入树的过程如图 8.2 所示。

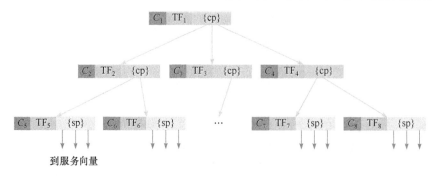

图 8.2　索引结构示例

图 8.2 所示过程具体如下。

(1) 定位叶节点。从根节点 r 开始，S_i 通过选择空间上最相关的子节点递归地沿树向下遍历，直到它到达叶节点 L。为方便起见，将服务与节点之间的距离定义为服务的位置到节点下服务的中心位置。

(2) 更新叶节点。S_i 首先检查 L 是否还留有空间，若有，则将 $S_i.tv$ 插到 L 并更新节点的中心；反之，则将 L 拆分为两个包含 B_1+1 个服务向量的节点。在拆分时，首先选择两个最远的服务，然后其他服务根据距离加入这两个节点。

(3) 将路径上的节点更新到根节点。如果不需要拆分节点，则更新路径上每个节点的中心。但是，如果叶子节点被拆分，当父节点有空间时，需要直接向其父节点插入一个新的子节点，即父节点的子节点少于 B_2；反之，就必须拆分父节点依次直到根 r。一旦根被分裂，树的高度就会增加 1。

8.5.2　计算节点的索引记录条目

将所有服务向量插入树后，树的主干就构建完毕，然后需要计算每个节点的 C 和 TF。如图 8.2 所示，一个叶子节点 L 包含一个索引记录条目，其形式为

$$\left(C=(L.l, L.r), \mathrm{TF}=\left(\mathrm{TF}_{w_1}, \mathrm{TF}_{w_2}, \cdots, \mathrm{TF}_{w_m}\right), \{\mathrm{sp}\}\right) \tag{8-5}$$

其中，C 是由中心 $L.l$ 和半径 $L.r$ 定义的覆盖节点下所有服务的最小圆，TF_{w_j} 定义为 $\max_{s_i \in L}\left(tf_{j,i}\right)$（记为 $tf_{j,i}^{\max}$），$\{\mathrm{sp}\}$ 中的服务指针指向的是服务向量。非叶节点中的索引记录类似于叶节点的索引记录，不同之处在于需要用包含一组子指针而不是服务指针的 $\{\mathrm{cp}\}$ 替换 $\{\mathrm{sp}\}$。为了计算 C，需要构造一个覆盖平面上一组点的最小圆。Hearn 等[34]仔细研究了相关工作并提供了一种有效的算法来解决这个问题。给定一组服务向量，由于 $\forall s_i \in L, (S_i.tv \cdot Q.tv) \leqslant (\mathrm{TF} \cdot Q.tv)$，树中节点的 TF 很容易从定义中推导出来，因此存储在节点中的 TF 提供了良好的文本估

计节点下的服务。

8.6　加密索引树

为了保护索引树的隐私，需要对存储在节点中的所有向量进行加密，并独立地加密空间向量和文本向量以支持不同的操作。

8.6.1　构造向量

在检索过程中，一个基本操作是检查节点 u 或服务 S_i 的圆是否与查询 Q 中的圆相交。在数学上，需要计算两个圆心之间的距离，并将该距离与两个半径之和进行比较。为了实现这个目标，本节构造了一个 u 的空间向量：

$$u.\,\mathrm{sv} = \left(x_u, x_u^2, y_u, y_u^2, r_u, r_u^2, 1, 1, 1\right) \tag{8-6}$$

Q 的空间向量为

$$Q.\,\mathrm{sv} = \left(-2x_q,\ 1,\ -2y_q,\ 1,\ -2r_q,\ -1,\ x_q^2,\ y_q^2,\ -r_q^2\right) \tag{8-7}$$

由于

$$u.\,\mathrm{sv} \cdot Q.\,\mathrm{sv} = \left(x_u - x_q\right)^2 + \left(y_u - y_q\right)^2 - \left(r_u + r_q\right)^2 \tag{8-8}$$

可以推断，如果 $u.\,\mathrm{tv} \cdot Q.\,\mathrm{tv} \leqslant 0$，则两个圆有一个相交区域；否则，两个圆完全分开，$u$ 下的所有服务都在合法区域之外，因此可以修剪掉 u 下的路径。类似地，考虑到在本章中服务的半径假设为 0，S_i 的空间向量可以构造为 $\left(x_i, x_i^2, y_i, y_i^2, 0, 0, 1, 1, 1\right)$，这是 $u.\,\mathrm{sv}$ 的特殊情况。在索引树中，节点和服务的扩展空间向量相似，这里以相同的方式对其进行加密。在不失一般性的前提下，本节使用空间向量来介绍加密过程。

8.6.2　加密向量

为了加密所有构建的向量 $u.\,\mathrm{sv}$ 和 $Q.\,\mathrm{sv}$，首先通过人为地将 h' 个数添加到每个向量来将它们扩展到 h 维。具体来说，前 $h'-1$ 个数字是随机选择的，最后一个是经过精心设计的，以保证添加的维度不会改变原始两个向量的内积。然后，将 $u.\mathrm{sv}$ 拆分为 $u.\,\mathrm{sv}'$ 和 $u.\,\mathrm{sv}''$，并将 $Q.\,\mathrm{sv}$ 拆分为 $Q.\,\mathrm{sv}'$ 和 $Q.\,\mathrm{sv}''$。随机生成一个 h 维位向量 B 来指导拆分过程，如果 $B[j]=0$，则设：

$$u.\,\mathrm{sv}'[j] = u.\,\mathrm{sv}''[j] = u.\,\mathrm{sv}[j] \tag{8-9}$$

同时，$Q.\mathrm{sv'}[j]$ 和 $Q.\mathrm{sv''}[j]$ 是两个随机数，其和为 $Q.\mathrm{sv}[j]$。反之，如果 $B[j]=1$，则可以令

$$Q.\mathrm{sv'}[j]=Q.\mathrm{sv''}[j]=Q.\mathrm{sv}[j] \tag{8-10}$$

同时，$u.\mathrm{sv'}[j]$ 和 $u.\mathrm{sv''}[j]$ 是两个随机数，其和为 $u.\mathrm{sv}[j]$。最后随机数选取两个可逆矩阵 M_1 和 M_2，$u.\mathrm{sv}$ 的加密形式为 $\{u.\mathrm{sv'}\cdot M_1,\ u.\mathrm{sv''}\cdot M_2\}$。同时 $Q.\mathrm{sv}$ 的加密形式为 $\left\{M_1^{-1}\cdot Q.\mathrm{sv'}, M_2^{-1}\cdot Q.\mathrm{sv''}\right\}$，这样就可以通过这四个加密向量计算 $u.\mathrm{sv}\cdot Q.\mathrm{sv}$，表示为

$$u.\mathrm{sv}\cdot Q.\mathrm{sv}=u.\mathrm{sv'}\cdot M_1\cdot M_1^{-1}\cdot Q.\mathrm{sv'}+u.\mathrm{sv''}\cdot M_2\cdot M_2^{-1}\cdot Q.\mathrm{sv''} \tag{8-11}$$

总的来说，云服务器根据加密向量确定相对位置，而不会泄露原始向量的保密性。

8.6.3 计算相关性

另一个基本操作是通过加密向量计算节点 u 或服务 S_i 与查询 Q 之间的总相关性评分。如第 8.4 节所述，总相关性评分由两部分组成，即空间相关性和文本相关性。由于上面构建的 u 或 S_i 的空间向量包含足够的信息来计算相关性，因此不需要为它们重新设计新向量，但是这里需要为 Q 重新设计一个新向量。要计算 Q 与 u 或 S_i 的空间相关性，要构造 Q 的另一个空间向量：

$$\left(-2x_q,\ 1,\ -2y_q,\ 1,\ 0,\ 0,\ x_q^2,\ y_q^2,\ 0\right)$$

可用于计算：

$$\left(x_u-x_q\right)^2+\left(y_u-y_q\right)^2 \text{或} \left(x_i-x_q\right)^2+\left(y_i-y_q\right)^2$$

因此，可以很容易地用已知的 α 和 $d_{\max}$ 计算出下式的值。

$$\alpha\left(1-\frac{\left(x_i-x_q\right)^2+\left(y_i-y_q\right)^2}{d_{\max}^2}\right) \tag{8-12}$$

新构造的向量的加密过程与 $Q.\mathrm{sv}$ 的加密过程严格相同，这里不再重新介绍。

除了空间相关性，还需要计算 Q 与 u 或 S_i 之间的文本相关性。如第 8.4 节所述，文本相关性是 $Q.tv$ 和 $u.tv$ 或 $S_i.tv$ 的内积。这样，就可以通过上述方法直接加密 $u.tv$，$S_i.tv$ 和 $Q.tv$，但是包括 B，M_1 和 M_2 在内的所有密钥都需要重新选择。

8.7　深度优先服务检索算法

8.7.1　符号介绍

高效返回查询的检索结果对于云中的搜索引擎来说非常重要,本节提出一种深度优先的服务检索算法。为了高效地修剪路径,首先搜索包含高概率结果候选的路径,简单起见,将 $Q.C$ 表示为查询的合法区域,分别以 $Q.l$ 和 $Q.r$ 为中心和半径,其他一些符号及其功能介绍如下。

(1) RList 。当前结果列表 RList 存储从访问的服务向量中选择的所有候选,随着检索过程, RList 会动态更新,并且它始终将已访问的 k 个最相关服务向量存储到 Q 。

(2) kthScore 。 Q 和 RList 中的服务向量之间的最小相关性称为 kthScore 。显然 kthScore 是判断树中的一个节点是否可以包含一些候选的阈值,如果 Q 与路径下的服务之间的最大相关性小于 kthScore ,就可以修剪路径。

(3) stack 。该变量用来存放以后需要搜索的节点。通过 stack.push() 将一个节点压入栈并通过 stack.pop() 弹出栈顶节点。

8.7.2　算法描述

本节提出了深度优先服务检索算法,通过算法 8.1 可以得到更加准确的检索结果。

算法 8.1　深度优先服务检索算法

---

1. 令 u 为 r , stack 为 null

2. 当 u 不是一个叶节点时

3. 令 s 为 null

4. for u 的每个子节点 v

5. 如果 $v.C$ 和 $Q.C$ 的交集非空则计算 v 和 Q 的相关性,并令 s 为 s 和 v 的并集

6. end for

7. 将 s 中的所有节点根据与 Q 的相关性顺序压入栈 stack 中,其中最相关的节点最后入栈

8. 弹出栈顶元素并赋给 u

9. 如果叶节点 u 中存储多于 k 个服务向量

10. 将 k 个最相关的服务向量存入 RList

11. 否则将所有向量存入 RList

12. 然后令 kthScore 为 RList 中向量与 Q 的相关性的最小值

---

13. 当 stack 非空时，弹出栈顶元素并赋给 u

14. 如果 u 是叶节点

15. 则计算 Q 与 u 中所有服务向量的相关性，并更新 RList 和 kthScore

16. 如果 Q 和 u 的相关性大于 kthScore

17. 将 u 的所有子节点根据与 Q 的相关性顺序压入栈 stack 中，其中最相关的节点最后入栈

输出：RList

最初，查询 Q 通过在每个步骤中选择最相关的节点来递归地向下遍历树，直到找到一个叶节点，然后通过叶子节点下的服务向量初始化 RList，虽然 RList 中的这些服务向量是搜索结果的可能的候选者，但不能保证它们是与 Q 最相关的服务向量中的 k 个，因此需要进一步搜索存储在堆栈中的节点。幸运的是，可以通过阈值 kthScore 修剪相当一部分路径。具体来说，如果 Q 与节点 u 之间的相关性大于 kthScore，则 u 的所有子节点都将按照与 Q 的相关性升序入栈，并且需要在以后进行搜索；否则可以忽略节点 u 下的路径。需要注意的是，基于栈的特性，这里总是首先搜索与 Q 最相关的节点，因此可以尽快修剪栈中的其他节点，这就是为什么本节称该算法为深度优先服务检索算法，服务检索过程的一个示例如图 8.3 所示。

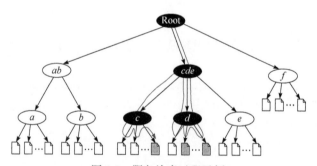

图 8.3　服务检索过程示例

首先定位最深的相关节点，即叶节点 d，以初始化 RList；然后考虑到与 Q 的相关性大于 kthScore，搜索节点 c；最后，由于 Q 与节点的相关性小于 kthScore，堆栈中存储的节点下的所有其他路径，即节点 ab,e,f 不需要搜索。可以观察到，虽然在搜索过程中有相当一部分路径被剪枝，但可以得到准确的检索结果，即搜索树中的三个深色服务向量。

云服务器检索到 Q 的搜索结果后，将相应的加密服务发送给网络用户。在数据拥有者的帮助下，用户最终可以拥有在空间和文本上都与用户相关的 k 个服务。

8.8　性　能　评　估

8.8.1　安全分析

本节简要讨论本章方案的安全性。如第 8.6 节所述，基于位置服务的详细信息通过适当的对称加密算法进行加密，云服务器只能访问加密的数据，因此服务的数据是安全的。加密索引树中的每个节点存储三个向量，这些向量由安全 KNN 算法加密。在加密之前，首先对向量进行扩展，然后随机拆分。最后矩阵 M_1、M_2 是从巨大的空间中挑选出来的，它们对云服务器是保密的。基于文献[26]中的定理，本章方案可以防御选择明文攻击和已知明文攻击。

8.8.2　仿真设置

本节在索引树构建、陷门生成和服务搜索效率方面评估了方案的效率，仿真参数汇总于表 8.1 中。

表 8.1　仿真参数

参数	参数值
k	10
B_1	30
B_2	6

在模拟中，使用安然电子邮件数据集[35]生成服务的文本信息，并随机选择 10000 条记录作为本章的实验语料库，然后对于每条记录人为地生成一个二维位置。为了模拟现实生活中的服务，本节生成了一组位置，可以分为 10 个集群，每个集群的轮廓是一个近似圆形，假设前 10 个最相关的服务返回给网络用户。在构建的索引树中，每个叶子节点最多包含 30 个服务向量，每个非叶子节点最多包含 6 个服务向量。在这里主要将本章方案与文献[25]中提出的方案进行比较。所有算法均在搭载 2.60 GHz Intel Core 处理器、Windows 7 操作系统和 8GB RAM 的主机上实现，每个模拟进行 10 次。

8.8.3　安全索引结构构建的时间效率

一种简单的服务检索方法是将服务映射到向量，然后再将这些向量外包到云端之前对其进行加密，这样无须构建索引树，而是搜索所有向量来进行查询。可以观察到，上述方法消耗的时间最少。替代方式是根据文献[25]中的方案和本章方案中的索引树结构来组织这些向量，如图 8.4 所示。考虑到需要基于这些向量构建索引树，文献[25]中的方案和本章方案消耗了一些额外的时间。显然，随着设备数量的增加，三种方案的时间消耗都单调增加，而且处理一个新服务的时间消耗也随着服务数量的增加而增加，这是由于将向量插入更大的树需要更高的时间成本。然而，与文献[25]中的方案相比，由于不需要为每个 MBB 树构建锚点，因此本章方案消耗的时间更少。

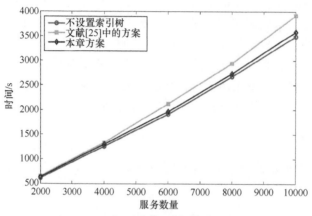

图 8.4　安全索引结构构建的时间效率

8.8.4　陷门生成的时间效率

与文本检索中的陷门相比，基于位置的服务中的陷门包含一些额外的空间信息。然而在图 8.5 中可以观察到，本章方案中陷门生成的时间消耗与文献[19]中的方案近似。这是由于关键字字典的维度远大于位置的维度，随着关键词字典维数的增加，三种方法生成陷门的时间都近似为线性增加。由于每个陷门以加密形式映射到 9 个向量，因此文献[25]中方案的陷门生成时间比其他两个方案消耗更多的时间。

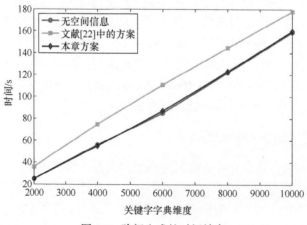

图 8.5　陷门生成的时间效率

8.8.5　服务检索的时间效率

如图 8.6 所示，在服务检索过程中需要在没有索引树的帮助下按顺序访问所有服务向量，因此这种情况消耗的时间最多，检索时间消耗随着服务数量的增加而近似线性增加。文献[25]中的方案由于使用加密的 IR 树，性能更加优秀，然而其检索过程分为两个阶段，这降低了搜索效率。此外通过用圆替换 MBB 树可以进一步提高搜索效率。在本章方案中，同时使用空间和文本信息来修剪搜索路径，因此本章方案的时间成本最小。还可以观察到，随着服务数量增加，时间消耗的增加率逐渐降低。

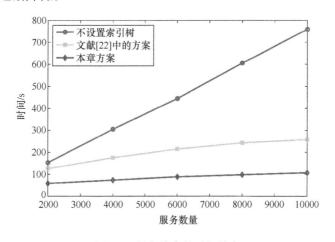

图 8.6　服务检索的时间效率

8.9　本 章 小 结

本章提出了一种基于移动互联网中云计算的隐私保护 top-k 位置服务检索方案，并设计了一种新颖的索引树来组织基于位置的服务。与 IR 树不同，这里使用圆形而不是矩形来表示集群的位置，这极大地提高了服务检索的灵活性，所有索引向量都基于安全 KNN 算法进行加密以保持保密性。此外为了提高搜索效率，提出了一种深度优先的服务检索算法。在检索中，空间和文本信息都用于修剪搜索路径，分析和仿真结果表明了本章方案的安全性和高效性。

本章提出的方案主要可以在以下四个方面进一步改进：第一，索引树应该支持更多的动态操作，包括插入、删除和更新，同时如何在云端同步加密树也颇具挑战性；第二，本章方案缺乏详细安全分析；第三，应收集基于位置的服务的现实生活数据集，此外需要进行更多的模拟和实验，以将所提出的方案与现有方法进行彻底比较；第四，在本章的系统模型中，数据拥有者负责收集数据、外包数据、生成陷门和访问控制，将这些工作负载正确分配到云服务器是具有挑战性的，但也是可行的。

参 考 文 献

[1] Fu Y, Xiong H, Lu X, et al. Service usage classification with encrypted internet traffic in mobile messaging apps. IEEE Transactions on Mobile Computing, 2016, 15(11): 2851-2864.

[2] Yu S, Sood K, Xiang Y. An effective and feasible traceback scheme in mobile internet environment. IEEE Communications Letters, 2014, 18(11): 1911-1914.

[3] Kamilaris A, Pitsillides A. Mobile phone computing and the internet of things: A survey. IEEE Internet of Things Journal, 2017, 3(6): 885-898.

[4] Liu Z, Huang Y, Li J, et al. DivORAM: Towards a practical oblivious RAM with variable block size. Information Sciences, 2018, 447: 1-11.

[5] Ren K, Wang C, Wang Q. Security challenges for the public cloud. IEEE Internet Computing, 2012, 16(1): 69-73.

[6] Li J, Huang Y, Wei Y, et al. Searchable symmetric encryption with forward search privacy. IEEE Transactions on Dependable and Secure Computing, 2019, 18(1): 460-474.

[7] Liu Z, Li B, Huang Y, et al. NewMCOS: Towards a practical multi-cloud oblivious Storage Scheme. IEEE Transactions on Knowledge and Data Engineering, 2019, 32(4): 714-727.

[8] Curtmola R, Garay J, Kamara S, et al. Searchable symmetric encryption: Improved definitions and efficient constructions. Proceedings of the 13th ACM Conference on Computer and Communications Security, 2006: 79-88.

[9] Wang S, Zhao D, Zhang Y. Searchable attribute-based encryption scheme with attribute revocation in cloud storage. PloS One, 2017, 12(8): 1-20.

[10] Miao Y, Jian MA, Liu X, et al. Attribute-based keyword search over hierarchical data in cloud computing.IEEE Transactions on Services Computing, 2020, 13(6): 985-998.

[11] Song D X, Wagner D, Perrig A. Practical techniques for searches on encrypted data. IEEE Symposium on Security and Privacy, 2002: 44-55.

[12] Goh E-J. Secure indexes. http://eprint.iacr.org/2003/216[2023-04-10].

[13] Swaminathan A, Mao Y, Su GM, et al. Confidentiality preserving rank-ordered search. Proceedings of the 2007 ACM Workshop on Storage Security and Survivability, 2007: 7-12.

[14] Zerr S, Olmedilla D, Nejdl W, et al. Zerber+R: Top-k retrieval from a confidential index. International Conference on Extending Database Technology: Advances in Database Technology,2009: 439-449.

[15] Golle P, Staddon J, Waters B. Secure conjunctive keyword search over encrypted data. Proceedings of 2004 Applied Cryptography and Network Security Conference, 2004: 31-45.

[16] Boneh D, Waters B. Conjunctive, subset, and range queries on encrypted Data//Vadhan S P. Theory of Cryptography. TCC 2007. Lecture Notes in Computer Science.4392. Berlin: Springer, 2007: 535-554.

[17] Lewko A, Okamoto T, Sahai A, et al. Fully secure functional encryption: Attribute-based encryption and (Hierarchical) inner product encryption. International Conference on Theory and Applications of Cryptographic Techniques, 2010: 62-91.

[18] Miao Y, Ma J, Liu X, et al. Practical attribute-based multi-keyword search scheme in mobile crowdsourcing. IEEE Internet of Things Journal, 2017, 5(4): 3008-3018.

[19] Wang C, Cao N, Ren K, et al. Enabling secure and efficient ranked keyword search over outsourced cloud data. IEEE Transactions on Parallel and Distributed Systems, 2012, 23(8): 1467-1479.

[20] Chen C, Zhu X, Shen P, et al. An efficient privacy preserving ranked keyword search method. IEEE Transactions on Parallel and Distributed Systems, 2016, 27(4): 951-963.

[21] Fu Z, Ren K, Shu J, et al. Enabling personalized search over encrypted outsourced data with efficiency improvement. IEEE Transactions on Parallel and Distributed Systems, 2015, 27(9): 2546-2559.

[22] Xia Z, Wang X, Sun X, et al. A secure and dynamic multi-keyword ranked search scheme over encrypted cloud data. IEEE Transactions on Parallel and Distributed Systems, 2016, 27(2): 340-352.

[23] Li Z, Lee C K, Zhang B, et al. IR-tree: An efficient index for geographic document search.IEEE Transactions on Knowledge and Data Engineering, 2011, 23(4): 585-599.

[24] Guttman A. R-trees: A dynamic index structure for spatial searching. ACM SIGMOD Record, 1984, 14(2): 47-57.

[25] Su S, Teng Y, Cheng X, et al. Privacy-preserving top-*k* spatial keyword queries in untrusted cloud environments.IEEE Transactions on Services Computing, 2018, 11(5): 796-809.

[26] Wong W, Cheung D, Kao B, et al. Secure KNN computation on encrypted databases. Proceedings of the 2009 ACM SIGMOD International Conference on Management of Data, 2009: 139-152.

[27] Cao X, Cong G, Jensen CS, et al. Collective spatial keyword querying. Proceedings of the 2011 ACM SIGMOD International Conference on Management of Data, 2011: 373-384.

[28] Zhou Y, Xie X, Wang C, et al. Hybrid index structures for location-based web search. Proceedings of the 14th ACM International Conference on Information and Knowledge Management, 2005: 155-162.

[29] Beckmann N, Kriegel H, Schneider R, et al. The R*-tree: An efficient and robust access method for points and rectangles. Proceedings of the 1990 ACM SIGMOD International Conference on Management of Data, 1990: 322-331.

[30] Cao X, Chen L, Cong G, et al. Spatial keyword querying. Proceedings of the 31st International Conference on Conceptual Model, 2012: 16-29.

[31] Chen L, Cong G, Jensen C S, et al. Spatial keyword query processing: An experimental evaluation. Proceedings of the VLDB Endowment, 2013, 6(3): 217-228.

[32] Yiu M L, Ghinita G, Jensen C S, et al. Enabling search services on outsourced private spatial data. The VLDB Journal, 2010, 19(3): 363-384.

[33] Yao B, Li F, Xiao X. Secure nearest neighbor revisited. 2013 IEEE 29th International Conference

on Data Engineering (ICDE), 2013: 733-744.

[34] Elzinga D J, Hearn D W. The minimum covering sphere problem. Management Science, 1972, 68(5): 96-104.

[35] Cohen WW. Enron Email Data Set. https://www.cs.cmu.edu/~./enron/[2023-04-10].

第9章 基于层次聚类树的分布式网络数据安全检索技术

9.1 引　言

由于云计算存储计算资源丰富、灵活经济等优秀特性，越来越多的数据拥有者倾向于将其本地文档管理系统外包给公共云[1-3]。然而，云计算带来的一个挑战是如何在保持上传数据的可用性的同时保证敏感数据的隐私性。显然，所有这些文档在外包之前都需要进行加密，因此设计适当的机制来实现对加密文档集合的处理非常迫切。通常，文档管理系统的基本功能包括插入、删除、修改和搜索。关于加密数据库的前三种操作将在下面进行讨论，现在主要关注加密云文件上的文档检索机制。

研究人员提出了许多加密文档检索方案，根据其功能可分为几类，包括单关键字布尔搜索方案[4-6]、单关键字排序搜索方案[7-11]和多关键字布尔搜索方案[12-20]。但是，这些方案在文档检索方面并不能完全满足数据使用者的需求。在现实生活中，使用一组关键字如"可搜索""加密""云"和"文档"，来搜索特定领域中感兴趣的文件是非常常见的。此外，希望返回的结果应该根据与所提供的关键字的相关性进行排序，但上述方案中没有一个能够完全满足这些要求。

近年来，基于隐私保护的多关键词加密文档搜索方案受到了广泛关注，比如文献[21]～[25]中方案，这些方案使数据使用者能够根据一组关键字检索加密的文档，从数据使用者的角度来看，搜索过程与明文文档相似。与多关键字布尔搜索相比，这些方案更为实用，也更符合用户的检索习惯，但是这些方案可以在以下几个方面得到进一步的改进。

(1) 大多数现有的方案都假设所有的数据使用者都是可信的，这种假设在现实生活中是不可能的。事实上，云服务器可以很容易地将自己伪装成数据使用者，以极低的成本从数据拥有者那里获得秘密密钥。一旦云服务器获得了密钥，所有加密的文档都可以很容易地解密，这对现有方案是一个巨大的挑战，亟须在加密的云文件系统中设计一个新颖而实用的文档检索框架。另一个挑战是，伪装的数据使用者可能会将解密后的文档分发给公众。目前，学者已经提出了许多方案[26-28]来跟踪文件泄漏的来源，这可以有效地防止文件泄漏。考虑到这不属于本章的范围，故在本章的其余部分忽略了这个挑战。

(2) 现有的大多数方案只关注一种文档检索方式，可以进一步改善数据使用者的搜索体验。实际上，数据使用者可能需要通过提供文件名、作者、几个关键字或它们的任何组合来搜索一组文档。直观地说，可以像大多数现有的方案一样，将文件名和作者视为常见的关键字，然而这种方式可能会降低搜索的准确性。例如，一个数据使用者想要搜索作者"Bob"的所有研究论文，他是一个著名的计算机科学家。显然，除了 Bob 的论文，关键字"Bob"也出现在许多其他引用"Bob"工作的论文中，大多数这些论文也应该包含关键字"计算机"。因此，数据使用者无法通过搜索关键词"Bob"和"计算机"来准确地获得感兴趣的论文。另一种可行的方法是将多关键词布尔查询方案[12-15]集成到多关键词排序搜索方案中[21-25]，基于关键字的布尔搜索可以首先返回包含特定文件名和作者的候选文档，然后多关键字排序搜索方案可以对候选文档进行排序，并返回与搜索请求相关且包含关键字的相关文档。然而考虑到基于关键字的布尔搜索的复杂性与时间开销都和整个文档集合大小是线性关系，所以这种方法非常耗时。因此，需要设计全新的框架来满足数据使用者，而不是简单地结合两种现有的文档搜索方案。

(3) 搜索效率可进一步提高。在多关键字排序的文档搜索方案中，使用基于关键字的索引树对用户感兴趣的文档进行搜索，然而设计一个基于关键词的索引树来有效地平衡搜索效率和准确性是极其困难的。平衡二叉树每一层由节点数量差不超过 1 的左右子树构成，所以其搜索效率相较于其他结构要高。虽然基于关键字的平衡二叉树可得到准确搜索结果，但其效率对文档向量[22]的输入顺序很敏感。层次聚类是一种通过计算相似度将不同样本进行反复分类与按层嵌套的聚类算法。相比之下，基于层次聚类的索引树提供了优于线性的搜索效率，但导致精度损失[23]。此外考虑到关键字树要复杂得多，搜索关键字树要比搜索文件名树或作者树要花费更多的时间。

为了提高加密文档检索系统的安全性和用户体验，本章考虑了一种更强的威胁模型，即云服务器可以与少量数据使用者串通，收集文档和索引结构的私有信息。在此基础上，设计了一种新型加密文档存储和检索框架，其中利用代理服务器作为云服务器和数据使用者之间的桥梁，构建了文件名树、作者树和 HRF 树三棵索引树，因此搜索请求中的文件名、作者和常见关键字就具有不同的权重，它们也会受到不同的处理。这三棵树中的节点基于文档标识符相互链接，以有效地支持具有多个参数的搜索请求，并设计了一种机制来充分利用查询中的信息。为了支持多关键字排序搜索，采用 TF-IDF 模型将文档和查询转换为向量，同时利用增强非对称向量内积算法对 HRF 树和查询向量进行加密，确保相关性分数被正确计算，此外还提出了一种针对 HRF 树的深度优先搜索算法。理论证明，本章的方案可以抵御选择明文攻击模型。仿真结果表明，该方案在效率方面也大大优于现有方案。

本章的贡献主要总结为：①本章考虑了选择明文攻击模型，它比大多数现有方案中采用的只选择密文攻击模型更强；②设计了一种新的加密文档存储和检索系统，以提高使用代理服务器的系统安全性，这个新的框架可以提供多种类型的文档搜索服务；③为了提高搜索效率，提出了一种完整的搜索机制，此外本章还提出了一种更新的 HRF 树机制来支持动态文档收集；④通过一套分析和实验来评估所提出的框架在安全性和效率方面的性能。

本章的结构如下：在第 9.2 节介绍了与本章研究相关的工作，第 9.3 节介绍了系统模型、威胁模型及设计目标，在第 9.4 节和第 9.5 节中分别提出了平衡二叉树和 HRF 树；第 9.6 节介绍了安全文档搜索框架，在第 9.7 节中分析了本章框架的安全性，并在第 9.8 节中进一步评估了其效率，最后第 9.9 节对本章进行了总结。

9.2　相关研究工作

Cao 等[21]首先提出了支持隐私保护的多关键词排序搜索问题，并设计了一个名为 MRSE 的初始方案，每个文档都根据文档中单词的术语频率映射到一个文档向量。根据整个文档集合中的关键字的逆文档频率，将一个查询转移到一个查询向量中，然后根据 TF-IDF 模型计算查询和文档之间的相关性，查询的检索结果是与该查询相关的前 k 个相关文档。为了保护文档的隐私，基于安全 KNN 算法[29]对文档向量和查询向量都进行了加密，此外对该领域[30]的其他方案建立了一套严格的隐私要求。MRSE 的缺点是需要对所有文档进行扫描才能得到查询的搜索结果，并且搜索效率与文档集合的基数呈线性关系。由于 MRSE 的搜索效率较低，因此不能直接用于处理非常大的文档集合。

为了提高 MRSE 的文档搜索效率，研究者们提出了两种加密文档的索引结构。Xia 等[22]提出了关键字平衡二叉 KBB 树，并为该树设计了"贪婪深度优先搜索"算法，在 KBB 树中，中间节点中的每个条目都不小于所有子节点中的条目，该属性在剔除冗余搜索路径中发挥了重要作用；此外它们还可以使用适度的工作负载动态地更新索引树。虽然 KBB 树极大地提高了搜索效率，但树中的文档向量组织起来很混乱，在文档搜索过程中还需要访问一些冗余路径，显然搜索效率可以进一步提高。

为了进一步优化 KBB 树的结构，Chen 等[23]设计了一种新的基于层次聚类的索引结构，其中文档向量基于相似性进行构建。具体来说，文档向量在树中依据相似性聚类，这样查询的检索结果很可能在树中彼此接近，因此在搜索过程中可以对树中的大多数路径进行修剪，仿真结果表明，该方案具有优于线性的搜索效率。此外该方案还集成了验证过程，以保证结果的正确性。然而，正如在文献[23]中所讨论的，这棵树并不能保证最优的搜索精度，而且很难在搜索效率和精度之间取得平衡。

Fu等[24]假设数据使用者不能选择最合适的关键字来搜索结果，因此他们为用户设计了一个兴趣模型，以满足和修改所提供的关键词。具体来说，基于WordNet[31]构建了数据使用者的兴趣模型，然而本章中的文档向量是基于整个文档集合构建的，因此该结构不能被动态更新，该方案采用 MDB 树来提高搜索效率。

上述方案的一个共同缺点是它们都采用了纯密文攻击模型，这是现实生活中的一个弱威胁模型，由于数据拥有者可以访问密钥，一旦云服务器与一组数据使用者联合起来进行选择明文攻击，云服务器就可以恢复所有的明文文档和向量。

近年来，研究者们提出了一些新的隐私保护语义文档搜索方案[32-34]，即将文档用简明扼要的短句而不是关键词进行总结。据了解，语义文档搜索是云计算的一个新方向，在文献[35]中讨论了如何为资源有限的数据用户安全地共享加密数据，此外在文献[36]～[39]中讨论了现有可搜索加密方案的安全问题。为了明确地定义安全性，从现有的可搜索加密方案中提取了四个泄漏数据文件级别。对于不同的泄漏，虽然主要针对单关键词或多关键词布尔搜索方案，但这些方案也提出了相应的攻击模型。

9.3　问题描述

9.3.1　符号说明

$\mathcal{F}$ —— 数据拥有者建立的文档集合，表示为 $\mathcal{F} = \{F_1, F_2, \cdots, F_N\}$，它由 N 个文件组成。每个文档 F_i 由三个部分组成：文件名、作者和主体，主体被视为一系列关键字，每个文件都有一个唯一的标识符。为方便起见，使用"文档"来表示"文档的主体"。

$\mathcal{FN}$ —— 文档的文件名集合，表示为 $\mathcal{FN} = \{FN_1, FN_2, \cdots, FN_N\}$。本章假定每个文档只有一个唯一的文件名。

$\mathcal{AU}$ —— $\mathcal{F}$ 中文档的作者集合，记为 $\mathcal{AU} = \{AU_1, AU_2, \cdots, AU_K\}$。本章假设每个文档可以有几个不同的作者，并且总共存在 K 个作者。

$\mathcal{C}$ —— 存储在云服务器中的加密文档集合，记为 $\mathcal{C} = \{C_1, C_2, \cdots, C_N\}$。$\mathcal{C}$ 中的密文是通过使用独立的对称密钥 $s = \{s_1, s_2, \cdots, s_N\}$ 加密 $\mathcal{C}$ 中的文件，即

$\mathcal{C} = e_s(\mathcal{F})$。

$\mathcal{W}$ —— 共包含 m 个关键词的关键词词典，记为 $\mathcal{W} = \{w_1, w_2, \cdots, w_m\}$。该字典用于生成文档和搜索请求的向量。

$\mathcal{I}$ —— $\mathcal{F}$ 的加密索引，记为 $\mathcal{I} = \{I_1, I_2, I_3\}$，其中 I_1 是文件名的索引树，I_2 是作者的索引树，I_3 是主体的加密 HRF 树。

数据用户的搜索请求，表示为 $\{\text{FN}, \text{AU} = (\text{AU}_1, \cdots, \text{AU}_t), \text{MK}\}$，其中 FN 是一个文件名，AU 是一组作者，MK 是一组关键字。数据用户发起搜索请求时需要至少提供这三个参数中的一个，并且三者默认值均设置为 null。

$\mathcal{TD}$ —— 请求 $\mathcal{SR}$ 的陷门，表示为

$$\mathcal{TD} = \left\{ h_{\text{FN}}, \left(h_{\text{AU}_1}, \cdots, h_{\text{AU}_t} \right), E_Q \right\}$$

具体来说，$h_{\text{FN}}, h_{\text{AU}_i}$ 是 FN 和 AU_i 对应的随机数，E_Q 是 MK 的加密查询向量，陷门是搜索请求的加密形式，云服务器可以使用它来搜索加密的索引 $\mathcal{I}$。

$\mathcal{R}$ —— 搜索请求的加密结果，并且它将从云服务器返回到代理服务器。

$\mathcal{PR}$ —— 将从代理服务器返回给数据用户的 $\mathcal{R}$ 的明文。

$\mathcal{SK}$ —— 预先设定的密钥包括两个向量 S_1, S_2 和两个可逆矩阵 M_1, M_2。

9.3.2　系统模型

加密文档检索系统主要涉及四个实体：数据拥有者、数据使用者、代理服务器和云服务器，如图 9.1 所示。下面具体介绍。

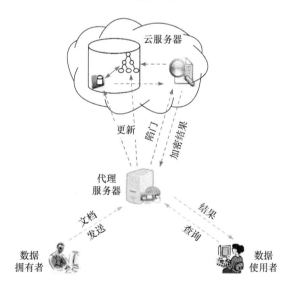

图 9.1　加密文档检索系统模型

(1) 数据拥有者。文档集合 $\mathcal{F} = \{F_1, F_2, \cdots, F_N\}$ 负责收集新生成文件，然后数据拥有者在代理服务器的帮助下将加密的文档外包给云服务器。一旦新文档准备好发布，数据拥有者将直接将其发送到代理服务器并进行预处理相关步骤，此外数据拥有者还可以通过向代理服务器发送请求来删除、修改云中的文件。

(2) 代理服务器是一个受信任的机构，连接其他三个实体。在从数据拥有者那里收到这些文件后，代理服务器负责分析和加密这些文件，基于文件名者和文档向量构造了索引结构 $\mathcal{I}$，加密索引 $\mathcal{I}$ 和加密文档集合 $\mathcal{C}$ 都被发送到云服务器。当收到来自授权数据使用者的查询请求 SR 时，将基于 SR 生成一个陷门 TD，并发送到云服务器，最后从云服务器接收到的搜索结果将被解密为 PR，并发送给数据使用者。本章假设代理服务器可以通过对称加密与数据拥有者和数据使用者进行安全通信。

(3) 数据使用者是访问文档的授权用户。一旦请求 SR 被发送到代理服务器，就将从代理服务器接收到一组文档，并且搜索过程对数据使用者是透明的。实际上，数据使用者不会直接访问文档的任何私有信息，如 $\mathcal{F}$ 的密钥 SK 和关键字。在本章中，假设基于文件名的搜索和基于作者的搜索都是准确的搜索，即所提供的文件名和作者必须是准确的，并且只返回匹配的文档；在多关键字搜索中，根据文档向量与查询向量之间的相关性分数按顺序返回文档。这三种搜索模式是互补的，它们为数据使用者提供了更好的搜索体验。

(4) 云服务器。其存储由代理服务器生成的加密的文档集合 $\mathcal{C}$ 和加密的可搜索的索引 $\mathcal{I}$，一旦收到陷门 TD，它就需要搜索 $\mathcal{I}$，并将搜索结果 $\mathcal{R}$ 发送到代理服务器，云服务器会根据代理服务器提供的说明及时更新 $\mathcal{C}$ 和 $\mathcal{I}$。

9.3.3 威胁模型

威胁模型包括以下几种模型。

(1) 云服务器模型。与文献[21]～[25]中的威胁模型类似，云服务器被认为是"诚实但好奇的"，广泛应用于加密文档检索领域。具体来说云服务器可以正确地执行指令，但是会好奇地推断和分析所有接收到的数据，还假设云服务器试图假装和贿赂数据使用者以获取秘密信息。

(2) 数据使用者模型。在本章中，假设少数数据使用者是不可靠的，他们可以将他们所有的私有信息泄露到云服务器。在大多数现有的方案[21-25]中，假设授权的数据使用者是可靠的，他们需要保存密钥 $\{S_1, S_2, M_1, M_2\}$ 来生成陷门，并保存对称密钥 $\{s_1, s_2, \cdots, s_N\}$ 来解密接收的结果文档，但是所有数据使用者的密钥彼此之间都是相同的。在这种情况下，如果数据使用者与云服务器进行合谋串通，则很容易基于 $\{S_1, S_2, M_1, M_2\}$ 计算索引结构中的所有文档向量。此外，如果 $\{s_1, s_2, \cdots, s_N\}$ 也被泄露到云服务器，则所有的明文文档都被云服务器所知，信息泄漏问题是这些方案的固有缺陷。

(3) 代理服务器模型。假设代理服务器是由数据拥有者控制的，并且它是受信任的，代理服务器可以正确地执行指令，并且不会将其私有信息泄露给任何其他实体。

(4) 选择明文攻击模型。考虑到云服务器与一小部分数据用户合谋串通，考虑了一个比现有方案[21-25]更强的攻击模型，即敌手基于选择明文攻击来恢复明文文档、文件名、作者和文档向量。

9.3.4　设计目标

设计目标有以下几个。

(1) 灵活性。数据使用者可以灵活地提供多种类型的参数来搜索感兴趣的文档，如文件名、一些作者、关键字或它们的任何组合。

(2) 精度。根据数据使用者的搜索请求和系统设置，搜索结果是准确的。

(3) 效率。搜索过程在一般情况下达到对数搜索效率，在最坏情况下至少达到亚线性搜索效率。

(4) 动态性。文档收集和相应的索引结构可以动态更新，且负担很小。

(5) 安全性。阻止云服务器学习关于加密文档集合的私有信息，详细的隐私保护要求总结如下。

① 文档隐私，这些文件中的明文应得到严格的保护，免受敌手的危害；

② FN-AVL 树和 AU-AVL 树的隐私性，这两棵树中的每个节点都代表一个文件名或一个作者，给定一个节点，应该保护有关文件名和作者的相应信息；

③ HRF 树的隐私，文档的底层上下文信息，如未加密的文档向量和关键字的 TF 和 IDF 值，应该不受敌手的攻击。

9.4　平衡二叉搜索树

9.4.1　AVL 树及其结构

平衡二叉搜索树如 AVL 树[40]已被广泛用于处理快速查询的数据。在本章中，首先通过单向函数为每个文件名和作者分配唯一的随机数，在不失一般性的前提下，假设文件名、作者不能基于随机数进行恢复；然后基于随机数构建 FN-AVL(文件名的 AVL 树)和 AU-AVL 树(作者的 AVL 树)，以支持基于文件名的搜索和基于作者的搜索。

在这两种树中，父节点的左子节点的数量较小，右子节点的数量较大，该属性显著提高了搜索与文件名或作者对应的特定数字的效率。在 FN-AVL 树中插入、删除和搜索一个数字的时间复杂性都是 $O(\ln(N))$，其中 N 是文件名的数量，而在 AU-AVL 树中都是 $O(\ln(K))$，其中 K 是作者的数量。

9.4.2　AVL 树及其构造

对于文件名 FN_i，FN-AVL 树中相应的节点 u 定义如下：

$$u = \left(ID_{FN_i}, func(FN_i), P_{left}, P_{right}\right) \tag{9-1}$$

其中，ID_{FN_i} 为 FN_i 的文件标识符；$func(FN_i)$ 为文件名对应的随机数；P_{left} 和 P_{right} 是指向节点 u 左右子节点的指针，指针的默认值设置为 null。

与文档文件名不同，每个文档可能有几个作者，考虑到数据用户很难准确地提供文件的所有作者，因此将文档的所有作者视为一个整体是不明智的。在 AU-AVL 树中，每个作者都被视为一个独立的实体，对于作者 AU_i，树中的节点 v 定义如下：

$$v = \left(SID_{AU_i}, func(AU_i), P_{left}, P_{right}\right) \tag{9-2}$$

其中，SID_{AU_i} 是一组以 AU_i 为作者的文件标识符；$func(AU_i)$ 是作者 AU_i 对应的随机数；P_{left} 和 P_{right} 是指向节点 v 的左右子节点的指针，指针的默认值设置为 null，且 AU-AVL 树中的节点数量等于文档集中所有作者的数量。考虑到每个文档可以有几个作者，每个作者可以有几个文件，因此一个文件可以对应 AU-AVL 树中的多个节点，每个节点也可以对应包含该节点所表示的作者的几个文件。当数据用户提供几个作者时，希望使用每个作者来协作过滤结果，因此在 AU-AVL 树中包含在同一文件中的作者被链接在一起，这样通过交叉使用作者的文件集，可以很容易地获得具有多个作者的文件。

本章根据文献[40]中提出的算法构建和更新了 FN-AVL 树和 AU-AVL 树。在 FN-AVL 树中，使用二叉搜索算法在树中搜索一个查询。为了搜索包含一组作者的文件，首先搜索第一作者，并获得一组候选文件；然后通过链接找到第二个作者，并更新候选文件，重复上述过程，直到所有作者被扫描并得到最终的搜索结果。

9.5　层次搜索树

9.5.1　多关键字文档搜索中的文档/查询向量及相关性评分计算功能

在本章中，每个文档的主体被视为一个关键词向量。使用规范化 TF 向量来量化文档[41]，在 F_j 中关键字 w_i 的 TF 值定义为

$$\mathrm{TF}'_{j,w_i} = \ln(1 + f_{j,w_i}) \tag{9-3}$$

其中，f_{j,w_i} 是它在 F_j 中出现的次数。然后对 F_j 中 w_i 的 TF 值进行归一化如下：

$$\mathrm{TF}_{j,w_i} = \frac{\mathrm{TF}'_{j,w_i}}{\sqrt{\sum_{w_k \in \mathcal{W}}(\mathrm{TF}'_{j,w_k})^2}}, \; i = 1, 2, \cdots \tag{9-4}$$

最后构造了 F_j 的归一化向量如下：

$$V_j = \left(\mathrm{TF}_{j,w_1}, \mathrm{TF}_{j,w_2}, \cdots, \mathrm{TF}_{j,w_m}\right) \tag{9-5}$$

上述构造的文档向量有两个优点：首先归一化的 TF 向量可以很好地表征文档内容，其次归一化的 TF 向量是文档的内在属性，它独立于可能动态变化的文档集合。为了方便起见，使用术语"文档向量"来表示其余部分中的"规范化文档向量"。

对于查询请求，若一个数据用户对一组文档感兴趣，并且尝试使用一组关键字 MK 来尽可能清楚地描述文档，显然他应该提供一些重要的关键字来帮助精确定位相关文档，而一些常见的单词对于定位相关文档作用较小，因此每个单词都需要一个权重来反映其能力。在本章中，使用 IDF 值作为一个关键字的权重，w_i 的 IDF 值定义为 $\mathrm{IDF}_{w_i} = \ln(N/N_{w_i})$，其中 N 是整个文档集合中的文档数量，N_{w_i} 是包含关键字 w_i 的文档数量。此外，查询向量表示为 $V_Q = (q_1, q_2, \cdots, q_m)$，其中如果 $w_i \notin \mathrm{MK}$，q_i 为 0；如果 $w_i \in \mathrm{MK}$，则 q_i 为 IDF_{w_i}。可以看出，一个关键字的 IDF 值与整个文档集合相关，与特定的文档无关。最后采用广泛使用的"$\mathrm{TF} - \mathrm{IDF}$"度量方法来计算文档与查询之间的相关性得分，得分如下：

$$\mathrm{RScore}(V_j, V_Q) = V_j \cdot V_Q \tag{9-6}$$

9.5.2　HRF 树的结构

本章利用层次检索特征 HRF 树对文档向量进行了构建处理。如图 9.2 所示，HRF 树是一个高度平衡的树，每个文档向量簇映射到树中的相应节点，每个叶节点由一组相似的文档向量组成，并从文档向量中提取其 HRF 向量。相似的叶节点相互聚类，组成非叶节点，直到所有的文档向量都属于根节点上的一个巨大簇。显然，树中的较高节点映射到较大的集群，而根节点映射到由所有文档向量组成的群簇。

利用两个分支因子 B_1, B_2 来控制树的结构。具体来说，叶节点 L_i 最多包含 B_1 个文档向量，其检索向量 RV 定义如下：

$$L_i = (\mathrm{HRF}, V_1, \cdots, V_k), k \leq B_1 \tag{9-7}$$

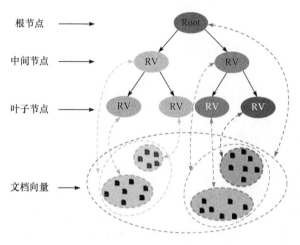

图 9.2　树的结构

其中，HRF 是集群的 HRF 向量，V_l 是集群中的第 l 个文档向量。每个非叶节点或根节点 NL_i 最多包含 B_2 子节点，其 RV 定义如下：

$$\mathrm{NL}_i = (\mathrm{HRF}, \mathrm{HRF}_1, \mathrm{child}_1, \cdots, \mathrm{HRF}_k, \mathrm{child}_k), k \leqslant B_2 \tag{9-8}$$

其中，HRF 是该簇的 HRF 向量，HRF_l 是第 l 个子簇的 HRF 向量，child_l 是指向该子簇对应的子节点的指针。

HRF 向量是对相应聚类的总结。给定 $P \times m$ 维文档向量 $\{V_j\}$，其中 $j = 1, 2, \cdots, P$，将聚类的 HRF 向量表示为

$$\mathrm{HRF} = (P, \mathrm{LS}, V_{\max})$$

其中，$\mathrm{LS} = \sum_{j=1}^{P} V_j, V_{\max}$ 计算为

$$V_{\max}[i] = \max(V_1[i], V_2[i], \cdots, V_P[i]), i = 1, 2, \cdots, m \tag{9-9}$$

根据 HRF 向量的定义，可以推断出非叶节点和根节点的 HRF 向量可以根据其所有子节点的 HRF 向量计算出来。此外，给定一个 HRF 向量，可以很容易地计算一个簇的质心 C：

$$C = \mathrm{LS} / P \tag{9-10}$$

聚类 C 与文档向量 V_j 之间的相关性得分定义如下：

$$\mathrm{RScore}(C, V_j) = C \cdot V_j \tag{9-11}$$

聚类 C 与查询向量 V_Q 之间的相关性得分定义如下：

$$\mathrm{RScore}(C, V_Q) = C \cdot V_Q \tag{9-12}$$

9.5.3　构建 HRF 树

本章以增量的方式构造了一个 HRF 树，在算法 9.1 中给出了将 V_j 插入到树中的过程。

算法 9.1　构建 HRF(HRF 树的根节点 r，文档向量 V_j)

---

1. Stack.push(r); $u \leftarrow r$

2. 当 u 不是叶子节点时

3. 基于公式(9-11)计算 u 的子节点与 V_j 之间的所有相关性得分

4. $u \leftarrow$ 最相关的子节点

5. Stack.push(u)

6. 然后将 V_j 插入到 u 中

7. 当 Stack 不空时

8. $u \leftarrow$ Stack.pop()

9. 如果 u 打破了 B_1 (叶节点)或者 B_2 (非叶节点)的限制

10. 将节点 u 拆分为两个节点并重新计算其 HRF 向量

11. 更新父节点中新生成的两个节点的指针和相应的 HRF 向量

12. 否则直接更新 u 节点的 HRF 向量

该算法中，V_j 通过公式(9-11)选择最近的子节点来迭代地向下遍历 HRF 树，直到它到达一个叶节点；将 V_j 插入叶节点后，以自下向上的方式更新所有受影响的节点。在没有分裂的情况下，只是简单地更新 HRF 向量，如果一个叶节点包含超过 B_1 的文档向量，或者一个非叶节点包含超过 B_2 的子节点，那么需要将该节点分割为两个新节点。本章中，通过选择最远的一对文档向量作为种子来分割一个节点，然后根据最接近的条件重新分配剩余的文档向量，叶节点分割需要向父节点中插入一个新的叶节点。在某些情况下，可能还必须拆分父节点，直至根节点，如果根节点被分割，则树的高度将增加 1。

由于 HRF 树是用增量方式构造的，因此它自然支持插入更新，但是对于 HRF 树来说支持删除更新也很有价值。如果数据拥有者希望从 HRF 树中删除文件 F_j 的文档向量，则需要将该文件发送到代理服务器，然后代理服务器负责更新该树。从 HRF 树中删除 F_j 的详细过程如下。

(1) 标识文档向量。代理服务器首先查找相应数量的 F_j 的文件名，然后标识 FN–AVL 树中的节点。此外，在 HRF 树中，可以根据这些树之间的链接来识别 V_j。

(2) 修改叶节点。包含 V_j 的叶节点 L_i 首先删除指向 V_j 的指针，然后更新其 HRF 向量；接着 L_i 扫描所有子节点，如果两个叶节点可以相互组合，则将它们合并成一个节点，然后将节点结合起来，使树紧凑。如果删除少量的向量，此过程可以忽略。

9.5.4　搜索 HRF 树

本章为 HRF 树设计了一个深度优先的搜索算法，如算法 9.2 所示。在初始化 RList 后，使用最小的相关性评分对搜索路径进行修剪。本章使用变量 Stack 来存储将来需要搜索的节点，一旦 Stack 为空，并且搜索了所有的候选路径，就可以保证检索结果是准确的。

算法 9.2　　HRFSearch (HRF 树根节点 r，文档向量 V_Q)

---

1. 与算法 9.1 类似的方式定位最近的叶节点
2. 选择公式(9-12)中定义的最相关 k 个文档向量对 RList 进行初始化
3. Stack.push(r)
4. 当 Stack 不空时
5. $u \leftarrow$ Stack.pop()
6. 如果节点 u 不是叶节点且 RScore$(V_{u,\max}, V_Q) > k$th Score
7. 将 u 的所有子节点插入到 Stack 中
8. 否则通过计算 V_Q 和叶节点中的文档向量之间的相关性得分对 RList 进行更新
9. 返回 RList

下面将详细介绍搜索过程，并分析 HRF 树的结构可以极大程度地提高搜索效率的原因。在 HRF 树中，类似的文档向量倾向于被分配给相同的集群。考虑一个查询 V_Q 和两个文档向量 V_1 和 V_2，其中 V_2 记为 $V_1 + V'$，查询向量和文档向量之间的相关性得分分别为 $V_Q \cdot V_1$ 和 $V_Q \cdot V_2$，则这两个相关性得分之间的差异可以计算如下：

$$V_Q \cdot V_1 - V_Q \cdot V_2 = \left| V_Q \cdot V' \right| \leqslant \left| V_Q \right| \left| V' \right| \tag{9-13}$$

如果 V_1 和 V_2 彼此接近，那么 $|V'|$ 将很小，相关性得分将非常相似，因此基于文档向量的相似性来组织它们可以大大简化搜索过程。

下面用一个例子来介绍这个简单的检索过程。对于一个二维关键字字典，根据文档向量的定义，所有的文档向量都位于一个单位圆的四分之一上，如图 9.3 所示。图中，将文档向量分为 6 个聚类 $\{a, b, c, d, e, f\}$，数据使用者生成一个查询向量，集群 d 是最相关的集群。假设需要准确的 top-k 相关文档，并且 k 远小

于叶节点中文档向量的数量，扫描树中的
所有文档向量是很耗时的，因此需要动态
地修剪搜索路径。

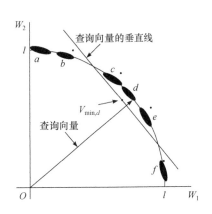

如果用户能接受一个近似准确的结果，
而不是绝对准确的 top-k 相关文档，搜索过
程将非常简单。给定一个查询向量 V_Q，首
先以自上而下的方式定位最相关的叶节点，
具体来说就是从根节点开始，查询向量 V_Q
根据公式(9-12)选择最相关的簇，递归向下
遍历树，直到找到最相关的叶节点，然后返
回叶节点中与查询向量相关的文档向量作为
搜索结果。然而不能保证返回的向量是准确
的结果，尽管它们与树中的大多数其他向量
相比都是很好的候选结果。

图 9.3　一个带有两个关键字的搜索
过程示例

为了得到准确的结果，需要进一步搜索附近的一些集群。假设 V_Q 与叶节点
中的第 k 个相关文档向量 $V_{d,k}$ 之间的相关性得分为 $V_Q \cdot V_{d,k}$，当且仅当 V_Q 与集群
d' 中的向量之间的最大相关性得分大于 $V_Q \cdot V_{d,k}$ 时，应搜索另一个集群 d'。换
句话说，如果 $V_Q \cdot V_{d',\max} \leqslant V_Q \cdot V_{d,k}$，则没有必要进一步搜索集群 d'。如图 9.3 所
示，假设 $V_{d,k} \geqslant V_Q \cdot V_{d,\min}$，只需要搜索集群 c 和 e，其他集群可以忽略。在特
定情况下，集群 d 的大小可能小于 k，需要用第二相似的集群来替换它，以保
证本章方案的鲁棒性，如果文档数据库足够大，则由叶节点表示的集群的空间
区域非常小，可以修剪树中的大部分冗余路径。第 9.8 节将进一步评估 HRF 树
的搜索效率。

9.6　安全文档检索

9.6.1　链接三棵检索树

为了基于查询中所有参数有效地搜索文档，需要将所有三个检索树链接在一
起。FN-AVL 树中的每个节点代表一个唯一的文档，而 AU-AVL 树中的每个节点
代表一个作者，因此这两棵树中的所有节点都应该链接到其他树中的一些其他节
点。但是在 HRF 树中，只有叶节点中的元素直接对应于文档，并且只有这些元
素需要与其他两棵树中的节点进行链接。因为每个文档在整个文档集合中都有一
个唯一的标识符，所以可以链接在不同的树中包含相同的文档标识符的节点。一

旦根据一种类型的搜索参数筛选了一组候选文档，就可以根据树之间的链接轻松地访问关于候选文档的其他信息，这样就可以很容易地进一步细化候选对象的搜索结果，最终得到准确的结果。当一棵树被更新时，一些节点的位置可能会改变，信息必须根据链接传递给其他树以同步链接结构。

9.6.2　隐私保护文件检索的框架

在本节中，主要通过使用代理服务器和云服务器功能来介绍整个文档检索框架。

(1) $\mathcal{SK} \leftarrow \mathrm{Setup}()$。在初始化阶段，代理服务器需要生成密钥集 $\mathcal{SK}$，包括：①两个随机生成的 $(m+m')$ 维向量 S_1 和 S_2；②两个 $(m+m') \times (m+m')$ 可逆矩阵 M_1 和 M_2，注意，S_1 中必须包含 m 个零和 m' 个 1。

(2) $\mathcal{I} \leftarrow \mathrm{BuildIndex}(\mathcal{F}, \mathcal{SK})$。对于每个文档，首先提取三种类型的信息，包括其文件名、所有作者和主体。然后构建了 FN-AVL 树、AU-AVL 树和 HRF 树，这三个索引树需要根据文档标识符链接在一起。前两棵树可以直接外包给云服务器，因为它们只存储一组随机数，而不是明文文件名和作者。相比之下，HRF 树在被外包给云计算之前需要进行加密，但 HRF 向量中的参数 P 不需要进行加密。将 LS 和 $V_{\max}$ 记为文档向量，并以同样的方式进行加密，在加密 HRF 树中的文档向量 V_j 之前，首先将其扩展到 $(m+m')$ 维，其中 $m' \geqslant 0$。具体来说，如果 $S_{1i} = 0$，V_j 的第 i 维对应一个关键字 w_r，从 $\mathcal{W}$ 中按顺序提取，$V_j[i]$ 设置为 TF_{j,w_r}；否则，该维度是一个人工维度，$V_j[i]$ 被设置为一个随机数，但最后插入的随机数必须是一个非零数，并且所有文档向量人工添加的维数共享相同的随机数，这些规则与陷门函数的结构有关，将在下面进行讨论。此外，将 $V_j[i]$ 的每个维度分割到 $V_j[i]'$ 和 $V_j[i]''$ 中，如果 $S_{2i} = 0$，$V_j[i]'$ 和 $V_j[i]''$ 将被设置为等于 $V_j[i]$；否则 $V_j[i]'$ 和 $V_j[i]''$ 将被设置为两个随机数，其和等于 $V_j[i]$，然后将 V_j 加密为 $E_j = \{ M_1{}^{\mathrm{T}} V_j', M_2{}^{\mathrm{T}} V_j'' \}$。最后外包的索引 $\mathcal{I}$ 由 FN-AVL 树、AU-AVL 树和加密的 HRF 树组成。

(3) $\mathcal{C} \leftarrow \mathrm{EncDocuments}(\mathcal{F}, s)$。本章利用代理服务器采用安全对称加密算法，基于对称密钥 $s = \{s_1, s_2, \cdots, s_N\}$，对 $\mathcal{F}$ 中的文档进行加密，即 $\mathcal{C} = e_s(\mathcal{F})$。具体来说，对于每个文档将生成一个 256 位的随机密钥，文档标识符和密钥是成对组织的，同时将标识符属性设置为数据库中的主键，因此可以根据文档标识符，通过二叉树搜索算法来搜索密钥，这样可以灵活地找到文档加密或解密的密钥。除了代理服务器外，文档检索系统中的其他所有实体都不能访问这些键，最后加密的文档集合 $\mathcal{C}$ 也被外包给了云服务器。

(4) $TD \leftarrow \text{GenTrapdoor}(SR, SK)$。代理服务器一旦接收到搜索请求 SR，它首先提取其参数包 FN, $(AU_1, \cdots, AU_t)$ 和 MK，对于文件名和作者，它们通过单向函数 func() 将其映射到相应的数字，从而得到 $h_{FN}, h_{AU_1}, \cdots, h_{AU_t}$。然后如 9.5.1 节所述，代理服务器构建了基于 MK 和 W 的查询向量 V_Q，将其扩展到 $(m + m')$ 维度。具体来说，如果 $S_{1i} = 0$，则 V_Q 的第 i 维对应关键字 w_r，关键字 w_r 从 W 中依次提取，$V_Q[i]$ 设置为 IDF_{w_r}；否则该维度是一个人工维度，$V_Q[i]$ 被设置为一个随机数。最后一个人工维度的值不是随机数，需要仔细计算，以保证在文档向量中和在 V_Q 中的点积始终为 0。此外，将 $V_Q[i]$ 分割成 $V_Q[i]'$ 和 $V_Q[i]''$，如果 $S_{2i} = 1$，$V_Q[i]'$ 和 $V_Q[i]''$ 将设置为 $V_Q[i]$；否则 $V_Q[i]'$ 和 $V_Q[i]''$ 将被设置为两个随机数，其和等于 $V_Q[i]$。最后，将 V_Q 加密为

$$E_Q = \left\{ M_1^{-1} V_Q', M_2^{-1} V_Q'' \right\} \tag{9-14}$$

显然，V_j 和 V_Q 的相关性得分可以计算为

$$\text{RScore}(V_j, V_Q) = V_j \cdot V_Q = E_j \cdot E_Q \tag{9-15}$$

由文件名和作者的映射数组成的陷门函数 TD 和 E_Q 最终被发送到云服务器。

(5) $R \leftarrow \text{RSearch}(TD, I, C)$。基于框架，构建了三个索引树，对于数据使用者提供的不同搜索参数搜索过程是不同的，文件名的重要度最高，关键词的重要度最低。例如，如果一个查询包含一个文件名和一些额外的信息，首先搜索 FN-AVL 树来找到合法候选对象，然后根据其他参数筛选候选对象，直到得到最终结果。在算法 9.3 中给出了详细的搜索过程，一旦云服务器得到搜索结果，它将根据存储的文档集合 C 的标识符从其中提取相应的加密文档，最后将加密的文档发送到代理服务器。

算法 9.3 搜索算法

1. 如果 $h_{FN} \neq \text{null}$

2. 搜索 FN - AVL 树以查找文件名与随机数 h_{FN} 相关的文档，将文件表示为：D_1

3. 如果 $(h_{AU_1}, \cdots, h_{AU_t}) \neq \text{null}$

4. 在 AU - AVL 树中查找

5. 如果 D_1 的随机数不包含 $(h_{AU_1}, \cdots, h_{AU_t})$ 中的值，结果为空并返回 null

6. 否则将 D_1 作为结果并返回

7. 如果 $(h_{AU_1}, \cdots, h_{AU_t}) = \text{null}$，将 D_1 作为结果并返回

8. 当 $h_{FN} = \text{null}$

9. 如果 $\left(h_{\mathrm{AU}_1}, \cdots, h_{\mathrm{AU}_t}\right) \neq \text{null}$

10. 搜索 AU-AVL 树以查找一组文档，表示为 D_2，其中包含所有哈希值 $\left(h_{\mathrm{AU}_1}, \cdots, h_{\mathrm{AU}_t}\right)$

11. 如果 $E_Q \neq \text{null}$

12. 根据相关性得分 E_Q 对 D_2 中的文档进行排序，并按顺序返回最相关的 $top-k$ 文档

13. 否则(如 $E_Q = \text{null}$)

14. 返回 D_2 中的所有文档

15. 当 $\left(h_{\mathrm{AU}_1}, \cdots, h_{\mathrm{AU}_t}\right) = \text{null}$

16. 如果 $E_Q \neq \text{null}$

17. 搜索 HRF 树以查找最相关的 k 个文档，并按顺序返回最相关的文件

18. 否则(例如 $E_Q = \text{null}$)

19. 设置结果为空并返回 null

(6) $\mathcal{PR} \leftarrow \text{DecDocuments}(\mathcal{R}, s)$。一旦代理服务器接收到查询的加密搜索结果，它将对加密的文件进行解密，并最终将其发送给数据使用者。

9.6.3 动态文档集合

数据库一般支持三种更新操作，包括插入、删除和修改。为了简化，通过结合一个插入和一个删除操作来执行一个修改请求，因此只需要设计两个请求，云服务器上相应的操作是分别向所有这三棵树中插入和删除一个节点。

假设代理服务器在本地存储了 FN-AVL 树、AU-AVL 树和未加密的 HRF 树的副本。首先讨论如何更新 HRF 树，由于在集合中插入文档会影响关键字字典 $\mathcal{W}$，因此需要在更新 HRF 树的结构之前更新文档向量。为了解决这个问题，在 $\mathcal{W}$ 中保留了一些空白条目，并在文档向量中将相应的值设置为 0。如果在 $\mathcal{W}$ 中添加了一个新的关键字，只需要用这个新词替换一个空白条目，然后根据更新后的字典 $\mathcal{W}$ 生成新的文档向量。

代理服务器中未加密的 HRF 树的更新过程已经在第 9.5.3 节中讨论过，需要将云服务器中已加密的 HRF 树与未加密的树同步。具体来说，共有三种类型的更新操作：更新一个节点的 HRF 向量、分割一个节点和合并两个节点，相应地有三种类型的更新请求从代理服务器发送到云服务器，生成这些请求的过程如下所示。

(1) 生成一个 HRF 向量更新请求。加密树中节点 u 的 HRF 向量更新请求定义为 $\{u, \text{HRF}_{\text{new}}\}$，其中 u 是更新的节点，HRF_{new} 是节点的新的 HRF 向量，代理服务器可以将由插入或删除操作引起的所有 HRF 向量更新请求放到一条消息中。

(2) 生成拆分请求。节点 u 的拆分请求定义为 $\{u, u', \text{HRF}', p', u'', \text{HRF}'', p''\}$，其中 u 是拆分节点，u', u'' 是新生成的节点，$\text{HRF}', \text{HRF}''$ 是节点的 HRF 向量，p', p'' 分别是指向 u' 和 u'' 的子节点的指针。

(3) 生成组合请求。组合两个节点 u', u'' 的请求定义为 $\{u', u'', u, \text{HRF}_{\text{new}}\}$，其中 u' 和 u'' 是两个组合的节点，u 是新节点，HRF_{new} 是 u 的 HRF 向量。

根据更新请求，对云服务器中加密的 HRF 树的详细更新过程如下：

(4) 更新节点的 HRF 向量。一旦收到 HRF 向量更新请求 $\{u, \text{HRF}_{\text{new}}\}$，云服务器将用 HRF_{new} 替换 u 的原始 HRF 向量；

(5) 拆分节点。一旦收到一个分割请求 $\{u, u', \text{HRF}', u'', \text{HRF}''\}$，云服务器首先找到 u 的父节点并删除指向 u 的指针，然后将两个指向 u' 和 u'' 的新指针插入到父节点，此外指向子节点的指针 p', p'' 需要添加到 u' 和 u'' 中。

(6) 合并两个节点。一旦收到一个组合请求：

$$\{u', u'', u, \text{HRF}_{\text{new}}\}$$

云服务器首先找到 u' 和 u'' 的父节点，然后删除指向 u' 和 u'' 的指针，最后将指向 u 的指针插入到父节点上。

下面将讨论如何更新这两个 AVL 树。一旦数据拥有者希望将文档插入集合，代理服务器需要将相应的文件名和作者编号，以及加密的文档发送到云服务器。加密的文档将立即插入到文档集合中，然后云服务器将在 FN-AVL 树中插入一个新节点。对于每个作者，云服务器会检查它是否已经插入到 AU-AVL 树中，如果作者已存在于树中，则将文档的标识符插入到作者节点，否则将在树中插入一个新节点。最后更新这三棵树之间的链接，如果从数据集中删除了一个文档，则代理服务器需要将该文件名和作者的随机数发送到云服务器，云服务器首先在 FN-AVL 树中找到该节点，然后删除该节点，显然树的结构也需要更新[18]。对于作者，云服务器首先根据其对应的编号将其定位在 AU-AVL 树中，然后从节点中删除文档的标识符。如果节点包含其他标识符，则节点将保留在树中，否则节点将被删除，最后更新这些树之间的链接。

9.7　安全性分析

本章采用了几种密码算法，对其进行了总结如下：①在文档加密过程中采用了对称加密算法；②在构造第 9.4 节中讨论的 FN-AVL 和 AU-AVL 树时，采用了单向哈希函数；③采用增强的非对称向量内积加密算法[29]对 HRF 树和查询向量进行加密。

首先需要声明，所提出的方案是建立在上述密码算法基础上的，因此本章方案的安全性非常依赖于该算法的安全性。考虑到这些密码算法的安全性证明不属于本章的范围，为简单起见，首先给出了对所采用算法的两个基本假设。

假设 1　在所用对称加密算法中，如果没有对称密钥，就无法恢复加密文档的明文。

假设 2　在所用单向函数中，只给出他们的映射随机数，文件名和作者不能恢复。

在本方案中，所采用的对称加密算法和单向函数并不严格地限制在特定类型上，然而考虑到对称加密算法和单向函数[42]的基本性质，这些假设是合理的。

基于上述假设，本章分析了该方案的安全性，如第 9.3.4 节中所述，主要关注文档文件和索引结构的安全性。

9.7.1　文档隐私

在现有的方案[21-24]中，所有的数据使用者都保留了密钥 $\{s_1, s_2, \cdots, s_N\}$ 来解密搜索到的文档。在本章新的威胁模型中，一旦少量数据使用者受到攻击，云服务器就可以很容易地恢复加密文档的明文，然而本章的框架将密钥存储在代理服务器中，这适当地保护了文档的隐私。本章利用一组对称密钥对明文文件进行加密，构建了文档的密文，加密过程如下：

$$C = e_s(\mathcal{F}) \tag{9-16}$$

其中，C 是加密的文档，$\mathcal{F}$ 是明文文档，s 是一组密钥 $\{s_1, s_2, \cdots, s_N\}$。需要特别注意的是，不同的文档由不同且独立的密钥加密。此外，s 中的密钥完全由代理服务器控制，因此云服务器和数据使用者无法获得它们。

如上所述，云服务器可以访问所有加密的文档，而数据使用者可以访问一组明文文档。考虑到少量的数据使用者可能与云服务器串通，敌手可以很容易地获得一组加密的文档和相应的明文，表示为

$$\text{InformationLeakage} = \left\{ \left(F_i, C_i \right), \cdots, \left(F_j, C_j \right) \right\} \tag{9-17}$$

其中，F_i 是 C_i 的明文。根据假设可以推断出，由于对称的密钥是相互独立的，不能获得关于其他加密文档的任何明文信息，因此文档隐私在本章的框架中得到了适当的保护。

另一个问题是，恶意数据使用者可能会向公众泄露少量的明文文档，这可以通过跟踪文件泄漏源[26-28]并限制一段时间内数据使用者请求的文档数量来抵抗。考虑到这些技术不属于本章的范围，因此在这里不详细讨论。

9.7.2　FN-AVL 树和 AU-AVL 树的隐私性

FN-AVL 树和 AU-AVL 树分别存储在云服务器中。通过与数据使用者串通，云服务器可以得到一些明文文件名和作者，及其相应的随机数，表示为

$$\text{InformationLeakage} = \left\{ \left(H_i, \text{FA}_i \right), \cdots, \left(H_j, \text{FA}_j \right) \right\} \tag{9-18}$$

其中，FA_i 是文件名或作者，H_i 是 FA_i 对应的随机数，需要特别注意的是，$H_i = \text{func}(\text{FA}_i)$ 和 $\text{func}()$ 是代理服务器所使用的单向函数。基于假设 2，可以推断出即使给出了树中其他节点的明文文件名和作者的随机数，也无法恢复明文信息。

另一个挑战是，敌手可以预先计算并存储文件名和作者的随机数，但是这个问题可以按如下方式解决。随机选择一组数字(而不是根据文件名和作者生成数字)，从而完全切断相应数字与文件名和作者之间的关系，显然即使是给出了文件名和作者，云服务器也不能预先计算和存储随机数。代理服务器的一个额外负载是维护一个表来检索文件名和作者的随机数。考虑到许多成熟的数据结构已经被设计用来管理成对的数据，工作负载对于系统的安全性来说是一个可接受的代价。因此，在本章的方案中，FN-AVL 树和 AU-AVL 树是安全的。

9.7.3　HRF 树的隐私性

在本方案中，存储在 HRF 树中的加密文档向量与文档的内容有很强的相关性，并且它们非常重要。在本节中，从理论上证明了加密的 HRF 树可以抵御第 9.3 节中提出的选择明文攻击模型。首先描述以下挑战游戏。

初始化　挑战者从数据拥有者中选择一组文档 $\mathcal{F}$，并随机生成一组密钥 $\mathcal{SK} = \{S_1, S_2, M_1, M_2\}$，其中挑战者会对敌手保密所有的密钥。不失一般性，将 S_1, S_2 的长度设置为 m，即不添加人工属性(需要特别注意的是，添加人工属性只会增加索引树的安全性。)

设置　挑战者运行 $\text{BuildIndex}(\mathcal{F}, \mathcal{SK})$ 算法，并将所有加密的文档向量提供给敌手。

第一阶段　敌手对 $P \subseteq \mathcal{F}$ 中的一组文档的加密向量进行查询。

挑战　敌手向挑战者提交另外两个文件 D_0 和 D_1，挑战者随机选择一个 $b \in \{0,1\}$，并将 D_b 映射到一个基于 $\mathcal{W}$ 和 S_1 的文档向量 V_b 上，然后基于 V_b 和密钥 S_2, M_1, M_2 构造加密向量 E_b，最后挑战者把 E_b 发送给敌手。

第二阶段　重复第一阶段。

猜测　敌手输出一个 b 的猜测 b'。

在这个游戏中，敌手的优势定义为 $\Pr(b'=b)-1/2$。如果多项式时间内，所有敌手在选择明文攻击游戏中最多具有可以忽略的优势，那么在选择明文攻击模型中加密 HRF 树的隐私是安全的。

定理 9.1 从理论上证明了 HRF 树的安全性。

定理 9.1 对于本章构建的加密 HRF 树，在第 9.3 节假设的系统模型和威胁模型下，所有多项式时间敌手存在可忽略的优势 ε，即

$$\Pr(b'=b)-\frac{1}{2}\leqslant\varepsilon \tag{9-19}$$

证明：在本章方案中，通过两步来得到 D_0 和 D_1 的加密文档向量。首先，代理服务器需要基于规范化 TF 模型、密钥 S_1，$\mathcal{W}$（如 9.5.1 节所述），将 D_0,D_1 映射到明文向量 V_0,V_1。在不失一般性的前提下，假设文档向量中的条目是基于关键字的字母顺序构造的，然后以 S_2,M_1,M_2 为密钥的安全 KNN 方案，将明文向量 V_0,V_1 映射到加密的向量 E_0,E_1。

为了区分 E_0,E_1，并输出 b 的正确猜测 b'，敌手首先需要区分 V_0,V_1，并根据 D_0,D_1 做出第一个猜测 V_0',V_1'。为简单起见，分别表示为 $V_0=f_{\mathrm{tf}}(D_0)$ 和 $V_1=f_{\mathrm{tf}}(D_1)$，这个过程的优势被定义为 ε_1，可得

$$\Pr\left(V_0'=f_{\mathrm{tf}}(D_0),V_1'=f_{\mathrm{tf}}(D_1)\right)\leqslant\frac{1}{2}+\varepsilon_1 \tag{9-20}$$

显然，如果向敌手提供 $\mathcal{W}$ 和 S_1，ε_1 将是 $1/2$，但是秘密信息存储在代理服务器中，可以推断 ε_1 的趋势小于 $1/2$，可以得到：

$$\varepsilon_1\leqslant\frac{1}{2} \tag{9-21}$$

然后，在第二个猜测中，敌手应该充分利用查询阶段。在前面介绍的第一阶段和第二阶段中，假设敌手获得了文档 P 和它们的加密向量 E 之间的一组成对关系，其中，$P_i\in P,P\subseteq\mathcal{F}$，$E_i=\mathrm{BuildIndex}(P_i,\mathcal{SK})$。在这种情况下，敌手需要根据以下知识来区分两个加密的向量 E_0,E_1：

$$\mathrm{InformationLeakage}=\{\mathcal{I},P,E\} \tag{9-22}$$

通过将 P 扩展到 $\{P,V\}$ 来提高敌手猜测的成功率，其中 V_i 是所有 $P_i(P_i\in P)$ 的标准化 TF 向量。为简单起见，分别表示为 $E_0=f_{\mathrm{knn}}(V_0)$ 和 $E_1=f_{\mathrm{knn}}(V_1)$。

在本章中，基于 S_2,M_1,M_2 对向量进行了加密，而敌手无法访问存储在代理服务器中的这些密钥。在这种情况下，基于 V_0,V_1 和查询信息猜测 E_0,E_1 为 E_0',E_1'，这与文献[29]中的 3 级攻击游戏严格相同。根据文献[29]中的定理 6，可以推断出对于多项式时间的敌手存在一个可以忽略不计的优势 ε_2，即

$$\Pr\left(E_0' = f_{knn}(V_0), E_1' = f_{knn}(V_1)\right) \leqslant \frac{1}{2} + \varepsilon_2 \tag{9-23}$$

结合公式(9-19)、公式(9-20)和公式(9-22)，可以得到：

$$
\begin{aligned}
&\Pr\left(b' = b\right) \\
&= \Pr\left(V_0' = f_{tf}(D_0), V_1' = f_{tf}(D_1)\right) \cdot \Pr\left(E_0' = f_{knn}(V_0), E_1' = f_{knn}(V_1)\right) \\
&\leqslant \left(\frac{1}{2} + \varepsilon_1\right) \cdot \left(\frac{1}{2} + \varepsilon_2\right) \\
&= \frac{1}{4} + \frac{1}{2}\varepsilon_1 + \frac{1}{2}\varepsilon_2 + \varepsilon_1\varepsilon_2 \\
&\leqslant \frac{1}{2} + \varepsilon_2
\end{aligned}
\tag{9-24}
$$

考虑到 ε_2 是一个可以忽略不计的优势，则不等式(9-23)总是成立。因此，加密的 HRF 树在所提出的威胁模型下是安全的。

在现实应用中，数据使用者都是基于一组关键字来搜索文档的，那么陷门函数的隐私也非常重要。在本方案中数据使用者搜索请求的隐私性也得到了适当的保护，考虑到证明过程与定理 9.1 的证明过程相似，此处省略。

根据定理 9.1 可以推断，虽然云服务器知道加密索引结构，但加密向量的语义无法恢复。为了进一步隐藏陷门之间的关系，在文献[21]～[23]中，在陷门中添加了一个随机因子，也因此修改了查询请求和文档向量之间的相关性分数。从而搜索结果的准确性降低了，这是数据使用者无法控制的。虽然在本方案中没有使用随机因子，但方案将在第 9.8 节中评估具有不同随机因子的 HRF 树的搜索精度。

9.8　性　能　评　估

整体文档检索效率受到索引结构和执行基本操作时间消耗的影响。本节首先从理论上分析了三个索引树的效率，然后通过实验来评估该方案的总体效率，最后讨论了搜索精度。

9.8.1　效率分析

FN-AVL 树和 AU-AVL 树的高度分别约为 $\log(N)$ 和 $\log(K)$，其中，N 是文档的数量，K 是作者的数量。因此，在树中插入、删除和搜索树中特定节点的时间复杂度分别为 $O\left(\log(N)\right)$ 和 $O\left(\log(K)\right)$[40]。基于文件名的搜索和基于作者的搜索都是精确搜索，即返回的文档包含文件名或作者，这个搜索过程相当于搜索树中的特定节点。

与上面两棵树不同，HRF 树的结构与文档向量的分布有关。在最好情况下，所有的叶节点都包含 B_1 子节点，而所有的非叶节点都包含 B_2 子节点，因此 HRF 树的深度约为 $\log_{B_1}(N/B_2)$。在这种情况下，插入、删除和搜索树中的特定节点的时间复杂性都为

$$O\left(\log_{B_1}(N/B_2)\right) \tag{9-25}$$

但是，如果每个非叶节点只包含 $K_1 B_1$ ($0 \le K_1 \le 1$) 个子节点，并且每个叶节点包含 $K_2 B_2$ ($0 \le K_2 \le 1$) 个子节点，则树的深度将为 $\log_{K_1 B_1}(N/(K_2 B_2))$。此外，多关键词排序的搜索过程比在 HRF 树中搜索一个特定的节点要复杂得多，因此准确的时间复杂度难以估计，这依赖于文档向量和查询向量的分布。本章将通过 9.8.2 节的实验来评估搜索时间。

如图 9.4 所示，为了测试这三个树的效率，将这些树与文献[22]中提出的 KBB 树在二维空间和三维空间进行了比较，即每个文档向量都用一个二维或三维的向量表示。由于 KBB 树可以返回与本章设计的树相似的精确搜索结果，因此选择其作为基准。在本模拟中，HRF 树的叶节点的数量设置为 1000，文档的数量范围在 10000 到 500000 之间，对于每个随机搜索查询，将返回前 10 个相关文档。采用搜索比例来模拟树的效率，搜索比例通过搜索的文档向量的数量除以所有文档向量的数量来计算。进行了 100 次的仿真，并记录了仿真结果。

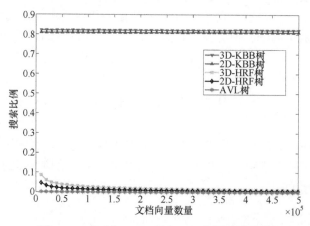

图 9.4　KBB 树、HRF 树和 AVL 树的搜索比例

从图 9.4 中可以看出，在 KBB 树中，有 80%以上的文档向量需要同时搜索二维和三维的文档向量，才能获得准确的结果。这是由于 KBB 树中的文档向量组织是混乱的，因此 KBB 树不能将查询请求引导到树的正确位置，以有效地获

得搜索结果。HRF 树根据相似性来组织向量，在搜索过程中搜索路径被节点的 HRF向量正确地引导，并且大部分的搜索路径被修剪。与 KBB 树相比，HRF 树的效率更高。文档向量的数量从 10000 增加到 500000，而 HRF 树的搜索比例从 8.8% 下降到 0.8%，相应的搜索时间也显著缩短了。另一个有趣的现象是，三维向量和二维向量搜索比例的差值随着文档向量数量的增加而减小。另外还评估了这两棵 AVL 树，实际上它们的搜索比例很小，与 KBB 树和 HRF 树相比，搜索时间可以被忽略。

　　由于文档向量以聚类形式组织，叶节点的数量也影响了 HRF 树的搜索效率，仿真结果如图 9.5 所示。随着簇群数量的增加，二维和三维文档向量的搜索比例都降低，它们之间的差值也会减少。除了搜索比例外，树的大小也极大地影响了搜索效率。为了得到它们之间的平衡，调整了 B_1, B_2，使树包含大约 500 个叶节点。

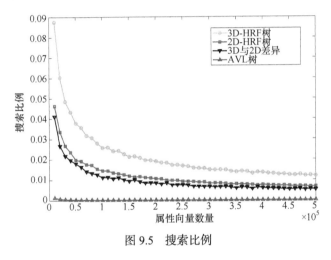

图 9.5　搜索比例

　　HRF 树的重要特性总结如下：①搜索相对准确的结果非常容易，而保证搜索结果的绝对准确则更加困难；②对于固定数量的簇群，搜索比例随着文档向量数量的增加而减小；③文档向量的维数对搜索比例有很大的影响，高维向量空间具有较高的搜索比例。

9.8.2　效率评价

　　本节在 Enron Email Data Set[43]上搭建框架，并随机选择了 10000 条记录作为实验语料库，所有的算法都是在一个 2.60 GHZ 的英特尔酷睿处理器和 Windows7 操作系统上实现的，内存为 4GB。文档检索系统主要由四个功能组成：构建索引结构、生成陷门函数、索引结构的搜索和更新。下面分别评估了这四种功能的效率。

1) 索引构建

构建两个 AVL 树的过程很简单，主要包括两个步骤：①将文件名和作者映射到随机数；②通过两个 AVL 树组织随机数。显然构建两个 AVL 树的时间成本主要取决于文档集合中的文档和作者的数量。构建加密 HRF 树主要包括三个阶段：①将文档映射到文档向量；②构建文档向量的 HRF 树；③加密 HRF 树。加密文档向量的主要计算步骤包括一个分裂过程，关于一个 $(m+m')$ 维向量和一个 $(m+m')\times(m+m')$ 矩阵的两个乘法过程。为了对整个 HRF 树进行加密，总时间复杂度为

$$O(N(m+m')^2) \tag{9-26}$$

因此构建加密 HRF 树的时间成本主要取决于文档集合 $\mathcal{F}$ 中的文档数量和字典 $\mathcal{W}$ 中的关键字数量。图 9.6(a)显示，在 MRSE 中构建 HRF 树和索引结构的时间开销与文档的数量几乎呈线性关系，这是由于构造文档向量的过程是文档线性处理的过程。但是与 MRSE 中的索引结构相比，HRF 树消耗更多的时间，这是由于文档向量基于它们的相似性进一步组织处理。这两棵 AVL 树具备更快的生成效率，由于它们不需要扫描文档中的所有单词，而是只需要扫描文件名和作者。从图 9.6(b)可以看出，构建 HRF 树的时间成本和 MRSE 中的索引结构几乎与字典中的关键字数量成正比。构建 AVL 树的时间成本与关键字字典的大小无关，虽然构造索引结构具有较高的计算复杂度，但考虑到这是一个一次性的操作，是可以接受的。

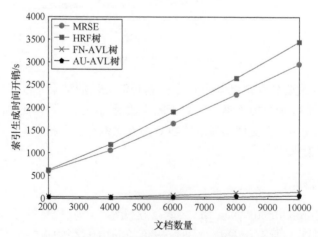

(a) 对于不同大小的文档集与固定的关键字字典，$m=3000$

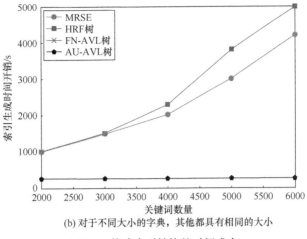

(b) 对于不同大小的字典,其他都具有相同的大小

图 9.6 构建索引结构的时间成本

2) 陷门生成

给定一个包括文件名、几个作者和 t 个关键字的查询请求,FN 陷门或 AU 陷门的生成会导致 $O(1)$ 的开销;构建 HRF 陷门需要一个向量分裂操作和一个 $(m+m')$ 维向量和一个 $(m+m')\times(m+m')$ 矩阵的两个乘法,因此其时间复杂度为

$$O\big((m+m')^2\big)$$

这与图 9.7(a)中的模拟结果一致。查询中关键词的数量对生成陷门的时间成本影响很小,如图 9.7(b)所示,由于尺寸扩展,构建一个 HRF 陷门比在 MRSE 中消耗略多的时间。

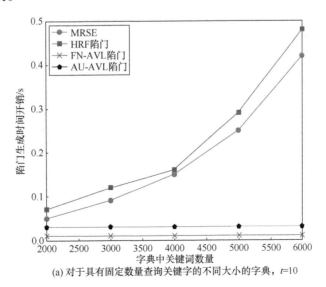

(a) 对于具有固定数量查询关键字的不同大小的字典, t=10

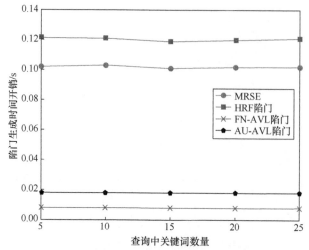

(b) 对于具有固定字典的不同数量的查询关键字，$m=3000$

图 9.7　陷门生成时间开销

3) 搜索效率

当数据使用者执行文件名搜索或作者搜索时，云服务器只需要执行 $\log(N)$ 或 $\log(K)$ 比较操作，其时间复杂性为

$$O\big(\log(N)\big) \ \text{或} \ O\big(\log(K)\big) \tag{9-27}$$

在多关键字搜索中，计算陷门和文档向量之间的相关性得分的时间复杂度为 $O(m+m')$。HRF 树的高度约为

$$\log_{K_1 B_1}\big(N/(K_2 B_2)\big) \tag{9-28}$$

因此，搜索从根到叶节点的路径的时间复杂度为

$$O\big(\log_{K_1 B_1}\big(n/(K_2 B_2)\big) \cdot (m+m')\big) \tag{9-29}$$

如果需要访问所有路径 α 的百分比，则执行多关键字搜索的上限时间成本为

$$O\big(\alpha \cdot (m+m') \cdot \big(N/(K_2 B_2)\big) \cdot \log_{K_1 B_1}\big(N/(K_2 B_2)\big)\big) \tag{9-30}$$

如图 9.8(a) 所示，在 MRSE 中需要对所有的文档向量进行扫描才能得到搜索结果，且时间代价与文档的数量呈线性关系，而 HRF 树的搜索时间比 MRSE 树的搜索时间要小得多。图 9.8(b) 显示了随着检索文档数量的增加而提高的搜索效率，可以看出，随着检索文档数量的增加，所有索引结构的搜索时间都保持相对稳定。

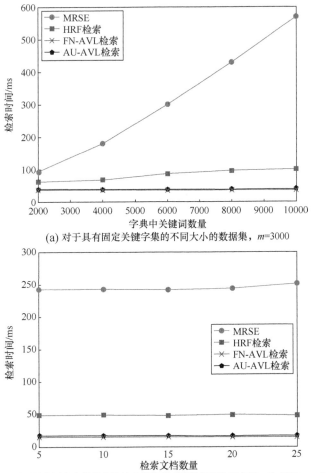

(a) 对于具有固定关键字集的不同大小的数据集，$m=3000$

(b) 对于具有固定文档集和关键字字典的不同数量的检索文档，$N=5000$，$m=3000$

图 9.8 执行一次查询的时间成本

4) 更新效率

当从 HRF 树中插入或删除文档向量时，需要更新树上的节点开销大约为

$$O\left(\log_{K_1B_1}\left(N/(K_2B_2)\right)\right)$$

由于更新 HRF 向量需要 $O(1)$ 时间，加密过程消耗 $O(m+m')^2$ 时间，因此在 HRF 树上更新操作的总体时间复杂度为

$$O\left((m+m')^2\log_{K_1B_1}\left(N/(K_2B_2)\right)\right) \tag{9-31}$$

通过在树中插入一个节点来说明执行更新操作的时间开销(图 9.9)。考虑在 MRSE 方案中没有构建索引树，在本节中忽略了 MRSE 在更新效率方面的性能。

从图 9.9(a)中可以看出，当字典固定时，在 HRF 树中插入一个文档向量的时间开销约为 $O(\log(N))$，尽管 AVL 树的时间开销也随着文档集数量的增加而增加，但与更新 HRF 树相比，它可以忽略。图 9.9(b)显示，HRF 树的更新时间与具有固定文档集的字典的大小几乎呈线性关系。类似地，AVL 树的更新时间成本比 HRF 树的更新时间成本要小得多，这是由于这两棵树比 HRF 树简单得多。

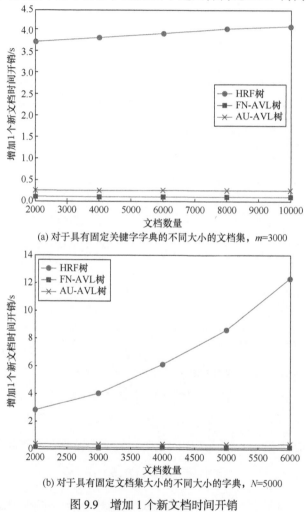

(a) 对于具有固定关键字字典的不同大小的文档集，m=3000

(b) 对于具有固定文档集大小的不同大小的字典，N=5000

图 9.9　增加 1 个新文档时间开销

9.8.3　不同随机因子下 HRF 树的检索精度

在本章的框架中，构造了三个加密的索引树。在两个 AVL 树上的搜索结果是准确的，因此搜索精度总是 100%，下面将重点关注具有不同随机因子的 HRF 树的搜索精度。与文献[21]~[23]中的方案类似，可以在查询向量和文档向量之间的相关性得分中添加一个随机数，如下所示：

$$\text{RScore}'(V_j, V_Q) = V_j \cdot V_Q + \delta = E_j \cdot E_Q + \delta \tag{9-32}$$

其中，δ 是从一个服从均匀分布的 $U(0,b)$ 中随机选择的，这样即使对于相同的查询请求，搜索结果也会略有不同，因此访问模式的隐私性受到保护。如图 9.10 所示，随着 b 值的增加，搜索精度单调下降，这是由于较大的 b 增加了相关性评分的误差，从而误导了 top $-k$ 文档的选择过程。总之在搜索精度和访问隐私性之间存在着一个平衡关系，数据使用者可以根据自己的需求来选择参数 b。

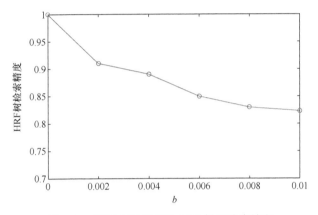

图 9.10　不同 b 取值下的 HRF 树的检索精度

9.9　本 章 小 结

本章提出了一种基于云计算的灵活、安全、高效的隐私保护文档搜索框架。该框架不仅支持基于文件名和作者的准确文档搜索，而且还支持多关键字排序的文档检索。本章构造了三种基于树的索引结构，并在 HRF 树上设计了一种精确的深度优先搜索算法，当数据使用者提供一组参数时，将协同使用这些参数来有效地定位候选对象，直到最终从文档集合中提取出准确的结果。在本章的框架中，采用了一个更强、更实际的威胁模型，其中云服务器可以与一小部分数据使用者合谋串通。在这种假设下，敌手可以执行选择明文攻击来恢复文件、文件名、作者和文档向量。在这种情况下，现有的方案不能正确地保护文档集的隐私。为抵抗这种新攻击，本模型引入一个代理服务器节点来提高整个系统的安全性，减轻数据拥有者和数据使用者的工作量，理论分析和实验结果均证明了该框架的可靠性和有效性。

安全的文档检索框架可以在以下几个方面得到进一步的改进。首先，返回的 top $-k$ 相关文档可能不满足数据使用者的要求，他们会依次获取下一轮 k 个相关文档，因此设计一种支持搜索过程中动态参数 k 的搜索方案是未来有意义的工作。其次，代理服务器负责为 HRF 树生成更新信息，需要相当大的工作负荷。一个优化策略是代理服务器专注于安全控制，而更新操作则由云服务器直接执行。第三，在现实生活中，数据使用者可能需要更多的搜索模式，因此需要设计更多的模块并集成到本章的框架中。

参 考 文 献

[1] Ren K, Wang C, Wang Q. Security challenges for the public cloud. IEEE Internet Computing, 2012, 16(1): 69-73.

[2] Li J, Yao W, Zhang Y, et al. Flexible and fine-grained attribute-based data storage in cloud computing. IEEE Transactions on Services Computing, 2016, 10(5): 785-796.

[3] Song D X, Wagner D, Perrig A. Practical techniques for searches on encrypted data. Proceeding of 2000 IEEE Symposium on Security and Privacy, 2000: 44-55.

[4] Goh E J. Secure indexes. https://eprint.iacr.org/2003/216.pdf[2023-04-10].

[5] Curtmola R, Garay J, Kamara S, et al. Searchable symmetric encryption: Improved definitions and efficient constructions. Proceedings of the 13th ACM Conference on Computer and Communications Security, 2006: 79-88.

[6] Jarecki S, Jutla C, Krawczyk H, et al. Outsourced symmetric private information retrieval. Proceedings of the 2013 ACM SIGSAC Conference on Computer & Communications Security, 2013: 875-888.

[7] Swaminathan A, Mao Y, Su G, et al. Confidentiality-preserving rank-ordered search. Proceedings of the 2007 ACM Workshop on Storage Security and Survivability, 2007: 7-12.

[8] Wang C, Cao N, Ren K, et al. Enabling secure and efficient ranked keyword search over outsourced cloud data. IEEE Transactions on Parallel and Distributed Systems, 2012,23(8): 1467-1479.

[9] Zerr S, Olmedilla D, Nejdl W, et al. Zerber+R: Top-k retrieval from a confidential index. Proceedings of the 12th International Conference on Extending Database Technology, 2009: 439-449.

[10] Wang C, Cao N, Li J, et al. Secure ranked keyword search over encrypted cloud data.2010 IEEE the 30th International Conference on Distributed Computing Systems, 2010: 253-262.

[11] Boneh D, Crescenzo G. D, Ostrovsky R, et al. Public key encryption with keyword search//Cachin C, Camenisch J L. Advances in Cryptology.3027.Berlin: Springer, 2004: 506-522.

[12] Golle P, Staddon J, Waters B. Secure conjunctive keyword search over encrypted data//Jakobsson M, Yung M, Zhou J. Applied Cryptography and Network Security. Berlin: Springer, 2004: 31-45.

[13] Boneh D, Waters B. Conjunctive, subset, and range queries on encrypted data//Vadhan S P. Theory of Cryptography. Berlin: Springer, 2007: 535-554.

[14] Lewko A, Okamoto T, Sahai A, et al. Fully secure functional encryption: Attribute-based encryption and (hierarchical) inner product encryption//Gilbert H. Advances in Cryptology – EUROCRYPT 2010. Berlin: Springer, 2010: 62-91.

[15] Cash D, Jarecki S, Jutla C, et al. Highly-scalable searchable symmetric encryption with support

for boolean queries//Canetti R, Garay J A. Advances in Cryptology－CRYPTO 2013. Berlin: Springer, 2013: 353-373.

[16] Ballard L, Kamara S, Monrose F. Achieving efficient conjunctive keyword searches over encrypted data. //Qing S, Mao W, López J, et al. Information and Communications Security. Berlin: Springer, 2005: 414-426.

[17] Hwang Y H, Lee P J. Public key encryption with conjunctive keyword search and its extension to a multi-user system. Proceedings of the First International Conference on Pairing-Based Cryptography, 2007: 2-22.

[18] Zhang B, Zhang F. An efficient public key encryption with conjunctive-subset keywords search. Journal of Network and Computer Applications, 2011, 34(1): 262-267.

[19] Shen E, Shi E, Waters B. Predicate privacy in encryption systems. The 6th IACR Theory of Cryptography Conference, 2009: 457-473.

[20] Katz J, Sahai A, Waters B. Predicate encryption supporting disjunctions, polynomial equations, and inner products. Journal of Cryptology, 2013, 26(2): 191-224.

[21] Cao N, Wang C, Li M, et al. Privacy-preserving multi-keyword ranked search over encrypted cloud data. 2011 Proceedings of IEEE INFOCOM, 2011: 829-837.

[22] Xia Z, Wang X, Sun X, et al. A secure and dynamic multi-keyword ranked search scheme over encrypted cloud data. EEE Transactions on Parallel and Distributed Systems, 2016, 27(2): 340-352.

[23] Chen C, Zhu X, Shen P, et al. An efficient privacy-preserving ranked keyword search method. IEEE Transactions on Parallel and Distributed Systems, 2016, 27(4): 951-963.

[24] Fu Z, Ren K, Shu J, et al. Enabling personalized search over encrypted outsourced data with efficiency improvement. IEEE Transactions on Parallel and Distributed Systems, 2016, 27(9): 2546-2559.

[25] Sun W, Wang B, Cao N, et al. Privacy-preserving multi-keyword text search in the cloud supporting similarity-based ranking. Proceedings of the 8th ACM SIGSAC Symposium on Information, Computer and Communications Security, 2013: 71-82.

[26] Jalil Z, Mirza A M. A review of digital watermarking techniques for text documents. International Conference on Information and Multimedia Technology, 2009: 230-234.

[27] Fang H, Zhang W, Ma Z, et al. A camera shooting resilient watermarking scheme for underpainting documents. IEEE Transactions on Circuits and Systems for Video Technology, 2020, 30(11): 4075-4089.

[28] Ni Z, Shi Y Q, Ansari N, et al. Reversible data hiding. IEEE Transactions on Circuits and Systems for Video Technology, 2006, 16(3): 354-362.

[29] Wong W K, Cheung D W, Kao B, et al. Secure KNN computation on encrypted databases. Proceedings of the 2009 ACM SIGMOD International Conference on Management of Data, 2009: 139-152.

[30] Chang Y C, Mitzenmacher M. Privacy preserving keyword searches on remote encrypted data. Proceedings of the 3rd International Conference on Applied Cryptography and Network Security, 2005: 442-455.

[31] Miller G A. WordNet: A lexical database for english. Communications of the ACM, 1995, 38(11): 39-41.

[32] Fu Z, Wu X, Wang Q, et al. Enabling central keyword-based semantic extension search over encrypted outsourced data. IEEE Transactions on Information Forensics and Security, 2017, 12(12): 2986-2997.

[33] Fu Z, Huang F, Ren K, et al. Privacy-preserving smart semantic search based on conceptual graphs over encrypted outsourced data. IEEE Transactions on Information Forensics and Security, 2017, 12(8): 1874-1884.

[34] Fu Z, Huang F, Sun X, et al. Enabling semantic search based on conceptual graphs over encrypted outsourced data. Enabling Semantic Search Based on Conceptual Graphs over Encrypted Outsourced Data, 2019, 12(5): 813-823.

[35] Li J, Zhang Y, Chen X, et al. Secure attribute-based data sharing for resource-limited users in cloud computing. Computer & Security, 2018, 72: 1-12.

[36] Cash D, Grubbs P, Perry J, et al. Leakage-abuse attacks against searchable encryption. Proceedings of the 22nd ACM SIGSAC Conference on Computer and Communications Security, 2015: 668-679.

[37] Naveed M, Kamara S, Wright C V. Inference attacks on property-preserving encrypted databases. Proceedings of the 22nd ACM SIGSAC Conference on Computer and Communications Security, 2015: 644-655.

[38] Bost R, Minaud B, Ohrimenko O. Forward and backward private searchable encryption from constrained cryptographic primitives. Proceedings of the 2017 ACM SIGSAC Conference on Computer and Communications Security, 2017: 1465-1482.

[39] Zhang Y, Katz J, Papamanthou C. All your queries are belong to us: The power of file-injection attacks on searchable encryption. Proceedings of the 25th USENIX Conference on Security Symposium, 2016: 707-720.

[40] Adelson-Velsky G, Landis L E. An algorithm for the organization of information. Proceedings of the Academy of Sciences of the USSR, 1962: 263-266.

[41] Manning C D, Raghavan P, Schutze H. Introduction to Information Retrieval. Cambridge: Cambridge University Press, 2008.

[42] Delfs H, Knebl H. Introduction to Cryptography: Principles and Applications. New York: Springer, 2007.

[43] Cohen W W. Enron email data set,2015. https://www.cs.cmu.edu/~./enron/[2023-04-10].

第 10 章 总结与展望

10.1 总 结

随着物联网和智能传感器网络的发展，物联网数据量激增，如何安全处理海量数据成为一个难题。分布式智能传感器网络安全数据处理技术立足于运用通信技术、密码学技术等实现海量物联网数据的安全传输和共享，并为物联网用户提供密文检索服务，近年来备受相关领域研究人员的广泛关注。随着研究广度和深度的持续拓展，分布式智能传感器网络安全数据处理技术在源位置隐私保护、数据安全传输与共享、可搜索加密等领域发展迅速，与之相关算法和方案的提出持续促进了各类相关物联网应用的发展完善，同时也在方便广大物联网用户使用相关应用的同时保护了其个人隐私和数据隐私。本书以作者多年来的研究工作为基础，从分布式智能传感器网络位置隐私保护和数据隐私保护两个关键问题出发，对相关领域研究进行介绍和总结，以期为未来相关领域的研究提供借鉴与参考。全书研究工作所做贡献总结归纳如下。

(1) 在网络位置隐私保护研究方面，针对现有源位置隐私保护方案网络能量消耗较大、虚数据包冗余度过高、隐私保护效果较差及容错能力较低等问题，从均衡网络负载、有效隐藏源节点位置和改进随机路由方案等三个方面出发，基于同余方程组理论提出一种新型的轻量级秘密共享方案，将原始消息映射为一组长度更短的共享片段，降低节点处理消息的负载和能量消耗，同时减少虚数据包的数据量；基于共享片段在源节点周围构造一种能够动态更新匿名云，设计匿名云内传感器节点的通信行为，使得传感器节点之间具有统计意义上的不可区分性，加强对源位置的隐私保护效果；针对三维通信模式的新特性，将热点定位攻击扩展到三维无线网络，并基于椭球结构设计了一种新型路由机制，用于构造与攻击模型对应的路由路径的优化形状，提高攻击者对源节点的可能区域进行追溯的难度，同时显著提高网络数据传输的鲁棒性和安全性。

(2) 在网络数据安全传输研究方面，提出轻量和安全的异构无线传感器网络数据多路径路由传输方案，创新性地综合使用异或加密与门限秘密共享技术，降低节点计算开销的同时，使得汇聚节点能够在部分共享丢失情况下恢复原数据；设计了实时决策的路由选择方案，综合考虑节点能量、节点可信度、传播路径长度等信息选择最优路径传输消息，并针对黑洞攻击设计了高效的恶意节点探测与管理机制，能迅速定位恶意节点并使消息传输过程规避恶意节点，能够平衡网络各部分能量损耗、提升网络寿命、抵抗恶意节点攻击并提高系统的鲁棒性。

(3) 在网络数据安全存储研究方面，提出基于秘密共享和区块链的分布式物联网数据云存储方案，相比于传统集中式存储方案提升了安全性与存储效率，并平衡了各个存储实体的负担；设计新型私有区块链系统以确保存储数据的可靠性与不可篡改性，并引入流动令牌机制，使区块链节点之间通过合作方式生成新区块，提升数据存储效率；提出了文档集合分层加密方案，增量构建文档集合集成访问树，使集成访问树的所有文档都被加密在一起，显著提高了加密、解密效率并解决了密钥扩展问题；针对海量分布式存储数据，设计与区块链存储匹配的索引树结构和相应的深度优先算法，极大提高了检索效率。

(4) 在网络数据安全检索研究方面，提出分块并行可分级搜索加密模型，并设计高效的贪婪检索算法，可以快速检索与查询匹配的数据集的同时降低计算成本；提出替代 IR 树的索引树模型，使用圆形而非矩形来表示一组服务的空间区域，同时根据空间和文本信息修剪搜索路径，大大提高了搜索效率；基于代理服务器设计新的加密文档存储和检索系统，可以提供多种类型的文档搜索服务，同时提出一套支持动态文档收集的完整搜索机制，在提高文档搜索效率的同时大幅提高了检索精度。

基于上述研究工作，本书在简要回顾物联网网络位置与数据隐私保护的基础上，重点介绍源位置隐私保护、数据安全存储与共享技术及其应用研究。在此基础上概要介绍了分布式智能传感器网络安全数据处理技术在相关应用中的应用范式，这些研究内容以作者所做研究工作为基础，并逐步拓展研究的范围与广度。希望能够让读者更加清晰地理解分布式智能传感器网络安全数据处理技术研究脉络和发展趋势。

10.2　展　　望

在分布式智能传感器网络安全数据处理技术研究取得重要进展的同时，也应该注意到该领域也存在很多亟待解决的问题与挑战，这些问题与挑战也是未来研究工作的重要方向。在未来的研究工作中，探索更加安全、轻量与便捷的网络安全数据处理技术，更好地服务于物联网的发展。

分布式智能传感器网络安全数据处理技术在不同任务中均有所应用，而不同任务所属领域各有差异，如何在分布式智能传感器网络安全数据处理技术中融入领域知识是相关研究关注的焦点。以网络源位置隐私保护为例，随着分布式网络技术的广泛应用，网络中源位置隐私保护技术受到越来越多的关注，这对提升网络中数据的安全性具有重要的现实意义，而大多数现有的分布式网络源位置隐私保护方案均存在一定缺陷，主要包括网络能量消耗较大、虚数据包冗余度过高、隐私保护效果较差及容错能力较低等问题，这将是未来分布式智能传感器网络安全数据处理领域亟待攻克的挑战之一。

本书所涉及的网络位置隐私保护技术大多未考虑异构数据聚合与海量数据处理，在模拟中只采用了较少的物联网节点和数据用户。然而在现实生活中，大量的物联网节点和数据用户共存于框架中，如何使其适应海量物联网节点和数据变得非常迫切。另外，保护源位置隐私的方法往往会降低数据的精度和可用性，且会额外增加存储和计算资源，需要在隐私保护和数据质量之间进行平衡。为了克服上述困难，可以运用数据挖掘和机器学习的应用帮助识别和过滤异常数据和恶意节点，提高源位置隐私的保护效果，通过分布式隐私保护技术减少数据传输和集中式计算从而降低源位置隐私泄露的风险，也是未来的发展趋势之一。

从网络数据隐私保护角度，本书所涉及的提高数据检索效率的方式主要是构建文件索引树，但对于海量物联网数据来说，这种方式会大大增加存储空间和计算复杂度；另外数据隐私保护中的功能扩展差也是一个亟待解决的问题，比如范围搜索、模糊搜索及细粒度访问控制等，目前这些功能的实现还存在一些技术难题。为了克服上述困难，可以使用如同态加密、差分隐私和安全多方计算技术等提高隐私保护计算效率，同时通过引入边缘服务器从而降低数据用户的计算负担也是未来的发展方向。

编 后 记

"博士后文库"是汇集自然科学领域博士后研究人员优秀学术成果的系列丛书。"博士后文库"致力于打造专属于博士后学术创新的旗舰品牌，营造博士后百花齐放的学术氛围，提升博士后优秀成果的学术影响力和社会影响力。

"博士后文库"出版资助工作开展以来，得到了全国博士后管委会办公室、中国博士后科学基金会、中国科学院、科学出版社等有关单位领导的大力支持，众多热心博士后事业的专家学者给予积极的建议，工作人员做了大量艰苦细致的工作。在此，我们一并表示感谢！

"博士后文库"编委会